普通高等教育"十二五"规划教材

高等职业院校重点建设专业系列教材

岩土测试技术

主　编　杨绍平　李　姝

副主编　邹　立　严　容

　　　　张　昆　王　键

主　审　陈炜韬

中国水利水电出版社

www.waterpub.com.cn

内 容 提 要

　　"岩土测试技术"是水文与工程地质专业的一门基本实践技能课程，该课程引入土建、水利、交通，铁路等行业规范，其任务通过岩土室内试验和现场原位试验，使学生掌握岩土体物理力学性质指标的测定方法，通过岩土体测试，充分了解和掌握岩土体的物理和力学性质，从而为场地岩土工程条件的正确评价提供必要的依据。本教材包括5个项目：土的物理性质指标测定，土的力学性质指标测试，岩石的物理力学性质指标测试，土体原位测试和岩体原位测试。

　　本教材可作为普通高职高专院校的水文与工程地质专业及岩土工程专业的教材，亦可供其他相关专业师生以及从事土木工程领域内各专业的试验、设计、施工和检测技术人员参考。

图书在版编目（CIP）数据

岩土测试技术 / 杨绍平，李姝主编. -- 北京 ： 中国水利水电出版社，2015.7（2022.2重印）
　　普通高等教育"十二五"规划教材　高等职业院校重点建设专业系列教材
　　ISBN 978-7-5170-3426-1

　　Ⅰ．①岩… Ⅱ．①杨… ②李… Ⅲ．①岩土工程－测试技术－高等学校－教材 Ⅳ．①TU4

中国版本图书馆CIP数据核字(2015)第169728号

书　　名	普通高等教育"十二五"规划教材 高等职业院校重点建设专业系列教材 **岩土测试技术**
作　　者	主编　杨绍平　李姝　主审　陈炜韬
出版发行	中国水利水电出版社 （北京市海淀区玉渊潭南路1号D座　100038） 网址：www. waterpub. com. cn E－mail：sales@waterpub. com. cn 电话：(010) 68367658（营销中心）
经　　售	北京科水图书销售中心（零售） 电话：(010) 88383994、63202643、68545874 全国各地新华书店和相关出版物销售网点
排　　版	中国水利水电出版社微机排版中心
印　　刷	北京市密东印刷有限公司
规　　格	184mm×260mm　16开本　16印张　379千字
版　　次	2015年7月第1版　2022年2月第2次印刷
印　　数	2001—3000册
定　　价	**49.50元**

前言

本书是高等职业教育水文与工程地质专业的专业基础课程教材，是依据本院省级示范建设要求，结合专业特点，按照项目导向、任务驱动方式编写的。

本书打破课程的学科体系，在内容上采用任务驱动方式，每个项目分若干任务和若干项目案例构成，通过教师引导、学生实践操作、动脑动手相结合，掌握岩土体常见的室内和现场试验方法、试验指标的整理分析及成果在工程中的应用。打破理论和实践教学的界线，将理论学习融入实际操作中，在各个项目中设计具体项目案例分析，通过实际操作来学习、掌握理论知识。教学采用"教、学、做"一体的教学模式，重视职业技能训练和职业能力培养，引导学生提高职业技能，培养良好的职业道德。

本书在编写过程中，得到四川省水利水电勘测设计研究院水电科研所胡人炭教授级高级工程师、四川省水利水电勘测设计研究院地质专业总工王子忠教授级高级工程师及勘察分院副院长李叶高级工程师、四川省达州市水利电力建筑勘察设计院王键工程师、四川省交通运输厅交通勘察设计研究院地质专业总工代绍述高级工程师、四川沃土项目投资管理有限公司赵大金高级工程师、四川名扬勘察设计咨询有限公司张炯董事长及陈聪高级工程师、成都市勘测测绘研究院刘宏高级工程师、四川省乐山市水利电力建筑勘察设计研究院勘察负责人高大勇高级工程师、四川省地质工程勘察院副院长阳光辉高级工程师、西南交通大学地球科学与环境工程学院副院长胡卸文教授、成都理工大学环境与土木工程学院许模教授、中铁二院工程集团有限责任公司成都地勘岩土公司张昆高级工程师、中国电建集团成都勘测设计研究院有限公司交通分院陈炜韬高级工程师等专家的支持及其提出的宝贵意见，在此表示衷心感谢。限于编者水平，书中难免不妥和疏漏之处，恳请读者批评指正。

编者

2015 年 5 月

目录

绪论（课程介绍）

1. 课程性质与作用

"岩土测试技术"是水文与工程地质专业的一门基本实践技能课程。该课程引入土建、水利、交通、铁路等行业规范，其任务是通过岩土室内试验和现场原位试验，使学生掌握岩土体物理力学性质指标的测定方法，获得测定指标来更好地分析岩土体在不同受力条件下应力、应变、强度等变化的特性，也为工程实践中的地基、基础、挡土墙、边坡等工程设计提供主要的技术数据依据。

随着现代化建设事业的飞速发展，各类工程日新月异，重型厂房、高层建筑、重大水利枢纽工程以及铁路、桥梁、隧道等各种发展性工程，都与它们所赖以存在的岩土地层有着极为密切的联系。各类工程的成功与否，在很大程度上取决于岩土体能否提供足够的承载力。为了保证各类工程及周围环境安全，确保工程的顺利进行，必须进行岩土测试、检测和监测。岩土测试技术以岩土力学理论为指导法则，以工程实践为服务对象，而岩土力学理论又是以岩土测试技术为试验依据和发展背景的。不论设计理论与方法如何先进、合理，如果测试落后，则设计计算所依据的岩土参数无法准确测求，不但岩土工程设计的先进性无从体现，而且岩土工程的质量与精度也难以保证。所以，测试技术是从根本上保证岩土工程设计准确性、代表性以及经济性的重要手段。在这整个岩土工程中它与理论计算和施工检验是相辅相成的。

测试工作是岩土工程中必须进行的关键步骤，它不仅是学科理论研究与发展的基础，而且也为岩土工程实际所必需。监测与检测可以保证工程的施工质量和安全，提高工程效益。在岩土工程服务于工程建设的全过程中，现场监测与检测是一个重要的环节，可以使工程师们对上部结构与下部岩土地基共同作用的性状及施工和建筑物运营过程的认识在理论和实践上更加完善。依据监测结果，利用反演分析的方法，求出能使理论分析与实测基本一致的工程参数。岩土工程测试包括室内土工试验、岩体力学试验、原位测试、原型试验等，在整个岩土工程中占有特殊而重要的作用。

2. 课程主要内容与培养目标

本课程主要依据《土工试验方法标准》（GB/T 50123—2019）、《工程岩体试验方法标准》（GB/T 50266—2013）和《岩土工程勘察规范》（GB 50021—2001）（2009版）和《工程地质手册》第五版。

（1）主要内容：

1）土的物理性质指标测定：土的密度试验、土的含水率试验、土粒比重试验、土的颗粒分析试验、土的界限含水率试验、击实试验、土的渗透性、砂的相对密度试验和土的特殊性质试验。

2）土的力学指标测定：土的固结试验、抗剪强度试验、三轴试验和静止侧压力系数试验。

3）岩石物理力学指标测定：岩石的密度试验、岩石的吸水性试验、岩石的单轴抗压强度试验、抗拉强度试验、抗剪强度试验。

4）土体原位测试：载荷试验、静力触探试验、标准贯入试验与圆锥动力触探试验、旁压试验、十字板剪切试验。

5）岩体原位测试：岩体变形测试、岩体强度测试、岩体应力测试、岩体声波测试。

（2）培养目标。通过实践案例教学，使学生掌握土的物理力学指标、岩石的物理力学指标的测定方法；掌握土体常见现场原位试验的目的、步骤，试验数据的分析整理；了解岩体现场的应力、应变、强度指标的测定方法，从而更好地了解岩土体工程地质性质指标的物理意义及在工程上的应用，初步了解岩土体工程地质性质在自然因素或人为活动影响下的变化趋势和变化规律，并由所学知识来预测这种变化对各种建筑物的影响和危害。

3. 课程的教法学法

"岩土测试技术"采用以学生活动为主，教师引导、讲授相结合的教学方法进行教学。充分调动学生学习的积极性，采用先做后学，在实践中讨论、学习、总结。教学方法如下：

（1）项目教学法：以项目为主线、教师为引导、学生为主体，改变了以往"教师讲，学生听"被动的教学模式，创造了学生主动参与、自主协作、探索创新的新型教学模式。本课程设计包含土的物理性质指标测定、土的力学性质指标测定、岩石的物理力学性质指标测定、土体原位测试、岩体原位测试5个项目，而在具体的项目教学实施中，进一步分解成多个学习型工作任务。

（2）实践教学：教学目标任务的具体化，将实践教学环节通过合理配置，构建成以技术应用能力培养为主体，按基本技能、专业技能和综合技术应用能力等层次，循序渐进地安排实践教学内容，将实践教学的目标和任务具体落实到各个实践教学环节中，让学生在实践教学中掌握必备的、完整的、系统的技能和技术。

（3）小组讨论法：该方法可在现场和教室进行。教师提出教学目标、要求后，分若干小组，参考教材的内容，以小组为单位讨论，完成学习任务，以小组为单位提交学习成果，教师通过小组的成果当场点评完成质量、存在的不足等，并作归纳总结。该方法可以调动学生思维，增强学习的主动性和自觉性，促进教学同步，达到预期教学目的。

4. 本书的特点及使用建议

本书是高等职业教育水文与地质工程专业的专业基础课程教材，是依据本院省级示范建设要求，结合本系各专业特点，按照项目导向、任务驱动的方式编写的。有以下特点：

（1）注重培养学生的实践能力、创新能力，起到提高专业素质的作用，力求做到知识点清晰、技术要点具体可行、理论与实践相结合。

（2）将岩土体测试技术以及试验结果的工程应用建立在成熟的、公认无误的研究成果基础之上，并界定各种岩土体测试技术的适用范围，而对于影响因素的讨论以及有争论问题的分析作了简化。

（3）与现行国家或行业的有关规范规程相适应。

（4）尽可能涵盖最新的技术发展成果。

岩土体测试是一门实践性很强的应用技术，每个项目都配有相应的案例分析，因此在学习本教材时，还应紧密结合具体的试验和测试实际操作，并尽可能地与工程实践结合起来。

项目1　土的物理性质指标测定

【项目分析】

拟建地铁 4 号线某站位于成都市温江区，是 4 号线二期工程起点站，车站位于海科路和学府路交叉口处，沿海科路布置，海科路规划道路红线宽 40m，现状双向 6 车道，学府路规划道路红线宽 46m，现状双向 6 车道。车站周边以空地为主，仅距离西南财经大学污水处理厂地下污水池、"首府"在建工地基坑较近。地层岩性由上到下依次为素填土（Q_4^{ml}），砂质粉土（Q_4^{al}）、中砂（Q_4^{al}）、稍密卵石土（Q_4^{al}）、中密卵石土（Q_4^{al}）、密实卵石土（Q_4^{al}）、中砂（Q_3^{fgl+al}）和密实卵石土（Q_3^{fgl+al}）。

该站及所有的土一般是土粒（固体相），水（液体相）和空气（气体相）三者所组成的；三相的质量与体积间的相互比例关系不同所表现的出来的土的物理性质就不同，人工填土、黏土、粉土等的含水率、软硬程度等物理性质是不同的，然而怎样不同呢？主要通过一些物理性质指标值来区别，物理性质指标有可分为两类：一类是必须通过试验测定的，如含水量，密度和土粒比重等；另一类是可以根据试验测定的指标换算的；如孔隙比，孔隙率和饱和度等。土的物理性质在一定程度上决定了它的力学性质，其指标在工程计算中常被直接应用。

本项目介绍土的物理性质指标测定主要参考中华人民共和国国家标准《土工试验方法标准》（GB/T 50123—2019），土的特殊性质测定部分参考《湿陷性黄土地区建筑规范》（GB/T 50025—2018）和《膨胀土地区建筑技术规范》（GBJ 112—2013）。

【教学目标】

本项目就主要介绍常见的土的密度试验、含水率试验、土粒比重试验、颗粒分析试验、界限含水率试验、击实试验、土的渗透性、砂的相对密度试验测定方法及特殊土性质指标的测定方法，根据试验结果初步学会判断土的湿度、孔隙率、压缩性高低、强度、变形等特性，最后通过具体的项目实例成果让学生掌握土的物理性质指标在工程中的应用。重点掌握土的常见室内物理性质指标测定方法。

任务1.1　土 的 密 度 试 验

【任务描述】

土的密度是指单位体积土的质量，是土的基本物理性质指标之一，其单位是 g/cm³。土的密度一般是指土的湿密度 ρ，相应的重度称为湿重度 γ，除此以外还有土的干密度 ρ_d、饱和密度 ρ_{sat} 和有效密度 ρ'，相应地有干重度 γ_d、饱和重度 γ_{sat} 和有效重度 γ'。当用国际单位制计算土的重力时，由土的质量产生的单位体积的重力称为重力密度 γ，简称重度，其单位是 kN/m³。重度由密度乘以重力加速度求得，即 $\gamma = \rho g$。

土的密度反映了土体结构的松紧程度，是计算土的自重应力、干密度、孔隙比、孔隙率和饱和度等指标的重要依据，也是土压力计算、土坡稳定性验算、地基承载力和沉降量估算以及填土压实度控制的重要指标之一。然而如何正确得到土的密度指标？我们来学习土的密度测试方法。

【任务分析】

本任务首先学习土的密度测试方法、适用范围、仪器配备、步骤、数据的记录整理。掌握了土的密度测试方法，再结合具体的工程实例进行实践操作和数据的分析整理，最后把成果运用于项目工程当中。

密度试验方法室内主要有环刀法、蜡封法，现场主要有灌水法和灌砂法等。对于细粒土，宜采用环刀法；对于易碎裂、难以切削的土，可用蜡封法；对于粗粒土、杂填土、结石土等，可用灌水法或灌砂法在现场测试。

【任务实施】

1.1.1　环刀法

环刀法就是采用一定体积的环刀切取土样并称土质量的方法，环刀内土的质量与环刀体积之比即为土的密度。

1. 适用范围

环刀法操作简便且准确，在室内和野外均普遍采用，是测定土样密度的基本方法，但环刀法只适用于测定不含砾石颗粒的细粒土的密度。

2. 仪器设备

（1）环刀，内径 6～8cm，高 2～5.4cm，壁厚 1.5～2.2mm。环刀高度与直径之比对试验结果会有影响，根据目前钻探机具、取土器的筒高和直径的大小，另外考虑到与剪切、固结等试验所用环刀相配合，《土工试验方法标准》（GB/T 50123—2019）中规定选用内径 61.8mm 或 79.8mm、高 20mm 的环刀，不过，如果施工现场的不同土层的压实度上下不均匀，为提高试验结果精度，可增大环刀容积到 200～500cm³。环刀壁越厚，压入时土样扰动程度也越大，所以环刀壁越薄越好，但环刀压入土中时，须承受相当的压力，壁过薄，环刀容易破损和变形，《公路土工试验规程》（JTG 3430—2020）建议环刀壁厚一般采用 1.5～2.2mm。

（2）天平。称量 500g，最小分度值 0.1g；称量 200g，最小分度值 0.01g。

（3）其他。切土刀、钢丝锯、凡士林、毛玻璃和圆玻璃片等。

3. 操作步骤

（1）按工程需要取原状土或人工制备所需要求的扰动土样，其直径和高度应大于环刀的尺寸，整平两端放在玻璃板上。

（2）在环刀内壁涂一薄层凡士林，将环刀的刀刃向下放在土样上面，然后用手将环刀垂直下压，边压边削，至土样上端伸出环刀为止，根据试样的软硬程度，采用钢丝锯或削土刀将两端余土削去，使土样与环刀口面齐平，及时在两端盖上圆玻璃片，以免水分蒸发，并从余土中取代表性土样测定含水率。

（3）擦净环刀外壁，拿去圆玻璃片，然后称取环刀加土质量，准确至 0.1g。

4. 结果整理

(1) 计算。按式 (1.1) 和式 (1.2) 分别计算土样的湿密度和干密度：

$$\rho = \frac{m}{V} = \frac{m_2 - m_1}{V} \tag{1.1}$$

$$\rho_d = \frac{\rho}{1 + \omega} \tag{1.2}$$

式中　ρ——湿密度，g/cm^3，计算至 $0.01g/cm^3$；

　　　ρ_d——干密度，g/cm^3，计算至 $0.01g/cm^3$；

　　　m——湿土质量，g；

　　　V——环刀容积，cm^3；

　　　m_2——环刀加湿土质量，g；

　　　m_1——环刀质量，g；

　　　ω——含水率，%。

(2) 试验记录。环刀法测密度的试验记录格式见表 1.1。

表 1.1　　　　　　　　　　密度试验记录表（环刀法）

工程名称：_____　　　　　　　　　　　　　试验者：_____

仪器编号：_____　　　　　　　　　　　　　计算者：_____

试验日期：_____　　　　　　　　　　　　　校核者：_____

试样编号	土样说明	环刀号	环刀加湿土质量/g	环刀质量/g	湿土质量/g	环刀容积/cm³	湿密度/(g/cm³)	含水率/%	干密度/(g/cm³)	平均干密度/(g/cm³)
			(1)	(2)	(3)=(1)−(2)	(4)	(5)=(3)/(4)	(6)	(7)=(5)/[0.01×(6)+1]	

(3) 允许平行差。环刀法试验应进行两次平行测定，取其算术平均值，两次测定密度的平行差值不得大于 $0.03g/cm^3$，并取其平均值作为结果，否则需重做。这一要求主要是对均质土在试验过程中随机误差的控制标准；对于不均匀土层，当两点土样有变化时，测试结果不受此限制，这时要给出该土层密度的变化范围、均值、标准差等。

1.1.2　蜡封法

蜡封法，也称为浮称法，其试验原理是依据阿基米德原理，即物体在水中失去的重量等于其排开同体积水的重量，来测出土样的体积，为考虑土体浸水后崩解、吸水等问题，需在土体外涂一层蜡。

1. 适用范围

蜡封法可适用于能够保持一定形状的多种土质，特别适用于易破裂的土、黏结性较好的粗细粒混合土或形状不规则的坚硬土。

2. 仪器设备

（1）蜡封设备。应附熔蜡加热器。

（2）天平。称量 500g，最小分度值 0.1g；称量 200g，最小分度值 0.01g。

（3）其他。切土刀、钢丝锯、烧杯、细线、石蜡、针等。

3. 操作步骤

（1）从原状土样中，切取体积不小于 30cm² 的代表性试样，削取表面松散浮土及尖锐棱角后，系上细线，称试样质量，准确至 0.01g，并取代表性土样进行含水率测定。

（2）持线将试样缓慢浸入刚过熔点的蜡液中，待全部浸没后，立即将试样提出，检查涂在试样四周的蜡膜有无气泡存在，当有气泡存在时，可用热针刺破，再用蜡液补平。待冷却后，称蜡封试样的质量，准确至 0.01g。试样浸蜡时，蜡的温度应在熔点（60℃）附近，以蜡液达到熔点且不出现气泡为准，蜡液温度过高会影响试样含水率和结构，过低蜡溶解不均匀，不易封好蜡皮。为避免碎裂土的扰动和蜡封试样内气泡的产生，浸蜡速度应缓慢，一般采用一次徐徐浸蜡的方法。试样涂蜡完成后，应将涂蜡试样自然冷却至常温后再进行称量，不能将刚刚浸蜡后的试样立即放入水中冷却，以免试样表面蜡膜因骤冷而产生裂纹。对于大孔隙土或试样表面极度粗糙时，在蜡封过程中可能会使熔蜡浸入土的孔隙而影响试样体积的测量精度，所以，对于这类土蜡封时应加倍注意。

（3）用细线将蜡封试样挂在天平的左端，使其浸没于盛有纯水的烧杯中，注意试样不要接触烧杯壁，称蜡封试样的水下质量，准确至 0.01g。蜡封试验在水中的质量与水的密度有关，而水的密度会随温度变化，所以应同时测记纯水的温度，并对水的密度进行校正。

（4）取出试样，擦干蜡封试样表面水分，再在空气中称其质量，以检查蜡封试样中是否有水浸入，如蜡封试样质量增加，则说明蜡封试样内部有水浸入。若浸入水分质量超过 0.03g，应另取试样重做试验。

4. 结果整理

（1）计算。按式（1.3）和式（1.2）计算湿密度和干密度：

$$\rho = \frac{m}{\dfrac{m_1 - m_2}{\rho_{wt}} - \dfrac{m_1 - m}{\rho_n}} \tag{1.3}$$

式中　ρ——土的湿密度，g/cm³，计算至 0.01g/cm³；

　　m——试样质量，g；

　　m_1——蜡封试样质量，g；

　　m_2——蜡封试样在水中质量，g；

　　ρ_{wt}——纯水在 t℃时的密度，g/cm³；

　　ρ_n——蜡的密度，g/cm³，应事先实测，计算至 0.01g/cm³，试验中使用的石蜡以 55 号石蜡为宜，其密度以实测为准，如无条件实测，可采用其近似值 0.92g/cm³ 进行计算。

（2）试验记录。蜡封法测密度的试验记录格式见表 1.2。

表 1.2　　　　　　　　　　　　　　密度试验记录表（蜡封法）

工程名称：_____　　　　　　　　　　　　　　试验者：_____

仪器编号：_____　　　　　　　　　　　　　　计算者：_____

试验日期：_____　　　　　　　　　　　　　　校核者：_____

试样编号	试样质量/g	蜡封试样质量/g	蜡封试样水中质量/g	温度/℃	纯水在 $T℃$ 的密度/(g/cm³)	蜡封试样体积/cm³	蜡体积/cm³	试样体积/cm³	湿密度/(g/cm³)	含水率/%	干密度/(g/cm³)	平均干密度/(g/cm³)
	(1)	(2)	(3)	(4)	$(5)=[(2)-(3)]/(4)$	$(6)=[(2)-(1)]/\rho_n$	$(7)=(5)-(6)$	$(8)=1/(7)$	(9)	$(10)=(8)/[0.01\times(9)+1]$	(11)

（3）允许平行差。蜡封法试验应进行两次平行测定，两次测定的密度差值不得大于 0.03g/cm³，并取其两次测值的算术平均值。

1.1.3　灌水法

灌水法是在现场挖坑后灌水，由水的体积来测量试坑容积，从而测定土的密度的方法。

1. 适用范围

灌水法适用于现场测定粗粒土和巨粒土的密度，从而为粗粒土和巨粒土提供施工现场检验密实度的手段。

2. 仪器设备

（1）底板。为中部开有圆孔，外沿呈方形或圆形的铁板，圆孔处设有环套，套孔直径为土中所含最大颗粒粒径的 3 倍，环套高度为其粒径的 5%。

（2）薄膜。聚乙烯或聚氯乙烯塑料薄膜。

（3）储水筒。直径均匀并附有刻度和出水管。

（4）台秤。称量 50kg、最小分度值 10g。

（5）其他。铁镐、铁铲、水准尺等。

3. 操作步骤

（1）根据试样的最大粒径确定试坑尺寸的大小，见表 1.3。

表 1.3　　　　　　　　　　　　　　灌 水 法 试 坑 尺 寸

试样最大粒径/mm	试坑尺寸/mm	
	直　径	深　度
5～20	150	200
40	200	250
60	250	300
200	800	1000

（2）选定试坑位置，并将试坑位置处的地面整平，按确定的试坑直径划出试坑口的轮廓线。地表的浮土、石块、杂物等应予以清除，而坑洼不平处则用砂铺平，地面整平的范围应略大于试坑直径的范围，并用水准尺检查试坑处地表是否水平。

（3）将底板固定于整平后的地表。将聚乙烯或聚氯乙烯塑料膜沿环套内壁及地表紧贴铺好。记录储水筒初始水位高度，拧开储水筒的注水开关，从环套上方将水缓慢注入，至刚满不外溢为止。记录储水筒水位高度，计算底板部分的体积。在保持底板原状态固定状态下，将薄膜盛装的水排至对该试验不产生影响的场所，然后将薄膜揭离底板。

（4）在轮廓线内下挖至要求的深度，用挖掘工具沿底板上的孔挖试坑，边挖边将坑内的试样装入盛土容器内，称试样质量，精确到 10g，并从挖出的全部试样中取有代表性的样品，测定其含水率。

（5）为了使坑壁与塑料薄膜易于紧贴，对坑壁需加以整修，薄膜袋的尺寸应与试坑大小相适应，坑壁和坑底应规则，试坑直径与深度只能略小于薄膜袋的尺寸，铺设时应使薄膜袋紧贴坑壁，否则会求得偏大的密度值。试坑挖好且整修后，将略大于试坑容积的聚氯乙烯塑料薄膜袋，沿坑底、坑壁及套环内壁密贴铺好。在往薄膜形成的袋内注水时，拉住薄膜的某一部位，一边拉松，一边注水，使薄膜与坑壁间的空气得以排出，从而提高薄膜与坑壁的密贴程度。

（6）记录储水筒内初始水位的高度，拧开储水筒的出水管开关，将水缓慢注入塑料薄膜袋中，当袋内水面接近环套上边缘时，将水流调小，直至水面与环套上边缘齐平时关闭出水管，等待 3～5min，然后记录储水筒内的水位高度，如果坑中塑料薄膜袋内出现水面下降，则应另取塑料薄膜袋重做试验。

4．结果整理

（1）计算。《公路土工试验规程》（JTG 3430—2020）规定以 60mm 作为细粒料与石料的分界粒径，分开测定细粒料与石料的含水率，然后按下式求出整体的含水率：

$$\omega = \omega_f p_f + \omega_c (1 - p_f) \tag{1.4}$$

式中　ω——整体含水率，%，计算至 0.01；

　　　ω_f——细粒土部分的含水率，%；

　　　ω_c——石料部分的含水率，%；

　　　p_f——细粒料的干质量与全部材料干质量之比。

按式（1.5）计算底板部分的容积：

$$V_1 = (h_1 - h_2) A_w \tag{1.5}$$

式中　V_1——底座部分的容积，cm^3，计算至 $0.01cm^3$；

　　　h_1——底座注水前储水筒内初始水位高度，cm；

　　　h_2——底座注水后储水筒内终了水位高度，cm；

　　　A_w——储水筒断面积，cm^2。

按式（1.6）和式（1.7）计算试坑容积和试样湿密度。

$$V_p = (H_1 - H_2) A_w - V_1 \tag{1.6}$$

$$\rho = \frac{m_p}{V_p} \tag{1.7}$$

式中　V_p——试坑的容积，cm^3，计算至$0.01cm^3$；

$\quad\quad H_1$——试坑注水前储水筒内初始水位高度，cm；

$\quad\quad H_2$——试坑注水后储水筒内终了水位高度，cm；

$\quad\quad \rho$——湿密度，g/cm^3，计算至$0.01g/cm^3$；

$\quad\quad m_p$——试坑内取出的全部试样的质量，g。

（2）试验记录。灌水法测密度的试验记录格式见表1.4。

表 1.4　　　　　　　　　　**密度试验记录表（灌水法）**

工程名称：_____　　　　　　　　　　　　　　试验者：_____

仪器编号：_____　　　　　　　　　　　　　　计算者：_____

试坑深度：_____ m　　　　　　　　　　　　　校核者：_____

试样最大粒径：_____ mm　　　　　　　　　　试验日期：_____

试坑编号	底座注水前后储水筒水位/cm		储水筒断面积 A_w /cm^2	底座部分容积 V_1 /cm^3	试坑注水前后储水筒水位/cm		试坑容积 V_p/cm^3
	初始 h_1	终了 h_2			初始 H_1	终了 H_2	
	（1）	（2）	（3）	（4）=[（1）-（2）]×（3）	（5）	（6）	（7）=[（5）-（6）]×（3）-（4）

试坑编号	试样质量 m_p /g	湿密度 /（g/cm^3）	细粒和石料部分含水率/%		细粒料干质量与全部干质量之比 p_f	整体含水率 /%	干密度 ρ_d /（g/cm^3）
			细粒土部分 w_f	石料部分 w_c			
	（8）	（9）=（8）/（7）	（10）	（11）	（12）	（13）=（10）×（12）+（11）×[1-（12）]	（14）=（9）/[0.01×（13）+1]

（3）允许平行差。灌水法试验应进行两次平行测定，两次测定的密度差值不得大于$0.03g/cm^3$，并取其两次测值的算术平均值。

1.1.4　灌砂法

灌砂法是在现场挖坑后灌标准砂，由标准砂的质量和密度来测量试坑容积，从而测定土的密度的方法。

1.适用范围

灌砂法适用于现场测定粗粒土的密度。灌砂法测试过程比较复杂，需要一套特定的量砂设备测定试坑的容积，比较适合于我国半干旱、干旱的西部和西北部地区。

2. 仪器设备

（1）密度测定器。《土工试验方法标准》（GB/T 50123—2019）中使用的是由容砂瓶、灌砂漏斗和底盘组成灌砂法密度试验仪；而《公路土工试验规程》（JTG 3430—2020）中使用的是灌砂筒和标定罐，用灌砂筒来测定土的密度。

1）灌砂法密度试验仪。由容砂瓶、灌砂漏斗和底盘组成，如图 1.1 所示。灌砂漏斗高 135mm、直径 165mm，尾部有孔径为 13mm 的圆柱形阀门；容砂瓶容积为 4L，容砂瓶和灌砂漏斗之间用螺纹接头连接；底盘则用于承托灌砂漏斗和容砂瓶。

2）灌砂筒和标定罐。灌砂筒和标定罐如图 1.2 所示。灌砂筒为金属圆筒，内径为 100mm，总高 360mm，灌砂筒上部为储砂筒，筒深 270mm（容积 2120cm³），筒底中心有一直径 10mm 的圆孔。灌砂筒下部装一倒置的圆锥形漏斗，漏斗上端开口直径为 10mm，并焊接在一块直径为 100mm 的铁板上，铁板中心有一直径为 10mm 的圆孔与漏斗上开口相接。在储砂筒筒底与漏斗顶端铁板之间设有开关。

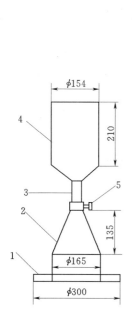

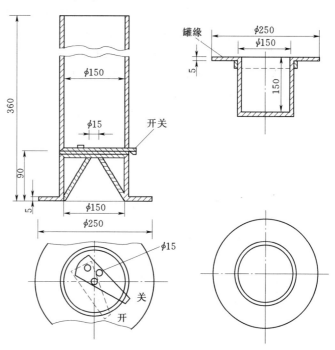

图 1.1 密度试验仪
［据《土工试验方法标准》
（GB/T 50123—2019）］（单位：mm）
1—底盘；2—灌砂漏斗；3—螺纹
接头；4—容砂瓶；5—阀门

图 1.2 灌砂筒和标定罐［（据《公路土工试验规程》
（JTG 3430—2020）］（单位：mm）

金属标定罐的内径为 100mm，高 150mm 和 200mm 各一个，如由于某种原因，试坑不是 150mm 或 200mm 时，标定罐的深度应与拟挖试坑的深度相同。

（2）天平。称量 10kg，最小分度值 5g；称量 500g，最小分度值 0.1g。

（3）其他。铁镐、铁铲、水准尺等。

3. 操作步骤

由于《土工试验方法标准》（GB/T 50123—2019）和《公路土工试验规程》（JTG 3430—2020）采用不同的密度测定器，因此，其标准砂密度率定和土的密度测定方法也不完全相同，这里介绍《土工试验方法标准》（GB/T 50123—2019）中的操作步骤。

（1）标准砂密度率定步骤：

1）宜选用粒径为0.25~0.50mm的标准砂，这是因为在此粒径范围内的标准砂，其密度变化较小，密度宜选用1.47~1.61g/cm^3。标准砂应清洗干净，并放置足够长的时间，以使其与空气的湿度达到平衡。

2）按图1.1组装容砂瓶和灌砂漏斗，容砂瓶与灌砂漏斗之间的螺纹接头应旋紧，然后称容砂瓶和灌砂漏斗的质量。

3）将密度测定器竖立，并使灌砂漏斗口向上，关闭位于灌砂漏斗尾部的阀门，然后向灌砂漏斗内注满标准砂，再打开阀门，使灌砂漏斗内的标准砂流入容砂瓶内，继续向漏斗内灌注标准砂流入容砂瓶内，当砂停止流动时，迅速关闭阀门，倒去漏斗内多余的砂，称容砂瓶、灌砂漏斗和标准砂的总质量，准确至5g。试验中应避免振动。

4）打开阀门，全部倒出容砂瓶内的标准砂，再测定容砂瓶的体积。将密度测定器竖立，并使灌砂漏斗口向上，通过漏斗向容砂瓶内注水至水面高出阀门，然后关闭阀门，并倒掉漏斗中多余的水，称容砂瓶、漏斗和水的总质量，准确至5g，并测定水温，准确至0.5℃。容砂瓶体积的测定需重复3次，3次测值之间的差值不得大于3mL，并取3次测值的平均值。

5）标准砂密度的计算可以采用下式：

$$V_r = \frac{m_{r2} - m_{r1}}{\rho_{wt}} \tag{1.8}$$

$$\rho_s = \frac{m_{rs} - m_{r1}}{V_r} \tag{1.9}$$

式中　V_r——容砂瓶容积，mL；

　　　m_{r2}——容砂瓶、漏斗和水的总质量，g；

　　　m_{r1}——容砂瓶和漏斗的质量，g；

　　　ρ_{wt}——不同水温时水的密度，g/cm^3；

　　　ρ_s——标准砂的密度，g/cm^3；

　　　m_{rs}——容砂瓶、漏斗和标准砂的总质量，g。

（2）密度测定步骤：

1）根据试样的最大粒径确定试坑尺寸的大小，见表1.3。

2）选定试坑位置，并将试坑位置处的地面整平，地表的浮土、石块、杂物等应予以清除，而坑洼不平处则用砂铺平，地面整平的范围应略大于试坑直径的范围，并用水准尺检查试坑处地表是否水平。

3）按确定的试坑直径划出试坑口的轮廓线，在轮廓线内挖至要求的深度，边挖边将坑内的试样装入盛土容器内，称试样质量，精确到10g，并从挖出的全部试样中取有代表性的样品，测定其含水率。

4）通过灌砂漏斗向容砂瓶内注满标准砂，倒去漏斗内多余的砂，关闭阀门，称容砂瓶、灌砂漏斗和标准砂的总质量，准确至 10g。

5）将密度测定器容砂瓶向上、漏斗向下倒置于挖好的试坑口上，然后打开阀门，使砂注入到试坑内，注意在注砂过程中不能有震动。当砂注满试坑时，迅速关闭阀门，取走密度测定器，称容砂瓶、灌砂漏斗和余砂的总质量，准确至 10g，并计算注满试坑所用的标准砂质量。

4. 结果整理

（1）计算。按式（1.10）计算湿密度，计算至 0.01g/cm³，干密度计算公式见式（1.2）。

$$\rho = \frac{m_p}{m_s}\rho_s \tag{1.10}$$

式中　m_p——试坑内取出的全部试样的质量，g；

　　　m_s——注满试坑所用标准砂的质量，g。

（2）试验记录。灌砂法测密度的试验记录见表 1.5。

表 1.5　　　　　　　　　　　密度试验记录表（灌砂法）

工程名称：_____　　　　　　　　　　　　　　试验者：_____

仪器编号：_____　　　　　　　　　　　　　　计算者：_____

试验日期：_____　　　　　　　　　　　　　　校核者：_____

试坑编号	量砂容器质量加原有量砂质量/g	量砂容器质量加剩余量砂质量/g	试坑用砂质量/g	量砂密度/(g/cm³)	试坑体积/cm³	试样加容器质量/g	容器质量/g	试样质量/g	试样密度/(g/cm³)	含水率/%	试样干密度/(g/cm³)
	(1)	(2)	(3)=(1)−(2)	(4)	(5)=(3)/(4)	(6)	(7)	(8)=(6)−(7)	(9)=(8)/(5)	(10)	(11)=(9)/[1+0.01×(10)]

（3）允许平行差和报告。灌砂法试验应进行两次平行测定，其允许平行差和报告格式与灌水法相同。

任务 1.2　土的含水率试验

【任务描述】

土的含水率是指土样在 105～110℃温度下烘到恒重时所失去的水质量与达到恒量后干土质量的比值，以百分数表示。

含水率是土的基本物理性质指标之一，它反映了土的软硬、干湿状态，它的变化将使土的一系列物理力学性质随之发生变化，如黏性土的强度和压缩性、天然地基的承载力等；含水率是计算土的干密度、孔隙率、饱和度、液性指数、塑性指数等指标不可缺少的依据，也是控制建筑物地基、路堤、土坝等施工质量的重要指标。然而如何正确得到土的含水率指标？我们来学习土的含水率测试方法。

【任务分析】

　　本任务首先学习土的含水率测试方法、适用范围、仪器配备、步骤、数据的记录整理。掌握了土的含水率测试方法，再结合具体的工程实例进行实践操作和数据的分析整理，最后把成果运用于项目工程当中。

　　含水率试验方法主要有烘干法、酒精燃烧法、比重法等，其中以烘干法为室内含水率试验的标准方法。

【任务实施】

1.2.1　烘干法

　　烘干法是将土样放在温度能保持105～110℃的恒温烘箱中烘至恒量的试验方法。该法既操作简单，又能确保质量，是测定土的含水率的标准方法。

　　土中的含水率因烘干温度的不同而使蒸发量有所变化，因此在试验时必须规定烘干温度，目前国内外土工试验标准大多采用105～110℃。因为土中的强结合水需要温度高于120℃才能析出，因此对于黏性土，烘干法试验中测得的干土质量实际上是土粒质量与强结合水质量之和。

　　1. 适用范围

　　烘干法适用于测定粗粒土、细粒土、有机质土和冻土的含水率。

　　2. 仪器设备

　　(1) 恒温烘箱。温度能保持105～110℃的电热恒温烘箱或其他能源恒温烘箱。

　　(2) 天平。称量200g，最小分度值0.01g；称量1000g，最小分度值0.1g。在试验中，应根据试样质量的大小选择适当最小分度值的天平，以保证试验数据具有必要的有效数字。

　　(3) 其他。装有干燥剂的干燥容器；恒质量的铝制称量盒。对于铝盒质量，由于磨损及氧化作用会随时间发生变化，因此应在使用3～6个月后测定一次铝盒质量。

　　3. 操作步骤

　　(1) 选取一定量的具有代表性试样（细粒土15～30g，砂类土、有机质土和整体状构造冻土50g，砂砾石1～2kg），放入称量盒内，立即盖上盒盖，称盒加湿土质量，准确至0.01g。试验所需试样的最低限量与试样的最大粒径和均匀程度密切相关，砂类土持水性差，颗粒大小相差悬殊，含水率易于变化，所以砂类土相对于细粒土应多取一些。对于有机质含量超过5%的土和整体状构造冻土，因土质不均匀，采用烘干法时，也应相应多取些。

　　(2) 打开盒盖，将试样和称量盒一起放入烘箱内，在105～110℃的恒温下烘至恒量。试样烘干至恒量所需的时间与土的类别、取土数量和起始含水率等因素有关，一般情况下，粉土、黏性土烘干时间宜为8～10h，砂类土宜烘6～8h，但当某些试样数量过多或试样起始含水率过高时，需根据实际情况适当延长烘干时间。但对于含有机质的土，在105～110℃进行长时间烘干时，由于有机质会在烘干过程中逐渐分解而不断损失，使测得的含水率比实际的含水率偏大；而对于含有石膏或其他硫酸盐矿物的土，在105～110℃烘干时也会使其损失结晶水，所以对于有机质超过干土质量5%的土、含石膏或其他硫酸盐矿物的土，应将温度控制在65～70℃的恒温下烘干12～15h。

（3）将烘干后的试样和称量盒从烘箱中取出，盖上盒盖，放入干燥器内冷却至室温。冷却时间一般为 0.5～1h。

（4）将试样和称量盒从干燥器内取出，称盒加干土质量，准确至 0.01g。

4. 结果整理

（1）计算。试样的含水率应按下式计算，计算至 0.1%：

$$\omega = \frac{m_1 - m_2}{m_2 - m_0} \times 100\% \qquad (1.11)$$

式中　ω——含水率，%；

　　　m_1——称量盒加湿土质量，g；

　　　m_2——称量盒加干土质量，g；

　　　m_0——称量盒质量，g。

（2）试验记录。烘干法测含水率的试验记录格式见表 1.6。

表 1.6　　　　　　　　　　　　含水率试验记录表

工程名称：_____　　　　　　　　　　　　　　　试验者：_____
仪器编号：_____　　　　　　　　　　　　　　　计算者：_____
试验日期：_____　　　　　　　　　　　　　　　校核者：_____

试样编号	土样说明	盒号	盒质量/g	盒加湿土质量/g	盒加干土质量/g	水分质量/g	干土质量/g	含水率/%	平均含水率/%	备注
			(1)	(2)	(3)	(4)=(2)-(3)	(5)=(3)-(1)	(6)=$\frac{(4)}{(5)}$×100	(7)	

（3）允许平行差。烘干法试验应对两个试样进行平行测定，当两次测定含水率的差值在允许范围内时，取其算数平均值作为该土样的含水率。允许平行差值应符合表 1.7 规定。平行试验的含水率允许平行差值，是针对均匀的同一块土样在试验过程中取两个试样测定含水率时产生的误差，对于不同点取样的含水率试验结果，取平均值时不受此限制。

表 1.7　　　　　　　　　　含水率测定的允许平行差值

土样含水率/%	允许平行差值/%	土样含水率/%	允许平行差值/%
<5	≤0.3	≥40	≤2
<40	≤1	层状和网状构造的冻土	<3

1.2.2　酒精燃烧法

酒精燃烧法是将土样和酒精拌和，点燃酒精，随着酒精的燃烧使土样水分快速蒸发的一种含水率测定方法。

1. 适用范围

酒精燃烧法适用于快速简易且较准确测定细粒土（含有机质或石膏等硫酸盐的土除外）的含水率，特别适用于没有烘箱或土样较少的情况对细粒土进行含水率测试。由于酒精燃烧法无法控制燃烧温度，一般不能用于测定含有机质的土、含石膏或其他硫酸盐的土和重黏土等土体。对于粗粒土，因需耗费大量酒精，很不经济，故也不宜采用酒精燃烧法。

2. 仪器设备

(1) 称量盒。恒质量的铝制称量盒。

(2) 天平。称量200g，最小分度值0.01g。

(3) 酒精。纯度不低于95％。

(4) 其他。滴管、火柴和调土刀等。

3. 操作步骤

(1) 选取一定量的具有代表性的试样（黏性土5～10g，砂类土20～30g），放入称量盒内，立即盖上盒盖，称盒加湿土质量，准确至0.01g。

(2) 打开盒盖，用滴管将酒精注入放有试样的称量盒中，直至盒中出现自由液面为止。为使酒精在试样中充分混合均匀，可将盒底在试验台面上轻轻敲击。

(3) 将盒中酒精点燃，并烧至火焰自然熄灭。

(4) 将试样冷却数分钟后，按上述步骤（2）和（3）再重复燃烧两次，当第三次火焰熄灭后，立即盖上盒盖，称盒加干土质量，准确至0.01g。在试验中，为使酒精在试样中充分混合均匀，在燃烧时可轻敲称量盒，而且只有在确定上一次的酒精燃烧完全熄灭后才能加下一次酒精，以免发生危险。

4. 结果整理

(1) 试验记录。酒精燃烧法测定含水率的试验记录格式与烘干法相同，见表1.6。

(2) 计算和允许平行差。酒精燃烧法试验同样应对两个试样进行平行测定，其含水率计算和允许平行差值与烘干法相同。

1.2.3 比重法

比重法是通过测定湿土体积，估计土粒比重，从而间接计算土的含水率的方法。在比重法试验时，由于没有考虑到温度的影响，因此所得的结果准确度较差。

1. 适用范围

土体内气体能否充分排出，将直接影响到试验结果的精度，故比重法仅适用于砂类土。

2. 仪器设备

(1) 玻璃瓶。容积500mL以上。

(2) 天平。称量1000g，最小分度值0.5g。

(3) 其他。漏斗、小勺、吸水球、玻璃片、土样盘及玻璃棒等。

3. 操作步骤

(1) 选取具有代表性的砂类土试样200～300g，放入土样盘中。

（2）向玻璃瓶中注入清水至 1/3 左右，然后通过漏斗将土样盘中的试样全部倒入玻璃瓶内，并用玻璃棒搅拌 1～2min，直到试样内所含气体完全排出为止。

（3）向玻璃瓶中加清水至全部充满，静置 1min 后用吸水球吸去泡沫，再加清水使其全部充满，盖上玻璃片，将瓶外壁擦干，称盛满混合液的玻璃瓶质量，准确至 0.5g。

（4）倒去玻璃瓶中的混合液，并将玻璃瓶洗净，然后再向玻璃瓶中加清水至全部充满，盖上玻璃片，将瓶外壁擦干，称盛满清水的玻璃瓶质量，准确至 0.5g。

4. 结果整理

（1）计算。按式（1.12）计算土的含水率，结果计算至 0.1%：

$$\omega=\left[\frac{m(G_s-1)}{G_s(m_1-m_2)}-1\right]\times100\% \tag{1.12}$$

式中　ω——砂类土的含水率，%，计算至 0.1；

　　　m——湿土质量，g；

　　　m_1——瓶、水、土、玻璃片质量，g；

　　　m_2——瓶、水、玻璃片质量，g；

　　　G_s——砂类土的颗粒比重。

（2）试验记录。比重法测砂类土含水率的试验记录格式见表 1.8。

（3）允许平行差。比重法试验同样应对两个试样进行平行测定，并取其算术平均值，平行测定结果的允许平行差值与烘干法相同。

表 1.8　　　　　　　　　　　　含水率试验记录表（比重法）

工程名称：_____　　　　　　　　　　　　　　　　　　　试验者：_____

仪器编号：_____　　　　　　　　　　　　　　　　　　　计算者：_____

试验日期：_____　　　　　　　　　　　　　　　　　　　校核者：_____

试样编号	土样说明	瓶号	湿土质量/g	瓶、水、土、玻璃片质量/g	瓶、水、玻璃片质量/g	土粒比重	含水率/%	平均含水率/%	备注
			(1)	(2)	(3)	(4)	$(5)=\left\{\dfrac{(1)\times[(4)-1]}{(4)\times[(2)-(3)]}-1\right\}\times100$	(6)	

任务 1.3　土　粒　比　重　试　验

【任务描述】

土粒比重 G_s 是指土粒在温度 105～110℃ 下烘至恒重时的质量与土粒同体积 4℃ 时纯水质量的比值。在数值上，土粒比重与土粒密度相同，但前者是没有单位的。

土粒比重是土直接测量的基本物理性质之一，是计算孔隙比、孔隙率、饱和度等的重要依据，也是评价土类的主要指标。土粒比重主要取决于土的矿物成分，不同土类的土粒比重变化幅度不大，在有工程建设经验的地区可按经验值选用。一般而言，砂土比重约为 2.65～2.69，砂质粉土约为 2.70，黏质粉土约为 2.71，粉质黏土为 2.72～2.73，黏土约为 2.73～2.74。然而如何正确得到土的含水率指标？我们来学习土的比重测试方法。

【任务分析】

本任务首先学习土粒比重试验测试方法、适用范围、仪器配备、步骤、数据的记录整理。掌握了土粒比重测试方法，再结合具体的工程实例进行实践操作和数据的分析整理，最后把成果运用于项目工程当中。

根据土粒粒径的不同，土的比重试验可分别采用比重瓶法、浮称法或虹吸筒法。对于粒径小于 5mm 的土，采用比重瓶法进行；对于粒径大于等于 5mm 的土，且其中粒径大于 20mm 颗粒小于 10％时，采用浮称法或浮力法进行；对于粒径大于等于 5mm 的土，但其中粒径大于 20mm 颗粒大于等于 10％时，采用虹吸筒法进行；当土中同时含有粒径小于 5mm 和粒径大于等于 5mm 的土粒时，粒径小于 5mm 部分用比重瓶法测定，粒径大于等于 5mm 部分则用浮称法或浮力法、虹吸筒法测定，并取其加权平均值作为土的比重，本任务主要介绍比重瓶法和浮称法。

【任务实施】

1.3.1　比重瓶法

比重瓶法，其基本原理就是将称好质量的干土放入盛满水的比重瓶的前后质量差异，来计算出土粒的体积，从而进一步计算出土粒比重。

1. 适用范围

比重瓶法适用于粒径小于 5mm 的各类土。

2. 仪器设备

（1）比重瓶。容积 100mL 或 50mL，分长颈和短颈两种。比较试验表明，比重瓶的大小对比重试验结果影响不大，但因 100mL 的比重瓶可多取些试样，使试样的代表性和试验的精度提高，目前国内规范一般建议采用 100mL 的比重瓶，但也允许采用 50mL 的比重瓶。

（2）天平。称量 200g，最小分度值 0.001g。

（3）恒温水槽。灵敏度 ±1℃。

（4）砂浴。应能调节温度。

（5）真空抽气设备。包括真空抽气机、真空抽气缸、测压的水银柱或真空负压表。

（6）温度计。刻度 0～50℃，最小分度值 0.5℃。

（7）其他。如烘箱、牛角匙、蒸发皿、玻璃漏斗、滴管、洗瓶、纯水、孔径 2mm 及 5mm 筛、中性液体（如煤油）等。

3. 操作步骤

（1）比重瓶的校正。比重瓶的校正一般有两种方法，即称量校正法和计算校正法。

1）称量校正法：

a. 将比重瓶洗净、烘干，置于干燥器内，冷却至室温后，称比重瓶质量，计算至0.001g，比重瓶质量需称量两次，两次的差值不得大于0.002g，并取其算术平均值。

b. 将纯水煮沸，冷却至室温后注入比重瓶内，当用长颈比重瓶时，应将纯水注到刻度处为止；当用短颈比重瓶时，则应将纯水注满，塞紧瓶塞，多余的水从瓶塞毛细管中溢出，使瓶内无气泡。

c. 调节恒温水槽温度至 5℃ 或 10℃，然后将比重瓶放入恒温水槽内，待瓶内水温稳定后，将比重瓶取出，擦干瓶外壁，称瓶、水总质量，准确至0.001g。

d. 以 5℃ 温度的级差，调节恒温水槽的水温，然后逐级测定不同温度下的比重瓶、水总质量，直至达到本地区最高自然气温为止。每个温度均应进行两次平行测定，两次测定的差值不得大于 0.002g，并取其算术平均值。

e. 记录不同温度下的比重瓶、水总质量，见表 1.9，并以瓶、水总质量为横坐标，温度为纵坐标，绘制瓶、水总质量与温度的关系曲线，如图 1.3 所示。

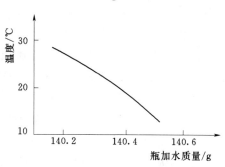

图 1.3 比重瓶校准曲线

表 1.9 　　　　　　　　　比 重 瓶 校 准 记 录 表

瓶　　　号：_____　　　　　　　　　　　校准者：_____

瓶　　　重：_____　　　　　　　　　　　瓶容积：_____

校准日期：_____　　　　　　　　　　　校核者：_____

温　度 /℃	瓶、水总质量 /g		平均瓶、水总质量 /g

2）计算校正法。对于计算校正法，是在无恒温水槽情况下校正比重瓶的方法，一般先洗净比重瓶，并烘干和称重，再按前面的方法称出室温为 T_1 时的瓶、水总重，并按下式求得任意温度时的瓶、水总质量：

$$m_{bw2} = m_b + (m_{bw1} - m_b) \frac{\rho_{w2}}{\rho_{w1}} [1 + \varepsilon_T (T_2 - T_1)] \qquad (1.13)$$

式中　m_{bw2}——任意温度时瓶、水总质量，g；

　　　m_{bw1}——温度 T_1 时瓶、水总质量，g；

　　　ρ_{w1}——温度 T_1 时水的密度，g/cm³；

　　　ρ_{w2}——任意温度时水的密度，g/cm³；

　　　T_1——比重瓶内纯水温度，℃；

　　　T_2——比重瓶内纯水任意温度，℃；

ε_T——玻璃膨胀系数，国产比重瓶可取其平均值 0.000024℃^{-1}；

m_b——比重瓶的质量，g。

称量校正法一般精度比较高，计算校正法引入了某些假设，但一般认为对比重影响不大，目前国内规范一般规定以称量校正法为准。除新购比重瓶在试验前必须进行校正外，使用过的比重瓶在一定时间段内也应重新进行校正，一般每年校正一次。

（2）比重瓶法试验的步骤：

1）将烘干土过5mm筛，然后取15g，用玻璃漏斗装入预先洗净和烘干的100mL比重瓶内，若用50mL的比重瓶，《土工试验方法标准》（GB/T 50123—2019）规定取10g；而《公路土工试验规程》（JTG 3430—2020）中规定取12g。称试样和瓶的总质量，准确至0.001g。试样的用量应根据比重瓶的种类和大小适当选择，因为用量过少会降低测定精度，用量过多则难于排除气泡。关于试样状态，《土工试验方法标准》（GB/T 50123—2019）规定采用烘干土，认为可减少计算中的累计误差，但《公路土工试验规程》（JTG 3430—2020）也允许采用风干土或天然湿度试样。

2）为了排除土中的气体，将纯水注入已装有干土的比重瓶中至一半处，摇动比重瓶，土样浸泡24h以上，再将瓶放在砂浴上煮沸，煮沸时间自悬液沸腾时算起，砂及砂质粉土不应少于30min，黏土及黏质粉土不应少于1h，以使土粒充分分散。悬液沸腾后应调节砂浴温度，以避免瓶中悬液溢出瓶外。

3）对于砂土，宜采用真空抽气法排气。用真空抽气法排气时，首先把注入纯水的比重瓶瓶塞拿去，放在真空干燥器内用真空泵抽气，抽气时真空表读数宜接近当地一个大气负压值，并经常摇动比重瓶，抽气时间不应小于1h，直至土样内的气泡排净为止。

4）应根据土的分散程度、矿物成分、水溶盐和有机质的含量来合理选择纯水和中性液体来测定。当水溶盐含量小于0.5%或有机质含量低于5%时，用纯水和中性液体测得的比重几乎无差异；而当水溶盐含量超过0.5%或有机质含量大于5%时，比重测试结果会出现较大差别，此时必须用中性液体测定，并采用真空抽气法排气。对于亲水胶体含量较多的土也必须用中性液体进行测定。

5）应根据介质的不同分别采用煮沸法和真空抽气法。煮沸法简单易行，效果好，一般以煮沸法为基本方法。但对于中性液体，应采用真空抽气法。砂土煮沸时砂粒容易跳出，也允许用真空抽气法代替煮沸法。在排气过程中，应经常摇振比重瓶，使瓶内气泡尽快逸出，为了防止喷溅现象发生，可预先将2～3根玻璃棒交叉放入比重瓶内。比重瓶法的测试精度与土粒的分散程度和液体的排气程度密切相关，因此要求尽可能排除比重瓶内液体中的气泡，使液体充满瓶内空间。

6）将煮沸经冷却的纯水（或抽气后的中性液体）注入装有试样悬液的比重瓶内，当用长颈比重瓶时，应用滴管滴注纯水液面恰到刻度处（以弯月面下缘为准）为止；当用短颈比重瓶时，则应将纯水注满，塞紧瓶塞，多余的水会从瓶塞毛细管中溢处出使瓶内无气泡。试验用水要求为不含气泡的纯水，且不含任何被溶解的固体物质。

7）将比重瓶置于恒温水槽内，待瓶内水温稳定，且瓶内上部悬液澄清，然后取出比重瓶，擦干瓶外壁，称比重瓶、水、试样总质量，准确至0.001g。称量后应立刻测出瓶内水的温度，准确至0.5℃。

8）根据测得的温度，从已绘制的温度与瓶、水总质量关系曲线中查得瓶、水总质量。如比重瓶容积事先未经温度校正，则立即倒去悬液，洗净比重瓶，注入事先煮沸过且与试验时同温度的纯水至同一体积刻度处，短颈比重瓶时，则应将纯水注满，塞紧瓶塞，然后将瓶外水分擦干，称瓶、水总质量。

　　4. 结果整理

　　（1）计算：

　　1）用纯水测定时，按式（1.14）计算土粒比重：

$$G_s = \frac{m_{bs} - m_b}{m_{bw} + (m_{bs} - m_b) - m_{bws}} G_{wT} \tag{1.14}$$

式中　G_s——土粒比重，计算至 0.01；

　　　m_{bs}——比重瓶、试样总质量，g；

　　　m_{bw}——比重瓶、水总质量，g；

　　　m_{bws}——比重瓶、水、试样总质量，g；

　　　m_b——比重瓶质量，g；

　　　G_{wT}——T℃时纯水的比重（可查物理手册），准确至 0.001。

　　2）用中性液体测定时，按式（1.15）计算比重：

$$G_s = \frac{m_{bs} - m_b}{m_{by} + (m_{bs} - m_b) - m_{bys}} G_{yT} \tag{1.15}$$

式中　m_{by}——比重瓶、中性液体总质量，g；

　　　m_{bys}——比重瓶、中性液体、试样总质量，g；

　　　G_{yT}——T℃时中性液体的比重（应实测），准确至 0.001。

　　（2）试验记录。比重瓶法测比重的试验记录见表 1.10。

表 1.10　　　　　　　　　　　比重试验记录表（比重瓶法）

工程名称：_____　　　　　　　　　　　　　　　　　试验者：_____

仪器编号：_____　　　　　　　　　　　　　　　　　计算者：_____

试验日期：_____　　　　　　　　　　　　　　　　　校核者：_____

试样编号	比重瓶号	温度/℃	液体比重查表	比重瓶质量/g	瓶加干土质量/g	干土质量/g	瓶加液体质量/g	瓶加液体、干土总质量/g	与干土同体积的液体质量/g	比重	平均值
		(1)	(2)	(3)	(4)	(5)=(4)-(3)	(6)	(7)	(8)=(5)+(6)-(7)	(9)=(5)/(8)×(2)	(10)

　　（3）允许平行差。比重瓶法试验应进行两次平行测定，两次测定的平行差值不得大于 0.02，并取其两次测值的算术平均值，以两位小数表示。

1.3.2　浮称法

　　浮称法，其基本原理是依据阿基米德原理，即物体在水中失去的重量等于排开同体积水的重量，来测出土粒的体积，从而进一步计算出土粒比重。

1. 适用范围

浮称法适用于粒径不小于 5mm 的各类土，且其中粒径大于 20mm 的土质量应小于总土质量 10%。浮称法所测结果较为稳定，但当大于 20mm 粗粒较多时，采用浮称法将增加设备，不便在室内使用。

2. 仪器设备

（1）金属网篮。孔径小于 5mm，直径为 10～15cm，高为 10～20cm。

（2）盛水容器。为适合金属网篮沉入，其尺寸应大于金属网篮。

（3）浮称天平。称量 2000g，最小分度值 0.5g，如图 1.4 所示。

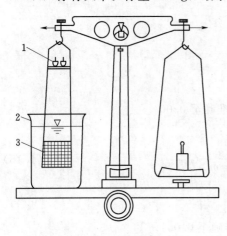

（4）其他。刻度 0～50℃、最小分度值 0.5℃ 温度计，孔径 5mm 及 20mm 筛，烘箱等。

3. 操作步骤

（1）取粒径不小于 5mm 的代表性试样 500～1000g，其中粒径大于 20mm 的土质量应小于总质量的 10%。彻底冲洗试样，直至颗粒表面无尘土和其他污物。

（2）将试样浸入水中 24h 后取出，立即放入金属网篮，然后缓慢地将金属网篮浸没于水中，并在水中摇晃，直至试样中无气泡逸出为止。

（3）称金属网篮和试样在水中的总质量，然后取出试样烘干，并称烘干试样质量。

（4）称金属网篮在水中的质量，并立即测定盛水容器内的水温，准确至 0.5℃。

图 1.4　浮称天平

1—调平平衡砝码盘；2—盛水容器；

3—盛粗粒土的金属网篮

4. 结果整理

（1）计算。按式（1.16）计算比重：

$$G_s = \frac{m_d}{m_d - (m'_{1s} - m'_1)} G_{wT} \tag{1.16}$$

式中　m_d——干土质量，g；

　　　m'_1——金属网篮在水中的质量，g；

　　　m'_{1s}——金属网篮和试样在水中总质量，g。

如果土样为粗、细粒土混合料，《公路土工试验规程》（JTG 3430—2020）规定应分别测定粗、细粒土的比重，然后取其加权平均值，按下式计算土料的平均比重 G_s：

$$G_s = \frac{1}{\dfrac{P_1}{G_{s1}} + \dfrac{P_2}{G_{s2}}} \tag{1.17}$$

式中　G_{s1}——不小于 5mm 土粒的比重；

　　　G_{s2}——小于 5mm 土粒的比重；

　　　P_1——不小于 5mm 土粒质量占总土质量的百分数，%；

　　　P_2——小于 5mm 土粒质量占总土质量的百分数，%。

（2）试验记录。浮称法测比重的试验记录见表 1.11。

表 1.11　　　　　　　　　　**比重试验记录表（浮称法）**

工程名称：＿＿＿＿＿＿＿＿　　　　　　　　　　　　　　　试验者：＿＿＿＿＿＿

仪器编号：＿＿＿＿＿＿＿＿　　　　　　　　　　　　　　　计算者：＿＿＿＿＿＿

试验日期：＿＿＿＿＿＿＿＿　　　　　　　　　　　　　　　校核者：＿＿＿＿＿＿

试样编号	金属网篮号	温度/℃	水的比重	干土质量/g	金属网篮加试样在水中质量/g	金属网篮在水中质量/g	试样在水中质量/g	比重	平均值	备注
		(1)	(2)	(3)	(4)	(5)	(6)=(4)−(5)	(7)=[(3)×(2)]/[(3)−(6)]	(8)	

（3）允许平行差。浮称法试验应进行两次平行测定，两次测定的平行差值不得大于0.02，并取其两次测值的算术平均值，以两位小数表示。

任务 1.4　土的颗粒分析试验

【任务描述】

　　天然土都是由大小不同的颗粒所组成的，土粒的粒径从粗到细逐渐变化时，土的性质也随之相应地发生变化，在工程上把粒径大小相近的土粒，按适当的粒径范围归并为一组，称为粒组，各个粒组随着粒径分界尺寸的不同而呈现出一定质的变化。土粒的大小及其组成情况，通常以土中各个粒组的相对含量（各粒组占土粒总量的百分数）来表示，称为土的颗粒级配。

　　土的颗粒组成在一定程度上反映了土的某些性质，因此工程上常依据颗粒组成对土进行分类，粗粒土主要是依据颗粒组成进行分类的，而细粒土由于矿物成分、颗粒形状及胶体含量等因素，则不能单以颗粒组成进行分类，而要借助于塑性图或塑性指数进行分类。土的颗粒组成还可概略判断土的工程性质以及供建材选料之用。然而如何正确评价土的颗粒组成？我们来学习土的颗粒分析试验。

【任务分析】

　　本任务首先学习土的颗粒分析测试方法、适用范围、仪器配备、步骤、数据的记录整理。掌握了土的颗粒分析试验方法，再结合具体的工程实例进行实践操作和数据的分析整理，最后把成果运用于项目工程当中。

　　颗粒分析试验就是测定土中各种粒组所占该土总质量的百分数的试验方法，可分为筛分法和沉降分析法，其中沉降分析法又有密度计法（比重计法）和移液管法等。对于粒径大于 0.075mm 的土粒可用筛分析的方法来测定，而对于粒径小于 0.075mm 的土粒则用沉降分析方法（密度计法或移液管法）来测定。

【任务实施】

1.4.1　筛分法

筛分法就是将土样通过各种不同孔径的筛子，并按筛子孔径的大小将颗粒加以分组，然后再称量并计算出各个粒组占总质量的百分数。筛分法是测定土的颗粒组成最简单、迅速的一种直接分析方法。

1. 适用范围

筛分法适用于粒径不大于60mm，大于0.075mm的土。

2. 仪器设备

（1）分析筛。

1）圆孔粗筛。孔径为60mm、40mm、20mm、10mm、5mm和2mm。

2）圆孔细筛。孔径为2.0mm、1.0mm、0.5mm、0.25mm和0.075mm。

筛分法在选用分析筛的孔径时，可根据试样颗粒的粗细情况和工程要求灵活选用。

（2）天平。称量5000g，最小分度值1g；称量1000g，最小分度值0.1g；称量200g，最小分度值0.01g。

（3）振筛机。筛分过程中应能上下振动、水平转动。

（4）其他。烘箱、量筒、漏斗、木碾、研钵、瓷盘、筛刷、匙等。

3. 试样数量

先用风干法制样，然后从风干松散的土样中，用四分法按表1.12称取有代表性的试样，称量应准确至0.1g，当试样质量超过500g时，称量应准确至1g。

表1.12　　　　　　　　　　　　　筛分法取样质量

颗粒尺寸/mm	取样质量/g	颗粒尺寸/mm	取样质量/g
<2	100～300	<40	2000～4000
<10	300～1000	<60	>4000
<20	1000～2000		

含砾土在现场分布极不均匀，选取代表性试样不易，一般要求：①现场多选几个随机点取样；②实验室内先充分拌而后用四分法取样；③取样数量应随粒径大小而异，粒径越大，数量越多。

4. 操作步骤

（1）无黏性土：

1）将按表1.12规定称取试样，过孔径为2mm的筛，分别称出留在筛子上和已通过筛子孔径的筛子下试样质量。当筛下的试样质量小于试样总质量的10%时，不作细筛分析；当筛上的试样质量小于试样总质量的10%时，不作粗筛分析。粗筛筛分时可多筛几次，以确保每级筛上只有比它直径大的土粒。

2）取2mm筛上的试样倒入依次叠好的粗筛的最上层筛中，进行粗筛筛分，然后再取2mm筛下的试样倒入依次叠好的细筛的最上层筛中，进行细筛筛分。细筛宜置于振筛机上进行振筛，振筛时间一般为10～15min。

3）按由最大孔径的筛开始，由上而下顺序将各筛取下，在白纸上用手轻叩摇晃，至每分钟筛下数量不大于该级筛余质量的 1％为止，漏下的土粒应全部放入下一级筛内，然后分别称留在各级筛上及底盘内试样的质量，准确至 0.1g。

（2）含有细粒土颗粒的砂土：

1）将土样放在橡皮板上，用木碾将黏结的土团充分碾散、拌匀、烘干、称量。

2）按表 2.13 规定称取代表性试样，置于盛有清水的容器中，浸泡并用搅棒充分搅拌，使试样的粗细颗粒完全分离。

3）将容器中的试样悬液通过 2mm 筛，边冲边洗过筛，直至筛上仅留大于 2mm 以上的颗粒为止。然后取留在筛上的试样烘至恒量，并称烘干试样质量，准确到 0.1g，按上面无黏性土的筛分步骤对该部分土样进行粗筛分析。对于无黏性土，可用干筛法；而对于含有部分细粒土的粗粒土，必须用水筛法，以保证颗粒的充分分散。

4）将通过 2mm 筛下的试样悬液存放在盆中，待稍沉淀，将上部悬液过 0.075mm 洗筛，用带橡皮头的玻璃棒研磨盆内浆液，再加清水、搅拌、研磨、静置、过筛，反复进行，直至盆内悬液澄清。最后将全部土粒倒在 0.075mm 筛上，用水冲洗，直到筛上仅留大于 0.075mm 净砂为止。将大于 0.075mm 的净砂烘干后称量，准确至 0.1g，按上面无黏性土的筛分步骤对该部分土样进行细筛分析。

5）《土工试验方法标准》（GB/T 50123—2019）规定，当大于 0.075mm 的颗粒超过试样总质量的 10％；《公路土工试验规程》（JTG 3430—2020）规定，当大于 0.075mm 的颗粒超过试样总质量的 15％时，应先进行筛分试验，然后经过洗筛，过 0.075mm 筛，再用密度计法或移液管法进行试验。

5. 结果整理

（1）计算和绘图：

1）小于某粒径的试样质量占试样总质量的百分比可按式（1.18）计算：

$$X = \frac{m_A}{m_B} d_x \tag{1.18}$$

式中　X——小于某粒径的试样质量占试样总质量的百分比，％，计算至 0.01；

　　m_A——小于某粒径的试样质量，g；

　　m_B——细筛分析时为所取的试样质量，粗筛分析时为试样总质量，g；

　　d_x——粒径小于 2mm 的试样质量占试样总质量的百分比，％。

2）制图。以小于某粒径的试样质量占试样总质量的百分比为纵坐标，以颗粒粒径为对数横坐标，在单对数坐标上绘制颗粒大小分布曲线，如图 1.5 所示。

3）计算级配指标。不均匀系数和曲率系数。按式（1.19）计算不均匀系数：

$$C_u = \frac{d_{60}}{d_{10}} \tag{1.19}$$

式中　C_u——不均匀系数；

　　d_{60}——限制粒径，即土中小于该粒径的土含量占土总质量的 60％的粒径，mm；

　　d_{10}——有效粒径，即土中小于该粒径的土含量占土总质量的 10％的粒径，mm。

按式（1.20）计算曲率系数：

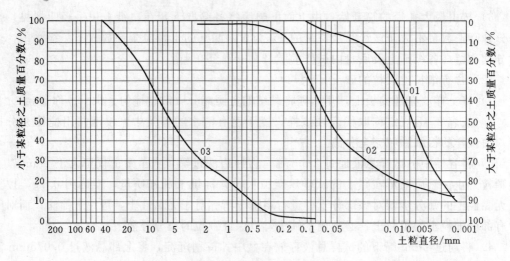

图 1.5　颗粒大小分布曲线

$$C_c = \frac{d_{30}^2}{d_{60}d_{10}}$$ 　　　　　　　(1.20)

式中　C_c——曲率系数；

　　　d_{30}——土中小于该粒径的土含量占土总质量的 30% 的粒径，mm。

（2）试验记录。筛分法颗粒分析试验记录见表 1.13。

表 1.13　　　　　　　　　颗粒大小分析试验记录（筛分法）

工程名称：_____　　　　　　　　　　　　　　　　　试验者：_____

试样编号：_____　　　　　　　　　　　　　　　　　计算者：_____

试验日期：_____　　　　　　　　　　　　　　　　　校核者：_____

风干土质量＝_____ g	小于 0.075mm 的土占总土质量百分数＝_____ %
2mm 筛上土质量＝_____ g	小于 2mm 的土占总土质量百分数 d_x＝_____ %
2mm 筛下土质量＝_____ g	细筛分析时所取试样质量＝_____ g

筛号	孔径/mm	累计留筛土质量/g	小于该孔径的土质量/g	小于该孔径的土质量百分数/%	小于该孔径的总土质量百分数/%
底盘总计					

（3）允许差值。筛后各级筛上及底盘内试样质量的总和与筛前试样总质量的差值，不得大于试样总质量的 1%。

1.4.2　密度计法

司笃克斯（Stokes）定律指出，小球体在水中沉降速率时恒定的；小球体沉降速率大小与其直径的平方成正比。密度计法是依据司笃克斯定律进行测定的。当土粒在液体中靠自重下沉时，较大的颗粒下沉较快，而较小的颗粒下沉则较慢。一般认为，对于粒径为 0.2～0.002mm 的颗粒，在液体中靠自重下沉时，做等速运动，这符合司笃克斯定律。

司笃克斯定律是以单个球体在液体内部的沉降为讨论对象，而实际上土颗粒多呈扁平状或棒状，密度计法依据司笃克斯定律计算时，将土颗粒按等效粒径处理，且没考虑颗粒一起沉降时的相互干扰和影响，差异较大，因此按筛分法和按密度计法分别求得的粒径累积曲线的衔接处往往不连续。

密度计法，是将一定量的土样（粒径小于 0.075mm）放在量筒中，然后加纯水，经过搅拌，使土的大小颗粒在水中均匀分布，制成一定量的均匀浓度的土悬液（1000mL）。静止悬液，让土粒沉降，在土粒下沉过程中，用密度计测出在悬液中对应于不同时间的不同悬液密度，根据密度计读数和土粒的下沉时间，就可计算出粒径小于某一粒径 d(mm) 的颗粒占土样的百分数。

用密度计进行颗粒分析须作下列三个假定：

（1）司笃克斯定律能适用于用土样颗粒组成的悬液。

（2）试验开始时，土的大小颗粒均匀地分布在悬液中。

（3）所采用量筒的直径较密度计直径大得多。

1. 适用范围

密度计法是沉降分析法的一种，只适用于粒径小于 0.075mm 的细粒土。

2. 仪器设备

（1）密度计。目前通常采用的密度计有甲、乙两种，这两种密度计的制造原理及使用方法基本相同，但密度计的读数所表示的含义则是不同的，甲种密度计读数所表示的是一定量悬液中的干土质量；乙种密度计读数所表示的是悬液比重。

1）甲种密度计。刻度单位以在摄氏 20℃时每 1000mL 悬液内所含土质量的克数来表示，刻度为 -5～50，最小分度值 0.5。

2）乙种密度计。刻度单位以在摄氏 20℃时悬液的比重来表示，刻度为 0.995～1.020，最小分度值为 0.0002。

（2）量筒。容积 1000mL，内径约 60mm，高约 420mm，刻度 0～1000mL，准确至 10mL。

（3）细筛。孔径 2mm、1mm、0.5mm、0.25mm；洗筛：孔径 0.075mm。

（4）洗筛漏斗。上口直径略大于洗筛直径，下口直径略小于量筒内径。

（5）天平。称量 1000g，最小分度值 0.1g；称量 200g，最小分度值 0.01g。

（6）搅拌器。轮径 50mm，孔径 3mm，杆长约 450mm，带螺旋叶。

（7）煮沸设备。电砂浴或电热板（附冷凝管装置）。

（8）温度计。刻度 0～50℃，最小分度值 0.5℃。

（9）其他。秒表、烘箱、容积 500mL 的锥形烧瓶、研钵、木杵、电导率仪等。

3. 试剂

（1）分散剂。4%六偏磷酸钠溶液，在 100mL 水中溶解 4g 六偏磷酸钠（$NaPO_3$）$_6$。

（2）易溶盐检验试剂。5%酸性硝酸银溶液，在 100mL 的 10%硝酸（HNO_3）溶液中溶解 5g 硝酸银（AgNO₃）。

（3）易溶盐检验试剂。5%酸性氯化钡溶液，在 100mL 的 10%盐酸（HCl）溶液中溶解 5g 氯化钡（BaCl₂）。

4．操作步骤

（1）称取具有代表性的风干试样 200～300g，土样的风干可自然干燥，也可在烘箱内以不超过 50℃进行鼓风干燥，过 2mm 筛，并求出留在筛上试样占试样总质量的百分比。取过 2mm 筛的土测定试样的风干含水率。

（2）称取干土质量为 30g 的风干试样，所需风干试样的质量可按下列公式计算。

当易溶盐含量小于 1%时：

$$m_0 = 30(1 + 0.01w_0) \tag{1.21}$$

当易溶盐含量不小于 1%时：

$$m_0 = \frac{30(1 + 0.01w_0)}{1 - 0.01W} \tag{1.22}$$

式中　　m_0——风干土质量，g；

　　　　w_0——风干土含水率，%；

　　　　W——易溶盐含量，%。

（3）当试样中易溶盐含量大于 0.5%时，则说明试样中含有了足以使悬液中土粒成团下降的易溶盐，须经过洗盐才能进行密度计法试验，否则会对试验结果产生显著影响。

1）易溶盐含量检验。易溶盐含量的检验方法可采用电导法或目测法。电导法效率高，操作方便、准确，其原理是根据电导率在低浓度溶液范围内与悬液中的易溶盐含量成正比关系。目测法是比较简易的方法，在没有电导率仪时可用目测法检验试样溶液是否含盐。

a．电导法。采用电导率仪，测定温度为 T℃时试样溶液（土水比为 1：5）的电导率，并按式（1.23）计算 20℃时的电导率：

$$K_{20} = \frac{K_T}{1 + 0.02(T - 20)} \tag{1.23}$$

式中　　K_{20}——20℃时悬液的电导率，μS/cm；

　　　　K_T——T℃时悬液的电导率，μS/cm；

　　　　T——测定时悬液的温度，℃。

实验证明，当 K_{20} 小于 1000μS/cm 时，相应的含盐量不会大于 0.5%，所以当 K_{20} 大于 1000μS/cm 时，应进行洗盐；若 K_{20} 大于 2000μS/cm 时，应通过易溶盐试验测定易溶盐含量。另外，当试样溶液的 K_{20} 大于 1000μS/cm 时应将含盐量计入，否则会影响试验的计算结果。

b．目测法。取均匀风干试样 3g 放入烧杯中，加 4～6mL 纯水调成糊状，并用带橡皮头的玻璃棒研散，再加 25mL 纯水，然后煮沸 10min，冷却后经漏斗注入 30mL 的试管中，塞住瓶口，放至试管架上静置过夜。观察试管，若发现试管中悬液有凝聚现象（在沉积物上部呈松散絮绒状），则说明试样中含足以使悬液中土粒成团下降的易溶盐，应进行洗盐。

2）洗盐方法。按式（1.22）计算并称取干土质量为 30g 的风干试样，准确至 0.01g，倒入 500mL 的锥形瓶中，加纯水 200mL，搅拌后用滤纸过滤法或抽气过滤法进行洗盐。对于滤纸过滤法，将加水搅拌后的试样迅速倒入贴有滤纸的漏斗中，并注入纯水冲洗过滤，若发现滤液混浊，则必须重新过滤，直到滤液的电导率 K_{20} 小于 $1000\mu S/cm$ 或用两个试管各取刚滤下的滤液 $3\sim5mL$，分别加入数滴 5% 酸性硝酸银溶液和 5% 酸性氯化钡溶液后均无白色沉淀反应为止。将漏斗上的土样细心洗下，然后风干试样。

（4）将风干试样或洗盐后在滤纸上的试样，倒入 500mL 锥形瓶，注入 200mL 纯水，浸泡过夜；然后将锥形瓶置于煮沸设备上煮沸，煮沸时间为 40min。黏性土的土粒可分成原级颗粒和团粒两种，对于试样的分散标准，目前多采用煮沸加化学分散剂的方法，这样即可使土粒充分分散，又不破坏土的原级颗粒及其聚合体，基本上可以使土结构单元在不受任何破坏的前提下求得土样各粒组质量所占土总质量的百分数。

（5）将冷却后的悬液倒入烧杯中，静置 1min，通过洗筛漏斗将上部悬液过 0.075mm 筛，注入 1000mL 量筒内。遗留杯底沉淀物用带橡皮头研杆研散，再加适量水搅拌，静置 1min，再将上部悬液过 0.075mm 筛，如此重复进行，直至静置 1min 后，上部悬液澄清为止。最后将全部土粒倒入筛内，用水冲洗至仅有大于 0.075mm 净砂为止。但是须注意的是，最后所得悬液不得超过 1000mL。

（6）将筛上和杯中砂粒合并洗入蒸发皿中，倒去清水，烘干，称量，然后进行筛孔径分别为 2mm、1mm、0.5mm、0.25mm 的细筛分析，并计算大于 0.075mm 的各级颗粒占试样总质量的百分比。

（7）将已通过 0.075mm 筛的悬液倒入量筒内，加入 10mL 的 4% 六偏磷酸钠分散剂，再注入纯水至 1000mL，如果加入六偏磷酸钠后仍产生凝聚的试样应选用其他分散剂。

国内对土的分散剂品种选用，有从不同土类的角度出发选择的，有从不同的分散理论出发选择的。《土工试验方法标准》（GB/T 50123—2019）结合我国以往对分散剂的使用现状及我国土类分布的多样性，规定对于一般易分散的土用浓度 4% 六偏磷酸钠作为分散剂，至于特殊土类，可按工程实际需要及土类特点选择不同的合适分散剂。《公路土工试验规程》（JTG 3430—2020）则从土悬液 pH 值大小来考虑分散剂品种的选用，对酸性土（pH 值 $\leqslant6.5$），加 0.5mol/L 氢氧化钠 20mL；对中性土（$6.5<$ pH 值 $\leqslant7.5$），加 0.25mol/L 草酸钠 18mL；对碱性土（pH 值 >7.5），加 0.083mol/L 六偏磷酸钠 15mL；若土的 pH 值大于 8，六偏磷酸钠的分散效果不好或无法分散时，可另用 30g 土样加 0.125mol/L 焦磷酸钠 14mL 进行分散。而当土中有机质含量较高时，许多分散剂失效，密度计法结果可能不可靠。

（8）将搅拌器放入量筒内，沿悬液深度上下搅拌 1min，往复约 30 次，使悬液内土粒均匀分布，但在搅拌时注意不能使悬液溅出筒外。

（9）取出搅拌器，将密度计放入悬液中的同时，立即开动秒表，测记 0.5min、1min、2min、5min、15min、30min、60min、120min 和 1440min 时的密度计读数，直至小于某粒径的土质量百分数小于 10% 为止。每次读数前 $10\sim20s$，均应将密度计放入悬液中，且在接近读数的深度保持密度计浮泡处在量筒中心，不得贴近量筒内壁。在悬液中放入或取出密度计时，应轻、稳和小心，尽量勿搅拌悬液，动作要快，应控制在 10s 左右。

（10）密度计读数均以弯液面上缘为准。甲种密度计应准确至 0.5，乙种密度计应准确至 0.0002。每次读数后，应取出密度计放入盛有纯水的量筒中，并测定相应的悬液温度，准确至 0.5℃，放入或取出密度计时，应小心轻放，不得扰动悬液。

5. 密度计校正

密度计在制造过程中，其浮泡体积及刻度往往不易准确，况且，密度计的刻度是以 20℃温度下的纯水为标准的，当悬液中加入分散剂后，悬液的比重则比原来增大，因此，密度计在使用前应对刻度、弯液面、土粒沉降距离、温度、分散剂等的影响进行校正。

密度计刻度、弯液面、土粒有效沉降距离的校正工作很繁重，所以当生产单位对密度计刻度和土粒有效沉降距离及弯液面在已进行校正并备有检定合格证时，《土工试验方法标准》（GB/T 50123—2019）规定，在使用前不需要对密度计这些方面进行校正；《公路土工试验规程》（JTG 3430—2020）仍要求进行校正。所有密度计均应进行温度、土粒比重和分散剂的校正。

（1）土粒沉降距离校正：

1）测定密度计浮泡体积。在 250mL 量筒内倒入约 130mL 纯水，并保持水温为 20℃，以弯液面上缘为准，测记水面在量筒上的读数并划一标记，然后将密度计缓慢放入量筒中，使水面达密度计的最低刻度处（以弯液面上缘为准）时，测记水面在量筒上的读数并再划一标记，水面在量筒上的两个读数之差即为密度计的浮泡体积，读数准确至 1mL。

2）测定密度计浮泡体积中心。在测定密度计浮泡体积之后，将密度计垂直向上缓慢提起，并使水面恰好落在两标记的中间，此时，水面与浮泡的相切处（以弯液面上缘为准），即为密度计浮泡的中心，将密度计固定在三脚架上，用直尺量出浮泡中心至密度计最低刻度的垂直距离。

3）测定 1000mL 量筒的内径（准确至 1mm），并计算出量筒的截面积。

4）量出密度计最低刻度至玻璃杆上各刻度的距离，每 5 格量距 1 次。

5）按式（1.24）计算土粒有效沉降距离：

$$L = L' - \frac{V_b}{2A} = L_1 + \left(L_0 - \frac{V_b}{2A}\right) \tag{1.24}$$

式中 L——土粒有效沉降距离，cm；

L'——水面至密度计浮泡中心的距离，cm；

L_1——最低刻度至玻璃杆上各刻度的距离，cm；

L_0——密度计浮泡中心至最低刻度的距离，cm；

V_b——密度计浮泡体积，cm^3；

A——1000mL 量筒的截面积，cm^2。

6）用所量出的最低刻度至玻璃杆上各刻度的不同距离 L_1 值代入式（1.24），可计算出各相应的土粒有效沉降距离 L 值，并绘制密度计读数与土粒有效沉降距离的关系曲线，从而根据密度计的读数就可得出土粒有效沉降距离。

（2）刻度及弯液面校正。试验时密度计的读数是以弯液面的上缘为准的，而密度计制造时其刻度是以弯液面的下缘为准，因此应对密度计刻度及弯液面进行校正。将密度计放入 20℃纯水中，此时密度计上弯液面得上、下缘的读数之差即为弯液面的校正值。

（3）土粒比重校正。密度计刻度系假定悬液内土粒的比重为 2.65，若试验时土粒的比重不是 2.65，则必须加以校正，甲、乙两种密度计的比重校正值可分别按式（1.26）和式（1.28）计算，或由表 1.14 查得。

（4）温度校正。密度计刻度是在 20℃时刻制的，但试验时的悬液温度不一定恰好等于 20℃，而水的密度变化及密度计浮泡体积的膨胀，会影响到密度计的准确读数，因此需要加以温度校正。密度计读数的温度校正可从表 1.15 查得。

（5）分散剂校正。在用密度计读数时，若在悬液中加入分散剂，则也应考虑分散剂对密度计读数的影响。具体方法是，将 1000mL 的纯水恒温至 20℃，先测出密度计在 20℃纯水中的读数，然后再加试验时采用的分散剂，用搅拌器在量筒内沿整个深度上下搅拌均匀，并将密度计放入溶液中测记密度计读数，两者之差，即为分散剂校正值。

6. 结果整理

（1）计算和绘图：

1）小于某粒径的试样质量占试样总质量的百分比，可按下式公式计算：

a. 甲种密度计：

$$X = \frac{100}{m_d} C_G (R + m_T + n - C_D) \tag{1.25}$$

$$C_G = \frac{\rho_s}{\rho_s - \rho_{w20}} \times \frac{2.65}{2.65 - \rho_{w20}} \tag{1.26}$$

式中 X——小于某粒径的试样质量百分比，%；

m_d——试样干土质量，g；

C_G——土粒比重校正值，可按式（1.26）计算，或由表 1.14 查得；

ρ_s——土粒密度，g/cm³；

ρ_{w20}——20℃时水的密度，g/cm³，$\rho_{w20} = 0.998232$g/cm³；

m_T——悬液温度校正值，查表 1.15；

n——弯液面校正值；

C_D——分散剂校正值；

R——甲种密度计读数。

b. 乙种密度计：

$$X = \frac{100 V_x}{m_d} C_G' \left[(R' - 1) + m_T' + n' - C_D' \right] \rho_{w20} \tag{1.27}$$

$$C_G' = \frac{\rho_s}{\rho_s - \rho_{w20}} \tag{1.28}$$

式中 C_G'——土粒比重校正值，可按式（1.28）计算，或由表 1.14 查得；

m_T'——悬液温度校正值，查表 1.15；

n'——弯月面校正值；

C_D'——分散剂校正值；

R'——乙种密度计读数；

V_x——悬液体积（＝1000mL）。

表 1.14   **土 粒 比 重 校 正 值 表**

土 粒 比 重	比 重 校 正 值	
	C_G（甲种密度计）	C_G'（乙种密度计）
2.50	1.038	1.666
2.52	1.032	1.658
2.54	1.027	1.649
2.56	1.022	1.641
2.58	1.017	1.632
2.60	1.012	1.625
2.62	1.007	1.617
2.64	1.002	1.609
2.66	0.998	1.603
2.68	0.993	1.595
2.70	0.989	1.588
2.72	0.985	1.581
2.74	0.981	1.575
2.76	0.977	1.568
2.78	0.973	1.562
2.80	0.969	1.556
2.82	0.965	1.549
2.84	0.961	1.543
2.86	0.958	1.538
2.88	0.954	1.532

表 1.15   **温 度 校 正 值 表**

悬液温度 /℃	甲种密度计温度校正值 m_T	乙种密度计温度校正值 m_T'	悬液温度 /℃	甲种密度计温度校正值 m_T	乙种密度计温度校正值 m_T'
10.0	−2.0	−0.0012	13.5	−1.5	−0.0009
10.5	−1.9	−0.0012	14.0	−1.4	−0.0009
11.0	−1.9	−0.0012	14.5	−1.3	−0.0008
11.5	−1.8	−0.0011	15.0	−1.2	−0.0008
12.0	−1.8	−0.0011	15.5	−1.1	−0.0007
12.5	−1.7	−0.0010	16.0	−1.0	−0.0006
13.0	−1.6	−0.0010	16.5	−0.9	−0.0006

悬液温度 /℃	甲种密度计 温度校正值 m_T	乙种密度计 温度校正值 m'_T	悬液温度 /℃	甲种密度计 温度校正值 m_T	乙种密度计 温度校正值 m'_T
17.0	−0.8	−0.0005	23.5	+1.1	+0.0007
17.5	−0.7	−0.0004	24.0	+1.3	+0.0008
18.0	−0.5	−0.0003	24.5	+1.5	+0.0009
18.5	−0.4	−0.0003	25.0	+1.7	+0.0010
19.0	−0.3	−0.0002	25.5	+1.9	+0.0011
19.5	−0.1	−0.0001	26.0	+2.1	+0.0013
20.0	−0.0	−0.0000	26.5	+2.2	+0.0014
20.0	+0.0	+0.0000	27.0	+2.5	+0.0015
20.5	+0.1	+0.0001	27.5	+2.6	+0.0016
21.0	+0.3	+0.0002	28.0	+2.9	+0.0018
21.5	+0.5	+0.0003	28.5	+3.1	+0.0019
22.0	+0.6	+0.0004	29.0	+3.3	+0.0021
22.5	+0.8	+0.0005	29.5	+3.5	+0.0022
23.0	+0.9	+0.0006	30.0	+3.7	+0.0023

2）试样颗粒粒径按司笃克斯公式［式（1.29）］计算：

$$d=\sqrt{\frac{1800\times10^4\eta}{(G_s-G_{wT})\rho_{wT}g}\frac{L}{t}}=K\sqrt{\frac{L}{t}} \qquad (1.29)$$

式中　　d——试样颗粒粒径，mm，计算至 0.0001 且含两位有效数字；

η——水的动力黏滞系数，10^{-6} kPa·s，可由表 1.16 查得；

G_s——土粒比重；

G_{wT}——T℃时水的比重；

ρ_{wT}——4℃时纯水的密度，g/cm³；

L——某一时间内的土粒沉降距离，cm；

t——沉降时间，s；

g——重力加速度，cm/s²。

K——粒径计算系数，与悬液温度和土粒比重有关，可由表 1.17 查得。

表 1.16　　　　　　　　　　　　水的动力黏滞系数表

温度/℃	动力黏滞系数 $\eta/(10^{-6}$kPa·s)	温度/℃	动力黏滞系数 $\eta/(10^{-6}$kPa·s)
5.0	1.516	7.0	1.428
5.5	1.498	7.5	1.407
6.0	1.470	8.0	1.387
6.5	1.449	8.5	1.367

续表

温度/℃	动力黏滞系数 $\eta/(10^{-6}\,\mathrm{kPa \cdot s})$	温度/℃	动力黏滞系数 $\eta/(10^{-6}\,\mathrm{kPa \cdot s})$
9.0	1.347	19.5	1.022
9.5	1.328	20.0	1.010
10.0	1.310	20.5	0.998
10.5	1.292	21.0	0.986
11.0	1.274	21.5	0.974
11.5	1.256	22.0	0.968
12.0	1.239	22.5	0.952
12.5	1.223	23.0	0.941
13.0	1.206	24.0	0.919
13.5	1.188	25.0	0.899
14.0	1.175	26.0	0.879
14.5	1.160	27.0	0.859
15.0	1.144	28.0	0.841
15.5	1.130	29.0	0.823
16.0	1.115	30.0	0.806
16.5	1.101	31.0	0.789
17.0	1.088	32.0	0.773
17.5	1.074	33.0	0.757
18.0	1.061	34.0	0.742
18.5	1.048	35.0	0.727
19.0	1.035		

表 1.17　　　　　　　　　　　　　　　　粒径计算系数 K 值表

温度 /℃	土　粒　比　重								
	2.45	2.50	2.55	2.60	2.65	2.70	2.75	2.80	2.85
5	0.1385	0.1360	0.1339	0.1318	0.1298	0.1279	0.1261	0.1243	0.1226
6	0.1365	0.1342	0.1320	0.1299	0.1280	0.1261	0.1243	0.1225	0.1208
7	0.1344	0.1321	0.1300	0.1280	0.1260	0.1241	0.1224	0.1206	0.1189
8	0.1324	0.1302	0.1281	0.1260	0.1241	0.1223	0.1205	0.1188	0.1182
9	0.1304	0.1283	0.1262	0.1242	0.1224	0.1205	0.1187	0.1171	0.1164
10	0.1288	0.1267	0.1247	0.1227	0.1208	0.1189	0.1173	0.1156	0.1141

续表

温度/℃	土 粒 比 重								
	2.45	2.50	2.55	2.60	2.65	2.70	2.75	2.80	2.85
11	0.1270	0.1249	0.1229	0.1209	0.1190	0.1173	0.1156	0.1140	0.1124
12	0.1253	0.1232	0.1212	0.1193	0.1175	0.1157	0.1140	0.1124	0.1109
13	0.1235	0.1214	0.1195	0.1175	0.1158	0.1141	0.1124	0.1109	0.1094
14	0.1221	0.1200	0.1180	0.1162	0.1149	0.1127	0.1111	0.1095	0.1080
15	0.1205	0.1184	0.1165	0.1148	0.1130	0.1113	0.1096	0.1081	0.1067
16	0.1189	0.1169	0.1150	0.1132	0.1115	0.1098	0.1083	0.1067	0.1053
17	0.1173	0.1154	0.1135	0.1118	0.1100	0.1085	0.1069	0.1047	0.1039
18	0.1159	0.1140	0.1121	0.1103	0.1086	0.1071	0.1055	0.1040	0.1026
19	0.1145	0.1125	0.1103	0.1090	0.1073	0.1058	0.1031	0.1088	0.1014
20	0.1130	0.1111	0.1093	0.1075	0.1059	0.1043	0.1029	0.1014	0.10000
21	0.1118	0.1099	0.1081	0.1064	0.1043	0.1033	0.1018	0.1003	0.0990
22	0.1103	0.1085	0.1067	0.1050	0.1035	0.1019	0.1004	0.0990	0.09767
23	0.1091	0.1072	0.1055	0.1038	0.1023	0.1007	0.0993	0.09793	0.09659
24	0.1078	0.1061	0.1044	0.1028	0.1012	0.0997	0.09823	0.0960	0.09555
25	0.1065	0.1047	0.1031	0.1014	0.0999	0.09839	0.09701	0.09566	0.09434
26	0.1054	0.1035	0.1019	0.1003	0.09879	0.09731	0.09592	0.09455	0.09327
27	0.1041	0.1024	0.1007	0.09915	0.09767	0.09623	0.09482	0.09349	0.09225
28	0.1032	0.1014	0.09975	0.09818	0.09670	0.09529	0.09391	0.09257	0.09132
29	0.1019	0.1002	0.09859	0.09706	0.09555	0.09413	0.09279	0.09144	0.09028
30	0.1008	0.0991	0.09752	0.09597	0.09450	0.09311	0.09176	0.09050	0.08927
35	0.09565	0.09405	0.09255	0.09112	0.08968	0.08835	0.08708	0.08686	0.08468
40	0.09120	0.08968	0.08822	0.08684	0.08550	0.08424	0.08301	0.08186	0.08073

3）制图。以小于某粒径的试样质量占试样总质量的百分比为纵坐标，以颗粒粒径为对数横坐标，在半对数坐标上绘制颗粒大小分布曲线，如图 1.5 所示。求出各粒组的颗粒质量百分数，且不大于 d_{10} 的数据点至少一个。

必须注意的是，当试样中既有小于 0.075mm 的颗粒，又有大于 0.075mm 的颗粒，需进行密度计法和筛分法联合分析时，应考虑到小于 0.075mm 的试样质量占试样总质量的百分比，即应将按式（1.25）或式（1.27）所得的计算结果，再乘以小于 0.075mm 的试样质量占试样总质量的百分数，然后再分别绘制密度计法和筛分法所得的颗粒大小分布曲线，并将两段曲线连成一条平滑的曲线。

（2）试验记录。密度计法颗粒分析试验记录见表 1.18。

表 1.18　　　　　　　　　　　颗粒大小分析试验记录（密度计法）

工程名称：_____　　　　　　　　　　　　　　　试验者：_____

土样编号：_____　　　　风干土质量：_____　　　计算者：_____

试验日期：_____　　　　干土总质量：__30g__　　　　校核者：_____

小于 0.075mm 颗粒土质量百分数_____　　　　　　密度计号_____

湿土质量_____　　　　　　　　　　　　　　　　量筒号_____

含水率_____　　　　　　　　　　　　　　　　　烧瓶号_____

干土质量_____　　　　　　　　　　　　　　　　土粒比重_____

含盐量_____　　　　　　　　　　　　　　　　　比重校正值_____

试样处理说明_____　　　　　　　　　　　　　　弯液面校正值_____

试验时间	下沉时间 t /min	悬液温度 T /℃	密 度 计 读 数					土粒落距 L /cm	粒径 d /mm	小于某粒径的土质量百分数 /%	小于某粒径的总土质量百分数 /%
			密度计读数 R	温度校正值 m_T	分散剂校正值 C_D	$R_m=R+m_T+n-C_D$	$R_H=R_mC_G$				

任务 1.5　土的界限含水率试验

【任务描述】

黏性土的状态随着含水率的变化而变化，当含水率不同时，黏性土可分别处于固态、半固态、可塑状态及流动状态，黏性土从一种状态转到另一种状态的分界含水率称为界限含水率。土从流动状态转到可塑状态的界限含水率称为液限 ω_L；土从可塑状态转到半固体状态的界限含水率称为塑限 ω_P；土由半固体状态不断蒸发水分，则体积逐渐缩小，直到体积不再缩小时的界限含水率称为缩限 ω_s。土的界限含水率是计算土的塑性指数和液性指数不可缺少的指标，还是估算地基土承载力等的一个重要依据。然而如何正确得到土的界限含水率指标？我们来学习土的界限含水率测试方法。

【任务分析】

本任务首先学习土的界限含水率测试方法、适用范围、仪器配备、步骤、数据的记录整理。掌握了土的界限含水率测试方法，再结合具体的工程实例进行实践操作和数据的分析整理，最后把成果运用于项目工程当中。

本任务主要介绍液塑限联合测定法，当然也有采用的圆锥仪和碟式仪和滚搓法来测液塑限的，界限含水率试验要求土的颗粒粒径小于 0.5mm，且有机质含量不超过 5%，并宜采用天然含水率的试样，但也可采用风干试样。当试样中含有粒径大于 0.5mm 的土粒或杂质时，应过 0.5mm 的筛。

【任务实施】

1.5.1 液塑限联合测定法

液塑限联合测定法是根据圆锥仪的圆锥入土深度与其相应的含水率在双对数坐标上具有线性关系的特性来进行的。利用圆锥质量为 76g 的液限和塑限联合测定仪测得土在不同含水率时的圆锥在自重作用下 5s 时的入土深度，并绘制其关系直线图。在图上查得圆锥下沉深度为 10mm（或 17mm）所对应的含水率即为液限，查得圆锥下沉深度为 2mm 所对应的含水率即为塑限。

1. 适用范围

液塑限联合测定试验方法适用于粒径小于 0.5mm，且有机质含量不大于试样总质量 5% 的土。

2. 仪器设备

（1）液塑限联合测定仪。包括带标尺的圆锥仪、电磁铁、显示屏、控制开关和试样杯。圆锥质量为 76g，锥角为 30°；读数显示宜采用光电式、数码式、游标式和百分表式；试样杯内径为 40～50mm，高度为 30～40mm。图 1.6 所示的为光电式液塑限联合测定仪。

（2）天平。称量 200g，最小分度值 0.01g。

（3）其他。孔径 0.5mm 的筛、烘箱、干燥器、称量盒、调土刀、研钵、凡士林等。

3. 操作步骤

（1）为了尽量减少人为因素影响，使试样更能反映实际情况，原则上采用天然含水率土样。若土样在采取和运输过程中湿度可能已发生变化，或者由于土质不均，选取代表性的土样有困难，则允许采用风干土样（特别适用于试样不均匀时）。当试样中含有

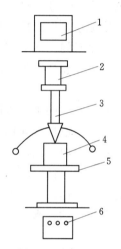

图 1.6 液塑限联合测定仪示意图

1—显示屏；2—电磁铁；
3—带标尺的圆锥仪；
4—试样杯；5—升降座；6—控制开关

粒径大于 0.5mm 的土粒和杂物时，应将风干土样用带橡皮头的研杵或用木棒在橡皮板上压碎，过 0.5mm 的筛。某些试样有机质含量超过相关规定时，应在记录中注明，以便分析。

（2）当采用天然含水率土样时，取代表性试样 250g；采用风干土样时，取过 0.5mm 筛的代表性试样 200g，将试样放在橡皮板上用纯水调制成均匀膏状，放入调土皿，盖上湿布，静置浸润过夜（一般要求浸润时间在 18h 以上）。对某些高液限土，试样静置时间对液限、塑限有较大影响时，也可根据经验，适当延长静置时间。

（3）一般应制备 3 个试样，1 个要求含水率接近液限，1 个要求含水率接近塑限，还有 1 个含水率则居中。试样制备好坏对液限和塑限联合测定的精度具有重要意义，制备试样应均匀、密实。对于联合测定精度最有影响的是靠近塑限的那个试样，但此时试样较难制备，必须充分揉搓，使土的断面上无孔隙存在。

（4）将制备好的试样用调土刀充分调拌均匀后，分层装入试样杯中，并注意填样时土中不能留有空隙，对较干的试样应先充分搓揉后密实地填入试样杯中，装满试杯后刮去余土并刮平表面，使土样与杯口齐平，并将试样杯放在联合测定仪的升降座上。

（5）将圆锥仪擦拭干净，并在锥尖上抹一薄层凡士林，然后接通电源，使电磁铁吸住圆锥。

（6）调节零点，使屏幕上的标尺调在零位，然后转动升降旋钮，试样杯则徐徐上升，当锥尖刚好接触试样表面时，指示灯亮，立即停止转动旋钮。

（7）按动控制开关，同时开动秒表，圆锥则在自重下沉入试样，经5s后，测读显示在屏幕上的圆锥下沉深度。试验表明，对于黏性土，圆锥下沉深度随时间变化不明显；对低塑性土，在5～30s之间圆锥下沉深度随时间有加大的趋势，其对应的液限和塑限值也随之减小，但总体变化幅度不大，不致影响土的定名。因此，我国相关土工试验规范均规定放锥时间为5s，且对于土面变形的误差不另校正，统一计入读数内。

（8）改变锥尖与土样接触位置（锥尖两次锥入位置距离不小于1cm），重复上面试验步骤（5）～（7），两侧测定圆锥下沉深度的允许平行误差为0.5mm，否则应重做。取两次测定结果的平均值最为该点的锥入深度。

（9）取出试样杯，挖去锥尖入土处的凡士林，取锥体附近不少于10g的试样两个，放入称量盒内，测定其含水率，计算含水率平均值。

（10）将试样从试样杯中全部挖出，再加水或吹干并调匀，或采用步骤（3）制备好的另一个试样，重复上面试验步骤（4）～（8）分别测定第二点、第三点试样的圆锥下沉深度及相应的含水率。液塑限联合测定至少在三点以上，其圆锥入土深度宜分别控制在3～4mm、7～9mm和15～17mm。

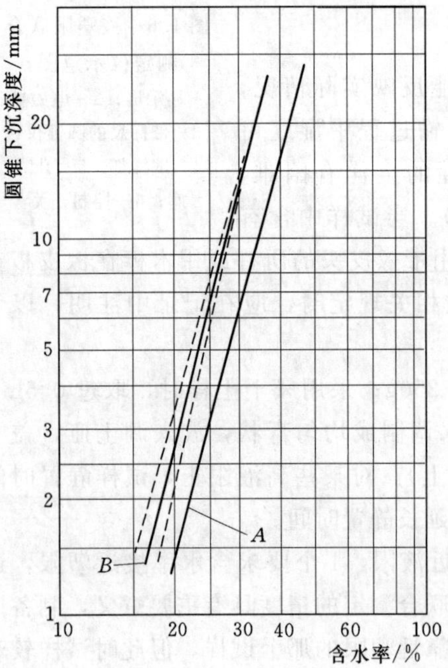

4. 结果整理

（1）计算和绘图：

1）含水率按式（1.30）计算，计算至0.1%：

$$\omega = \frac{m_2 - m_1}{m_1 - m_0} \times 100\% \qquad (1.30)$$

式中　ω——含水率，%；

　　m_1——干土加称量盒质量，g；

　　m_2——湿土加称量盒质量，g；

　　m_0——称量盒质量，g。

2）液限和塑限确定。以含水率为横坐标、以圆锥入土深度为纵坐标在双对数坐标纸上绘制含水率与圆锥入土深度关系曲线，如图1.7所示。三点应在一直线上，如图中A线。当三点不在一直线上时，通过高含水率的点与其余两点连成两条直线，在圆锥下沉深度为2mm处查得相应的2个含水率。当所查得的两个含水

图1.7　圆锥下沉深度与含水率关系曲线

率差值小于 2% 时，以该两个含水率平均值的点（仍在圆锥下沉深度为 2mm 处）与高含水率的点再连一直线，如图中 B 线。若两个含水率的差值不小于 2% 时，则应重做试验。

在含水率与圆锥下沉深度的关系图（图 1.7）上，查得圆锥下沉深度 17mm 所对应的含水率为 17mm 液限；查得圆锥下沉深度 10mm 所对应的含水率为 10mm 液限；查得圆锥下沉深度 2mm 所对应的含水率为塑限，取值以百分数表示，准确至 0.1%。

当采用 100g 圆锥液限塑限联合测定仪时，按《公路土工试验规程》（JTG 3430—2020）规定，在含水率与圆锥下沉深度的关系图（图 1.7）上查得圆锥下沉深度 20mm 所对应的含水率，即为土样的液限；然后通过液限与塑限时入土深度 h_P 的关系曲线（图 1.8）查得 h_P，再由图 1.7 求得入土深度为 h_P 时所对应的含水率，即为该土样的塑限。在查 $h_P - \omega_L$ 关系图时，须先把细粒土与砂类土区分开来：对于细粒土，用双曲线确定下沉深度 h_P 值；对砂类土用正交三次多项式曲线确定 h_P 值（图 1.8）。

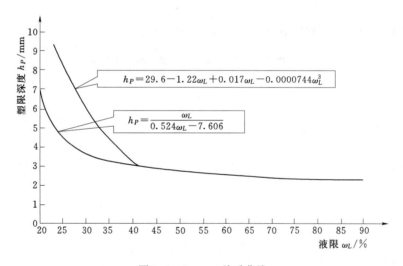

$$h_P = 29.6 - 1.22\omega_L + 0.017\omega_L - 0.0000744\omega_L^3$$

$$h_P = \frac{\omega_L}{0.524\omega_L - 7.606}$$

图 1.8 $h_P - \omega_L$ 关系曲线

液限是试样从流动状态转到可塑状态时的界限含水率，实际上，按 76g 锥入土 10mm 对应的试样含水率没能反映土此时真正的物理状态，并不是土真正的液限。试验表明，76g 锥入土深度 17mm 液限和 100g 锥入土深度 20mm 液限时与美国 ASTM 碟式仪液限相当，因此，《土工试验方法标准》（GB/T 50123—2019）将 76g 锥入土 17mm 含水率作为液限标准，但同时还保留采用下沉深度 10mm 时含水率作为液限标准；《公路土工试验规程》（JTG 3430—2020）将 76g 锥入土 17mm 含水率和 100g 锥入土 20mm 含水率同时作为液限标准；《建筑地基基础设计规范》（GB 50007—2011）进行黏性土分类和确定黏性土承载力修正系数时，则按 76g 锥入土 10mm 液限计算塑性指数和液性指数。

而当使用圆锥仪测定塑限，是以滚搓法作为比较的。试验表明，76g 圆锥下沉深度约为 1.8mm 时，与滚搓法强度比较接近，认为该点的含水率即为塑限，因此我国土工试验规范多采用76g锥下深度2mm时含水率定为塑限标准。而《公路土工试验规程》(JTG 3430—2020)规定当采用100g圆锥液限塑限联合测定仪时，则考虑了土质对锥入土深度的影响，将细粒土与砂类土区分开来分别确定。

3）塑性指数计算：

$$I_P = \omega_L - \omega_P \tag{1.31}$$

式中　I_P——塑性指数，计算至0.1；

ω_L——液限，%；

ω_P——塑限，%。

4）液性指数计算：

$$I_L = \frac{\omega_0 - \omega_P}{I_P} \tag{1.32}$$

式中　I_L——液性指数，计算至0.01；

ω_0——天然含水率，%。

（2）试验记录。液、塑限联合测定试验记录见表1.19。

表1.19　　　　界限含水率试验记录表（液、塑限联合测定法）

工程名称：＿＿＿＿＿＿　　　　　　　　　　　　　　试验者：＿＿＿＿＿＿

仪器编号：＿＿＿＿＿＿　　　　　　　　　　　　　　计算者：＿＿＿＿＿＿

试验日期：＿＿＿＿＿＿　　　　　　　　　　　　　　校核者：＿＿＿＿＿＿

试样编号	圆锥下沉深度/mm	盒号	盒加湿土质量/g	盒加干土质量/g	盒质量/g	水质量/g	干土质量/g	含水率/%	液限/%	塑限/%	塑性指数	液性指数
			(1)	(2)	(3)	(4)=(1)-(2)	(5)=(2)-(3)	(6)=(4)/(5)×100	(7)	(8)	(9)=(7)-(8)	(10)

（3）允许差值。液限和塑限联合测定法试验应进行两次平行测定，取其算术平均值，两次平行测定的允许差值为：高液限土小于或等于2%，低液限土小于或等于1%。

1.5.2　滚搓法塑限试验

滚搓法塑限试验就是用手在毛玻璃板上滚搓土条，当土条直径达3mm时产生裂缝并断裂，此时试样的含水率即为塑限。长期以来，国内外多采用滚搓法测定塑限，但滚搓法塑限试验方法受人为因素影响较大，试验结果的精确度主要取决于操作者的经验和技巧，特别是对于低塑性土，往往得出偏大的结果，目前已可用液塑限联合测定法替代滚搓法。

1. 适用范围

滚搓法塑限试验方法适用于粒径小于 0.5mm 且有机质含量不大于试样总质量 5％的土。

2. 仪器设备

（1）毛玻璃板。尺寸为 200mm×300mm。

（2）卡尺。分度值 0.02mm，或直径 3mm 的金属丝。

（3）天平。称量 200g，最小分度值 0.01g。

（4）其他。烘箱、干燥器、铝制称量盒、滴管、吹风机、孔径 0.5mm 筛、研钵等。

3. 操作步骤

（1）取代表性天然含水率试样或过 0.5mm 筛的代表性风干试样 100g，放在盛土皿中加纯水拌匀，盖上湿布，湿润过夜。

（2）将制备好的试样在手中揉捏至不黏手，然后将试样捏扁，若出现裂缝，则表示其含水率已接近塑限。

（3）取接近塑限含水率的试样 8～10g，先用手捏成手指大小的土团（椭圆形或球形），然后再放在毛玻璃板上用手掌轻轻滚搓，滚搓时手掌的压力要均匀施压在土条上，不得使土条在毛玻璃板上无法滚动，在任何情况下土条不得有空心现象，土条长度不宜大于手掌宽度，在滚搓时不得从手掌下任一边脱出。

（4）当土条搓至 3mm 直径时，表面产生裂缝，并开始断裂，此时试样的含水率即为塑限。若土条搓至 3mm 直径时，仍未产生裂缝或断裂，表示试样的含水率高于塑限，则将其重新捏成一团，重新搓滚；如土条直径在大于 3mm 时已开始断裂，表示试样的含水率低于塑限，应弃去此土样，重新取土加适量纯水调匀后再搓，直至合格。对于某些低液限粉质土，若土条在任何含水率下始终搓不到 3mm 即开始断裂，可认为塑性极低或无塑性，可按细砂处理。

（5）取直径 3mm 且有裂缝的土条 3～5g，放入称量盒内，随即盖紧盒盖，测定土条的含水率。

4. 结果整理

（1）计算。按式（1.33）计算液限，计算至 0.1％：

$$\omega_P = \frac{m_2 - m_1}{m_1 - m_0} \times 100\%$$ 　　　　　　(1.33)

式中　ω_P——塑限，％；

　　　m_1——干土加称量盒质量，g；

　　　m_2——湿土加称量盒质量，g；

　　　m_0——称量盒质量，g。

（2）试验记录。滚搓法塑限试验记录见表 1.20。

表 1.20　　　　　　　　　　　　　　滚搓法塑限试验记录表

工程名称：_____　　　　　　　　　　　　　　　　　试验者：_____
仪器编号：_____　　　　　　　　　　　　　　　　　计算者：_____
试验日期：_____　　　　　　　　　　　　　　　　　校核者：_____

试样编号	盒号	盒加湿土质量 /g	盒加干土质量 /g	盒质量 /g	水质量 /g	干土质量 /g	塑限 /%	塑限平均值 /%
		(1)	(2)	(3)	(4)=(1)-(2)	(5)=(2)-(3)	(6)=(4)/(5)×100	(7)

（3）允许差值。滚搓法塑限试验应进行两次平行测定，并取其算术平均值。两次平行测定的允许差值为：高液限土小于或等于 2%，低液限土小于或等于 1%。

1.5.3　圆锥仪液限试验

圆锥仪液限试验就是将质量为 76g 的圆锥仪轻放在试样的表面，使其在自重作用下沉入土中，若圆锥体经过 5s 恰好沉入土中 10mm 深度，此时试样的含水率就是液限。

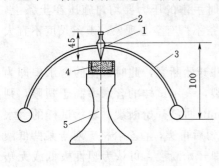

图 1.9　圆锥液限仪（单位：mm）
1—锥身；2—手柄；3—平衡装置；
4—试杯；5—底座

1. 适用范围

圆锥仪液限试验方法适用于粒径小于 0.5mm 且有机质含量不大于试样总质量 5% 的土。

2. 仪器设备

（1）圆锥液限仪（图 1.9）。主要有三个部分：①质量为 76g 且带有平衡装置的圆锥，锥角 30°，高 25mm，距锥尖 10mm 处有环状刻度；②用金属材料或有机玻璃制成的试样杯，直径不小于 40mm，高度不小于 20mm；③硬木或金属制成的平稳底座。

（2）天平。称量 200g，最小分度值 0.01g。

（3）其他。烘箱、干燥器、铝制称量盒、调土刀、小刀、毛玻璃板、滴管、吹风机、孔径为 0.5mm 的标准筛、研钵等。

3. 操作步骤

（1）选取具有代表性的天然含水率土样或风干土样，若土中含有较多大于 0.5mm 的颗粒或夹有多量的杂物时，应将土样风干后用带橡皮头的研杵研碎或用木棒在橡皮板上压碎，然后再过 0.5mm 的筛。

（2）当采用天然含水率土样时，取代表性土样 250g，将试样放在橡皮板或毛玻璃板上搅拌均匀；当采用风干土样时，取过 0.5mm 筛的代表性土样 200g，将试样放在橡皮板上用纯水将土样调成均匀膏状，然后放入调土皿中，盖上湿布，浸润过夜。

（3）将土样用调土刀充分调拌均匀后，分层装入试样杯中，并注意土中不能留有空隙，装满试杯后刮去余土使土样与杯口齐平，并将试样杯放在底座上。

（4）将圆锥仪擦拭干净，并在锥尖上抹一薄层凡士林，两指捏住圆锥仪手柄，保持锥体垂直，当圆锥仪锥尖与试样表面正好接触时，轻轻松手让锥体自由沉入土中。

（5）放锥后约经 5s，锥体入土深度恰好为 10mm 的圆锥环状刻度线处，此时土的含水率即为液限。

（6）若锥体入土深度超过或小于 10mm 时，表示试样的含水率高于或低于液限，应该用小刀挖去沾有凡士林的土，然后将试样全部取出，放在橡皮板或毛玻璃板上，根据试样的干、湿情况重新拌和：适当加纯水或边调拌边风干，然后重复试验步骤（3）～（5）。

（7）取出锥体，用小刀挖去沾有凡士林的土，然后取锥孔附近土样约 10～15g，放入称量盒内，测定其含水率。

锥式液限仪沉入土体中的几种情况如图 1.10 所示。

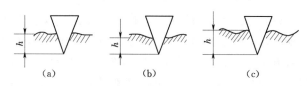

图 1.10　锥式液限仪沉入土体中的几种情况

4. 结果整理

（1）计算。按式（1.34）计算液限，计算至 0.1%：

$$\omega_L = \frac{m_2 - m_1}{m_1 - m_0} \times 100\%$$ （1.34）

式中　ω_L——液限，%；

m_1——干土加称量盒质量，g；

m_2——湿土加称量盒质量，g；

m_0——称量盒质量，g。

（2）试验记录。圆锥仪液限试验记录见表 1.21。

表 1.21　　　　　　　　　　　圆锥仪液限试验记录表

工程名称：＿＿＿＿＿　　　　　　　　　　　　　　试验者：＿＿＿＿＿

仪器编号：＿＿＿＿＿　　　　　　　　　　　　　　计算者：＿＿＿＿＿

试验日期：＿＿＿＿＿　　　　　　　　　　　　　　校核者：＿＿＿＿＿

试样编号	盒号	盒加湿土质量/g	盒加干土质量/g	盒质量/g	水质量/g	干土质量/g	液限/%	液限平均值/%
		(1)	(2)	(3)	(4)=(1)-(2)	(5)=(2)-(3)	(6)=$\frac{(4)}{(5)} \times 100$	

（3）允许差值。圆锥仪法试验应进行两次平行测定，取其算术平均值，两次平行测定的允许差值为：高液限土小于或等于 2%，低液限土小于或等于 1%。

1.5.4 碟式仪液限试验

碟式仪液限试验就是将土碟中的土膏用开槽器分成两半，以每秒2次的速率将土碟由10mm高度下落，当土碟下落击数为25次时，两半土膏在碟底的合拢长度恰好达到13mm，此时试样的含水率即为液限。

1. 适用范围

碟式仪液限试验方法适用于粒径小于0.5mm，且有机质含量不大于试样总质量5%的土。

2. 仪器设备

(1) 碟式液限仪（图1.11）。主要由铜碟、支架及底座组成的机械设备以及调整板、摇柄、偏心轮、开槽器等构成。底座应为硬橡胶制成，开槽器应具有特定的形状和尺寸，且带有量规，划刀尖端宽度应为2mm，如磨损应加以更换。碟式仪测定液限时，底座材料和划刀规格不同，所测得的液限值也是不同的，我国相关土工试验规范一般都建议使用美国ASTM D423所采用的碟式仪规格。

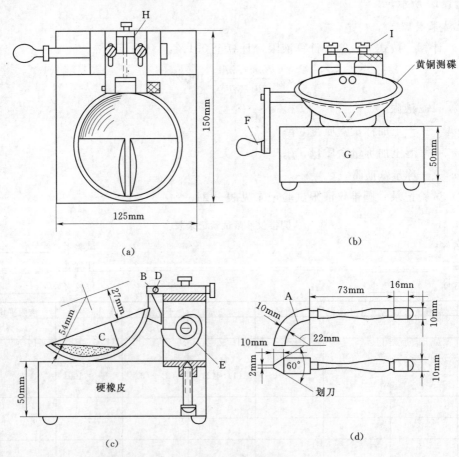

图1.11　碟式液限仪

A—开槽器；B—销子；C—土碟；D—支架；E—涡轮；F—摇柄；G—底座；H—调整板；I—螺丝

(2) 天平。称量200g，最小分度值0.01g。

(3) 其他。烘箱、干燥器、铝制称量盒、调土刀、毛玻璃板、滴管、吹风机、孔径

0.5mm 筛、研钵等设备。

3. 操作步骤

（1）碟式仪校准步骤：

1）松开调整板的定位螺钉，将开槽器上的量规垫在铜碟与底座之间，用调整螺钉将铜碟底与底座之间的落高调整到 10mm。

2）保持量规位置不变，迅速转动铜碟摇柄以检验调整是否正确。当涡轮碰击从动器时，铜碟不动，并能听到轻微的声音，表明调整正确。然后拧紧定位螺钉，固定调整板。

（2）碟式仪试验步骤：

1）试样的制备同液塑限联合测定法试验中的操作步骤（1）、（2）。

2）将制备好的试样充分调拌均匀后，平铺于碟式仪铜碟的前半部。铺土时应防止试样中混入气泡。用调土刀将位于铜碟前半部的试样刮成水平，使试样中心厚度为 10mm，多余试样放回到调土皿中。以涡形轮为中心，用开槽器从后至前沿铜碟直径将试样划成槽缝清晰的两半，形成 V 形槽，如图 1.12 所示。为避免槽缝边扯裂或试样在铜碟中滑动，允许从前至后，再从后至前多划几次，将槽逐步加深，以代替一次划槽，最后一次从后至前的划槽能明显地接触碟底。但应尽量减少划槽的次数。

图 1.12   碟式液限仪试验划槽及合拢情况

（a）试验前将试样划成两半；（b）试验后的合拢情况

3）以每秒两转的速度转动摇柄，使铜碟反复起落，其落高为 10mm，坠击于硬橡胶底座上，直至槽底两边试样的合拢长度为 13mm 时，记录其击数，并在槽的两边取不少于 10g 的试样，放入称量盒内，测定含水率。槽底试样的合拢长度可用划刀的一端量测，若合拢处不连续有中断现象，则要求摇至连续合拢长度达 13mm 为止，产生这种现象，很可能是由于试验未拌匀或碟磨损严重所造成的。

4）将铜碟中的剩余试样移至调土皿中，加入不同水量拌匀后，重复步骤 2）～3），测定槽底两边试样合拢长度为 13mm 时所需击数及相应的含水率，试样宜为 4～5 个，槽底试样合拢所需要的击数宜控制在 15～35 击之间（其中在 25 击上下至少各有 1 次），并分别测定在各种击数下相应的含水率。

4. 结果整理

（1）计算和绘图：

1）按式（1.35）计算各击次下槽底试样合拢时相应的含水率，计算至 0.1%：

$$\omega_N = \frac{m_N - m_d}{m_d} \times 100\% \tag{1.35}$$

式中 ω_N——N 击下试样含水率，%；

m_N——N 击下试样的质量，g；

m_d——N 击下试样的干土质量，g。

2）液限的确定。以含水率为纵坐标，以击次的对数为横坐标，在半对数坐标纸上绘制含水率与击次的关系曲线，如图 1.13 所示，然后在曲线上查得击数为 25 所对应的含水率即为试样的液限。

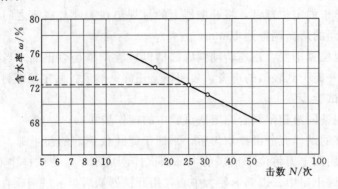

图 1.13   液限曲线

（2）试验记录。碟式仪液限试验记录见表 1.22。

表 1.22   碟式仪液限试验记录表

工程名称：＿＿＿＿＿＿＿   试验者：＿＿＿＿＿＿

仪器编号：＿＿＿＿＿＿＿   计算者：＿＿＿＿＿＿

试验日期：＿＿＿＿＿＿＿   校核者：＿＿＿＿＿＿

试样编号	击数	盒号	盒加湿土质量/g	盒加干土质量/g	盒质量/g	水质量/g	干土质量/g	含水率/%	液限/%
			(1)	(2)	(3)	(4)=(1)-(2)	(5)=(2)-(3)	(6)=(4)/(5)×100	(7)

（3）允许差值。碟式仪法试验应进行两次平行测定，并取其算术平均值。两次平行测定的允许差值为：高液限土小于或等于 2%，低液限土小于或等于 1%。

任务 1.6   土 的 击 实 试 验

【任务描述】

土的压实程度一般与含水率、压实功能和压实方法有着密切的关系。当压实功能和压实方法不变时，通常土的干密度先是随着含水率的增加而增加，但当干密度达到某一最大值后，含水率的增加反而使干密度减小，能使土达到最大干密度的含水率，称为最优含水率 ω_{op}（或称最佳含水率），其相应的干密度称为最大干密度 $\rho_{d\max}$。击实试验的目的就是利用标准化的击实仪器和规定的标准方法，测定试样在一定击实次数下或某种压实功能下的含水率与干密度之间的关系，从而确定土的最大干密度和最优含水率，为工程设计施工提供土的压实参数，或为现场控制施工质量提供技术依据。

【任务分析】

本任务首先学习土的击实试验方法、适用范围、仪器配备、步骤、数据的记录整理。掌握了土的最优含水率和最大干密度，再结合具体的工程实例进行实践操作和数据的分析整理，最后把成果运用于项目工程当中。

击实试验目前分轻型击实试验和重型击实试验两种方法。轻型击实试验适用于粒径小于 5mm 的黏性土，重型击实试验适用于粒径不大于 20mm 的土。我国以往采用轻型击实试验比较多，对于水库、堤防、铁路路基等填土工程常用轻型击实方法，而高等级公路和机场跑道等填土工程多采用重型击实方法。在实际工程实践中究竟采用哪种方法，应根据有关规定或工程、科学试验的特殊需要选定。试验表明，在单位体积击实功相同的情况下，同类土用轻型和重型击实试验的结果基本相同。

【任务实施】

1.6.1 击实试验

1. 适用范围

击实试验适用于细粒土。其中，轻型击实试验适用于粒径小于 5mm 的黏性土；重型击实试验适用于粒径不大于 20mm 的土，若采用 3 层击实时，最大粒径不大于 40mm。

2. 仪器设备

（1）击实仪。有轻型击实仪和重型击实仪两类，如图 1.14 和图 1.15 所示。击实仪的击锤应配导筒，击锤与导筒间应有足够的间隙使锤能自由下落；电动操作的击锤必须有控

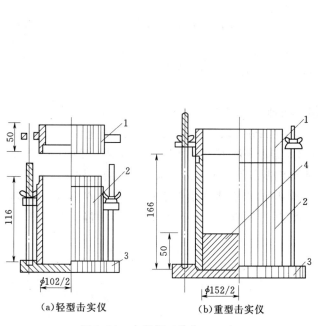

图 1.14 击实仪（单位：mm）

（a）轻型击实仪　（b）重型击实仪

1—套筒；2—击实筒；3—底板；4—垫块

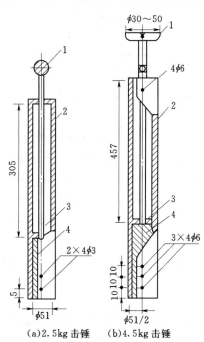

图 1.15 击锤与导筒（单位：mm）

（a）2.5kg 击锤　（b）4.5kg 击锤

1—提手；2—导筒；3—硬橡皮垫；4—击锤

制落距的跟踪装置和锤击点按一定角度（轻型 53.5°，重型 45°）均匀分布的装置（重型击实仪中心点每圈要加一击）。《土工试验方法标准》（GB/T 50123—2019）和《公路土工试验规程》（JTG 3430—2020）对于击实仪的击实筒、击锤和导筒等主要部件的尺寸规定略微有些不同，分别见表 1.23 和表 1.24。

表 1.23　　　　　　　击实仪主要部件尺寸规格表（GB/T 50123—2019）

试验方法	锤底直径/mm	锤质量/kg	落高/mm	击 实 筒			护筒高度/mm
				内径/mm	筒高/mm	容积/cm³	
轻 型	51	2.5	305	102	116	947.4	50
重 型	51	4.5	457	152	116	2103.9	50

表 1.24　　　　　　　击实仪主要部件尺寸规格表（JTG 3430—2020）

试验方法	类别	锤底直径/cm	锤质量/kg	落高/cm	试筒尺寸		试样尺寸		层数	每层击数	击实功/(kJ/m³)	最大粒径/mm
					内径/cm	筒高/cm	高度/cm	体积/cm³				
轻型	Ⅰ-1	5	2.5	30	10	12.7	12.7	997	3	27	598.2	20
	Ⅰ-2	5	2.5	30	15.2	17	12	2177	3	59	598.2	40
重型	Ⅱ-1	5	4.5	45	10	12.7	12.7	997	5	27	2687.0	20
	Ⅱ-2	5	4.5	45	15.2	17	12	2177	5	98	2677.2	40

(2) 天平。称量 200g，最小分度值 0.01g。

(3) 台秤。称量 10kg，最小分度值 5g。

(4) 标准筛。孔径为 20mm、40mm 和 5mm。

(5) 试样推土器。式千斤顶，如无此类装置，亦可用刮刀和修土刀从击实筒中取出试样宜用螺旋式千斤顶或液压。

(6) 其他设备。如喷雾器、盛土容器、修土刀及碎土设备等。

3. 试样制备

击实试验的试样制备分为干法和湿法两种：

(1) 干法制备试样应按下列步骤进行：用四分法取代表性土样 20kg（重型为 50kg），风干碾碎，过 5mm（重型过 20mm 或 40mm）筛，将筛下土样拌匀，并测定土样的风干含水率。根据土的塑限预估最优含水率，加水湿润制备不少于 5 个含水率的一组试样，含水率依次相差为 2%，且其中有 2 个含水率大于塑限，2 个含水率小于塑限，1 个含水率接近塑限，应使制备好的土样水分均匀分布，并分别将制备好的各个土样装入塑料袋中静置 24h。

按下式计算制备试样所需的加水量：

$$m_w = \frac{m_0}{1+\omega_0}(\omega - \omega_0) \tag{1.36}$$

式中　m_w——制备试样所需的加水量，g；

　　　ω_0——风干含水率；

　　　m_0——风干含水率 ω_0 时土样的质量，g；

　　　ω——要求达到的含水率。

（2）湿法制备试样应按下列步骤进行：取天然含水率的代表性土样 20kg（重型为 50kg），碾碎，过 5mm 筛（重型过 20mm 或 40mm），将筛下土样拌匀，并测定土样的天然含水率。根据土样的塑限预估最优含水率，分别将天然含水率的土样风干或加水进行制备不少于 5 个含水率的一组试样，含水率依次相差为 2％，由于重型击实试验最优含水率较轻型的小，所以制备土样的含水率可以适当减小。制样时应使制备好的土样水分均匀分布，并分别将制备好的各个土样装入塑料袋中静置 24h。

由于烘干会使黏性土中某些胶质或有机质被灼烧或分解，致使失去胶粒与水作用的活性，这显然会影响击实结果。有关试验证明，用烘干土做试验得到的结果，一般较之用风干土试验获得的最优含水率偏小，而最大干密度偏大。因此，在击实试验中，采用风干土制样更为合理。具体试验时一般根据土的性质选用干土法或湿土法制样，对于高含水率土样宜选用湿土法，对于非高含水率土样宜选用干土法。

4. 操作步骤

（1）将击实仪平稳置于刚性基础上，击实筒与底座连接好，装好护筒，并在击实筒内壁均匀涂一薄层润滑油，将搅和的试样 2～5kg（重型为 4～10kg）分层装入击实筒内击实。对于轻型击实试验，分 3 层，每层 25 击；对于重型击实试验，分 5 层，每层 56 击，若分 3 层，每层 94 击。分层装样时，每层试样高度宜相等，两层交界处的土面应刨毛，击实完成后，超出击实筒顶的试样高度应小于 6mm。

（2）卸下护筒，用直刮刀修平超出击实筒顶部的试样，拆除底板，试样底部若超出筒外，也应修平，擦净击实筒外壁，称击实筒与试样的总质量，准确至 1g，并计算试样的湿密度。

（3）用推土器将试样从击实筒中推出，从试样中心处取 2 个一定量土料（轻型击实试验为 15～30g，重型击实试验为 50～100g）测定土的含水率，2 个含水率的差值应不大于 1％。

（4）重复步骤（1）～（3）对不同含水率的试样依次击实。

在击实试验过程中，因为土中的部分颗粒由于反复击实而破碎，会改变土的颗粒级配，同时试样被击实后要恢复到原来松散状态比较困难，特别是高塑性黏土，再加水时更难以浸透，因而会影响试验结果。所以进行击实试验时，土样不宜重复使用。

5. 成果整理

（1）按下式计算试样的干密度：

$$\rho_d = \frac{\rho}{1+\omega} \tag{1.37}$$

式中　ρ_d——试样的干密度，g/cm³，准确至 0.01；

　　　ρ——试样的密度，g/cm³；

　　　ω——某点试样的含水率。

（2）按下式计算试样的饱和含水率（饱和度 100％时的试样含水率）：

$$\omega_{sat} = \left(\frac{\rho_w}{\rho_d} - \frac{1}{G_s}\right) \times 100 \tag{1.38}$$

式中　ω_{sat}——试样的饱和含水率，％，准确至 0.01；

　　　其余符号意义同前。

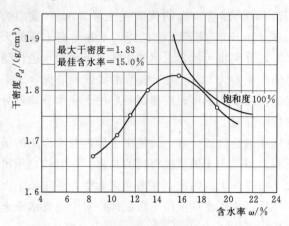

图 1.16　干密度 ρ_d 与含水率 ω 的关系曲线

（3）以干密度为纵坐标，含水率为横坐标，在直角坐标系内绘制干密度与含水率的关系曲线及饱和曲线（土样在饱和状态时含水率与干密度之间的关系曲线）（图 1.16），干密度与含水率的关系曲线上峰值点的坐标分别为土的最大密度与最优含水率。当关系曲线不能绘出峰值点时，应进行补点试验。

（4）一般情况下，在黏性土料中，大于 5mm 以上的颗粒含量占总土量的百分数是不大的，大颗粒间的孔隙能被细粒土所填充，可以根据土料中大于 5mm 的颗粒含量和该颗粒的饱和面干比重，用过筛后土料的击实试验结果来推算土料的最大干密度和最优含水率。如果大于粒径的含量超过 30％时，此时大颗粒土间的孔隙将不能被细粒上所填充，应使用其他试验方法。因此对于轻型击实试验，当试样中粒径大于 5mm 的土质量小于或等于试样总质量的 30％时，应对最大干密度和最优含水率进行校正。

1）按下式计算校正后的最大干密度：

$$\rho'_{d\max}=\frac{1}{\dfrac{1-0.01P_5}{\rho_{d\max}}+\dfrac{0.01P_5}{\rho_w G_{s2}}}\tag{1.39}$$

式中　$\rho'_{d\max}$——校正后试样的最大干密度，g/cm³；

　　　P_5——粒径大于 5mm 土的质量百分数，％；

　　　G_{s2}——粒径大于 5mm 土粒的饱和面干比重。

饱和面干比重是指当土粒呈饱和面干状态时的土粒总质量与相当于土粒总体积的纯水 4℃时质量的比值。

2）按下式计算校正后的最优含水率：

$$\omega'_{op}=\omega_{op}(1-0.01P_5)+0.01P_5\omega_{ab}\tag{1.40}$$

式中　ω'_{op}——校正后试样的最优含水率，％，准确至 0.01；

　　　ω_{op}——击实试样的最优含水率，％；

　　　ω_{ab}——粒径大于 5mm 土粒的吸着含水率，％；

其余符号意义同前。

（5）对于分 3 层装样的重型击实试验，如果土样中含有不超过试样总质量 30％的粒径大于 40mm 的大颗粒，这些大颗粒对于求最大干密度和最优含水率都有一定影响，因此试验前要先过 40mm 筛，求得其百分率 P_{40}，然后把小于 40mm 部分做击实试验，并对所测得的最大干密度和最优含水率进行校正。如果试样中大于 40mm 的大颗粒含量超过 40％时，还应做粗粒土最大干密度试验，其结果与重型击实试验结果相比较，最大干密度取两种试验结果的最大值，最优含水率则对应取值。

1) 按下式计算校正后的最大干密度：

$$\rho'_{d\max} = \frac{1}{\dfrac{1-0.01P_{40}}{\rho_{d\max}} + \dfrac{0.01P_{40}}{\rho_w G_{s2}}}$$ (1.41)

式中 $\rho'_{d\max}$——校正后试样的最大干密度，g/cm³；

$\rho_{d\max}$——用粒径小于 40mm 试样试验所得的最大干密度，g/cm³；

P_{40}——粒径大于 40mm 土的质量百分数，%；

G_{s2}——粒径大于 40mm 土粒的毛体积比重。

2) 按下式计算校正后的最优含水率：

$$\omega'_{op} = \omega_{op}(1-0.01P_{40}) + 0.01P_{40}\omega_{ab}$$ (1.42)

式中 ω'_{op}——校正后试样的最优含水率，%，准确至 0.01；

ω_{op}——用粒径小于 40mm 试样试验所得的最优含水率，%；

ω_{ab}——粒径人于 40mm 土粒的吸着含水率，%；

其余符号意义同前。

6. 试验记录

击实试验记录见表 1.25。

表 1.25　　　　　　　　　　击 实 试 验 记 录 表

工程名称：_____　　　　　　　　　　　　　　试验者：_____

试样编号：_____　　　　　　　　　　　　　　计算者：_____

试验日期：_____　　　　　　　　　　　　　　校核者：_____

试验序号	预估最优含水率_____%						风干含水率_____%			试验类别_____	
	筒加试样质量/g	筒质量/g	试样质量/g	筒体积/cm³	湿密度/(g/cm³)	干密度/(g/cm³)	盒号	湿土质量/g	干土质量/g	含水率/%	平均含水率/%
	(1)	(2)	(3)=(1)-(2)	(4)	(5)=$\dfrac{(3)}{(4)}$	(6)=$\dfrac{(5)}{(1)+0.01\times(10)}$		(7)	(8)	(9)=$\left[\dfrac{(7)}{(8)}-1\right]\times100$	(10)

7. 允许平行差

本试验含水率须进行两次平行测定，当两次测定含水率的差值在允许范围内时，取其算数平均值作为该土样的含水率。允许含水率平行差值应符合表 1.7 规定。

任务1.7　土的室内渗透试验

【任务描述】

在一定的孔隙水压力差作用下，存在于土体孔隙中的自由水透过这些孔隙发生流动的现象称为渗透或渗流。土的渗透性是指水在土的孔隙内发生流动的特性，而渗透系数 k 就是综合反映土体渗透能力的一个定量指标，是土的重要性质指标之一。土的渗透性直接关系到各种工程问题，如土坝、堤岸、高填土、基坑、地基等的渗流量和渗透稳定性，地基的固结沉降计算，以及降排水设计、防冻胀设计、地基加固设计、施工选料和人工降低水位等设计和施工问题。测定土的渗透系数的试验即为土的渗透试验，是土工试验中的重要项目之一。然而如何正确得到土的渗透系数 k 来判断土渗透强弱？我们来学习土的渗透测试方法。

【任务分析】

本任务首先学习土的渗透测试方法、适用范围、仪器配备、步骤、数据的记录整理。掌握了渗透测试方法，再结合具体的工程实例进行实践操作和数据的分析整理，最后把成果运用于项目工程当中。

渗透系数的室内试验方法很多，主要介绍常水头渗透试验和变水头渗透试验两大类。

【任务实施】

1.7.1　常水头渗透试验

常水头渗透试验是指通过土样的渗流在一定的水头差影响下进行的渗透试验。

1. 适用范围

常水头渗透试验主要适用于测定渗透性较大的粗粒土的渗透系数，但对于透水性极强的土样，因水头难以控制恒定，也不宜用常水头法试验。

2. 仪器设备

（1）常水头渗透装置：用于常水头渗透试验的仪器有多种，常用的有70型渗透仪和土样管渗透仪等，这些仪器设备在操作方法和量测技术等方面与国外大同小异。图1.17所示的是70型渗透仪，主要包括：①有封底金属圆筒（高40cm，内径10cm）；②金属孔板（放在距筒底约6cm处）；③测压孔3个，其中心间距为10cm，与筒边连接处装有铜丝网；④玻璃测压管（内径0.6cm左右，用橡皮管和测压孔相连接，固定于一直立木板上，旁有毫米尺，作测记水头之用，三管的零点应齐平）。

（2）供水瓶。容积5000mL。

（3）量杯。容量500mL。

（4）温度计。刻度0~50℃，精度0.5℃。

（5）其他。秒表、木锤、天平、橡皮管、管夹、支架等。

3. 操作步骤

（1）按图1.17将仪器装好后，量测滤网至筒顶的高度，将调节管与供水管连通，使水流入仪器底部，从渗水孔向圆筒充水至略高于金属孔板，然后关止水夹。

（2）称取具有代表性的风干试样 3～4kg，准确至 1g；并测定试样的风干含水率。将风干试样分层装入金属圆筒内，装样时可按定体积计算的试样数量，每层厚 2～3cm，用木锤轻轻击实，并使其达到一定厚度，以控制其孔隙比，同时还要避免试样出现明显层面而影响试验结果。

若砂样中黏土颗粒比较多，装试样前应在金属孔板上加铺厚约 2cm 的粗砂作为过滤层，以防细颗粒被水冲走，过滤层材料的渗透系数应大于试样的渗透系数。

（3）每层试样装好后，缓缓开启止水夹，使水由仪器底部向上渗入，使试样逐渐饱和。水面不得高出试样顶面。待水与试样顶面齐平时，关上止水夹。饱和时水流须缓慢，以免冲动土样，并始终保持土面呈微湿状态，以免试样颗粒在水中发生浮选作用，同时注意测压管中水面情况及管子弯曲部分有无气泡。

在管子弯曲部分如有气泡，须挤压连接测压孔及测压管的橡皮管，并用橡皮吸球在测压管上部连接抽吸，以除去管中空气。

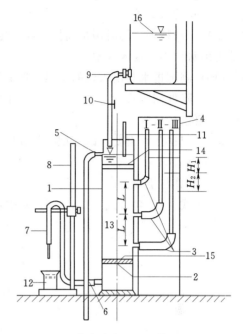

图 1.17　常水头渗透试验装置（70 型）
1—金属圆筒；2—金属孔板；3—测压孔；4—测压管；
5—溢水孔；6—渗水孔；7—调节管；8—滑动支架；
9—供水管；10—止水夹；11—温度计；12—量杯；
13—试样；14—砾石层；15—铜丝网；16—供水瓶

（4）如此继续分层装试样并饱和，直至试样表面较测压孔高出 3～4cm 为止，同时检查三根测压管的水头是否齐平。量测试样面至筒顶的剩余高度，并与孔板（或缓冲层顶面）至筒顶的高度相减，可得试样高度 h。称剩余试样的质量，准确至 0.1g，计算所装试样总质量，并在试样上部铺厚约 2cm 砾石层作为缓冲层，缓冲层材料的渗透系数应大于试样的渗透系数，放水至水面高出砾石面 2～3cm 时关闭止水夹。

（5）将调节管在支架上移动，使其管口高于溢水孔。关闭止水夹，并将供水管与调节管分开，将供水管置入圆筒内，开启止水夹，使水由圆筒顶部注入仪器，至水面与溢水孔齐平为止。多余的水则由溢水孔溢出，以保持水头恒定。

（6）静置数分钟，检查各测压管水位是否与溢水孔水位齐平，如不齐平，即表示仪器有漏水或集气现象，需挤压测压管上的橡皮管，或用吸球在测压管上部将集气吸出，调至水位齐平为止。

（7）测压管及管路校正无误后，即可开始试验。降低调节管的管口位置，使其位于试样上部 1/3 高度处，使仪器中产生水头差，使水渗过试样，经调节管流出。调节供水管止水夹，使进入圆筒的水量多于溢出的水量，溢水孔始终有水溢出，保持圆筒内水位不变，试样处于常水头下渗透。

（8）当测压管水头稳定后，测定测压管水头，并计算测压管 I、II 间的水头差及测压管Ⅱ、Ⅲ间的水头差。

（9）开动秒表，同时用量筒接取经一定时间的渗透水量，并重复一次。注意接水时，调节管出水口不可浸入水中。

（10）测记进水与出水处的水温，取其平均值。

（11）降低调节管管口至试样中部及下部1/3高度处，以改变水力梯度，按步骤(7)～(10)重复进行试验。

（12）根据工程需要，改变试样的孔隙比，继续进行试验。

4. 成果整理

（1）计算与绘图：

1）按式（1.44）、式（1.45）计算试样的干密度及孔隙比：

$$m_d = \frac{m}{1+0.01\omega} \tag{1.43}$$

$$\rho_d = \frac{m_d}{Ah} \tag{1.44}$$

$$e = \frac{G_s \rho_w}{\rho_d} - 1 \tag{1.45}$$

式中　m——风干试样总质量，g；

　　　ω——风干含水率，%；

　　m_d——试样干质量，g；

　　ρ_d——试样干密度，g/cm³；

　　　h——试样高度，cm；

　　　A——试样断面积，cm²；

　　　e——试样孔隙比；

　　G_s——土粒比重。

2）按式（1.46）计算常水头渗透系数：

$$k_T = \frac{Ql}{AHt} \tag{1.46}$$

式中　k_T——水温为T℃时试样的渗透系数，cm/s，计算至3位有效数字；

　　　Q——时间t秒的渗透水量，cm³；

　　　l——两测压孔中心间试样长度（等于测压孔中心间距：$l=10$cm）；

　　　A——试样断面积，cm²；

　　　H——平均水头差，cm；

　　　t——时间，s。

3）按式（1.47）计算水温为20℃时的渗透系数：

$$k_{20} = k_T \frac{\eta_T}{\eta_{20}} \tag{1.47}$$

式中　k_{20}——水温为 20℃时试样的渗透系数，cm/s，计算至 3 位有效数字；

　　　η_T——水温为 T℃时水的动力黏滞系数，kPa·s；

　　　η_{20}——水温为 20℃时水的动力黏滞系数，kPa·s。

比值 η_T/η_{20} 与温度的关系可由表 1.26 查得。

表 1.26　　　　　　　　　　　　　水的动力黏滞系数、黏滞系数比

温度/℃	动力黏滞系数 η /(10^{-6}kPa·s)	η_T/η_{20}	温度/℃	动力黏滞系数 η /(10^{-6}kPa·s)	η_T/η_{20}
5.0	1.516	1.501	17.5	1.074	1.066
5.5	1.498	1.478	18.0	1.061	1.050
6.0	1.470	1.455	18.5	1.048	1.038
6.5	1.449	1.435	19.0	1.035	1.025
7.0	1.428	1.414	19.5	1.022	1.012
7.5	1.407	1.393	20.0	1.010	1.000
8.0	1.387	1.373	20.5	0.998	0.988
8.5	1.367	1.353	21.0	0.986	0.976
9.0	1.347	1.334	21.5	0.974	0.964
9.5	1.328	1.315	22.0	0.968	0.958
10.0	1.310	1.297	22.5	0.952	0.943
10.5	1.292	1.279	23.0	0.941	0.932
11.0	1.274	1.261	24.0	0.919	0.910
11.5	1.256	1.243	25.0	0.899	0.890
12.0	1.239	1.227	26.0	0.879	0.870
12.5	1.223	1.211	27.0	0.859	0.850
13.0	1.206	1.194	28.0	0.841	0.833
13.5	1.188	1.176	29.0	0.823	0.815
14.0	1.175	1.168	30.0	0.806	0.798
14.5	1.160	1.148	31.0	0.789	0.781
15.0	1.144	1.133	32.0	0.773	0.765
15.5	1.130	1.119	33.0	0.757	0.750
16.0	1.115	1.104	34.0	0.742	0.735
16.5	1.101	1.090	35.0	0.727	0.720
17.0	1.088	1.077			

4) 当进行不同孔隙比下的渗透试验时，应以孔隙比为纵坐标，渗透系数的对数为横

坐标，在半对数坐标纸上绘制孔隙比与渗透系数的关系曲线。

（2）试验记录。常水头渗透试验记录见表1.27。

表 1.27　　　　　　　　　　　**常水头渗透试验记录表**

仪器编号：_____　　　　　　　　　　　试验者：_____

试样编号：_____　　　　　　　　　　　计算者：_____

试验日期：_____　　　　　　　　　　　校核者：_____

试验次数	经过时间 t/s	测压管水位/cm			水位差/cm			水力坡降	渗水量/cm	渗透系数/(cm/s)	水温/℃	校正系数	水温20℃时渗透系数/(cm/s)	平均渗透系数/(cm/s)
		Ⅰ管	Ⅱ管	Ⅲ管	H_1	H_2	平均值 H							
(1)		(2)	(3)	(4)	(5)=(2)−(3)	(6)=(3)−(4)	(7)=[(5)+(6)]/2	(8)=$\frac{1}{(7)\times l}$	(9)	(10)=(9)/[$A\times(1)\times(8)$]	(11)	η_T/η_{20}	(13)=(10)×(12)	(14)

（3）允许平行差。渗透系数的允许差值不大于 2×10^{-n}cm/s。在计算所得到的渗透系数中，取 3~4 个在允许差值范围内的数据，并求其平均值，作为该试样在某孔隙比 e 下的渗透系数。

1.7.2　变水头渗透试验

变水头渗透试验是指通过土样的渗流在变化的水头压力影响下进行的渗透试验。用于变水头渗透试验的仪器有多种，常用的有南 55 型渗透仪等，所使用的仪器设备要求止水严密，易于排气。对于渗透性特别小的黏性土可以采用增加渗透压力的加荷渗透法来测定其渗透系数。

1. 适用范围

变水头渗透试验主要适用于测定渗透性较小的细粒土的渗透系数。

2. 南 55 型渗透仪试验法

（1）仪器设备。南 55 型试验装置如图 1.18 所示，主要包括：

1）渗透容器（图 1.19）。由环刀、透水石、套环、上盖和下盖组成，环刀内径 61.8mm，高 40mm，透水石的渗透系数应大于 10^{-3}cm/s。

2）变水头装置。由温度计（分度值 0.2℃）、渗透容器、变水头管、供水瓶、进水管等组成。变水头管的内径应均匀，管径不大于 1cm，管外壁有最小分度为 1.0mm 的刻度，长度为 2m 左右。

3）其他。切土器、修土刀、秒表、钢丝锯、凡士林、量筒、薄铁片、橡皮垫圈等。

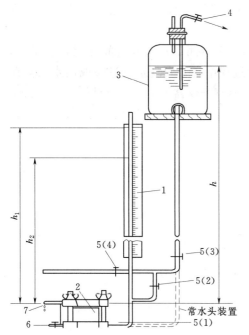

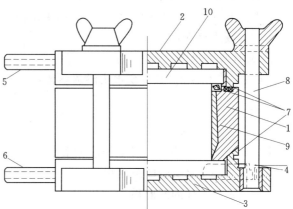

图 1.18　变水头渗透试验装置（南 55 型）
1—变水头管；2—渗透容器；3—供水瓶
（5000mL）；4—接水源管；5—进水
管夹；6—排气水管；7—出水管

图 1.19　渗透容器示意图
1—套筒；2—上盖；3—下盖；4—进水管；
5—出水管；6—排水管；7—橡皮圈；
8—螺栓；9—环刀；10—透水石

（2）操作步骤：

1）将环刀垂直切入土样，平整土样两面，整平时不得用刀往复涂抹，以免闭塞空隙。环刀内壁涂抹凡士林必须均匀，冬季应将凡士林熔化后再涂抹。

2）对不易透水的试样，需进行真空抽气饱和；对饱和试样和较易透水的试样，可直接用变水头装置的水头进行试样饱和。

3）将装有试样的环刀装入渗透容器，用螺母旋紧，要求密封至不漏水、不漏气。试样与容器周围必须严格密封，特别注意不能允许水从环刀与土之间的缝隙中流过，否则会额外增加水流通道，从而使试验求得的渗透系数值偏大。并确保各管路系统都必须完全密封，否则将会由于水流的中途短路而降低实际作用的水头。

4）将位于渗透容器下盖的进水口与变水头装置中的进水管连接，使供水瓶与变水头管相通。开进水管夹，利用供水瓶中的纯水向进水管注满水，并由下而上地使水渗入渗透容器的试样中，开排气阀，排除渗透容器底部的空气，直至溢出水中无气泡，即认为试样已达饱和，关排气阀，放平渗透容器，关进水管夹。

5）向变水头管注纯水，使水升至预定高度，水头高度根据试样结构的疏松程度确定，一般不应大于 2m。试验时，水头应控制适当，水头过高有可能会冲毁土样，而水头过低则会使试验时间过长，造成土样的渗透系数由于渗透力的作用而发生改变，影响试验精度。待水位稳定后切断水源，开进水管夹，使水通过试样，当出水口有水溢出时开动秒表，开始测记变水头管中起始水头高度和起始时间，按预定时间间隔测记水头和时间的变化，并测记出水口的水温，准确至 $0.2℃$。如此再经过相等的时间，重复测记一次。

6）将变水头管中的水位变换高度，待水位稳定后再测记水头和时间变化，试验时，应从低水头试验做起，重复试验 5~6 次。在试验过程中，若发现水流过快或出水口有浑浊现象，应立即检查容器有无漏水，并在试验终了时打开仪器上盖，露出试样表面，再用较低的水头，观察试样有无冲破的孔洞出现。当不同开始水头下测定的渗透系数在允许差值范围内时（不大于 $2×10^{-n}cm/s$），结束试验。

（3）成果整理：

1）计算与绘图：

a. 按式（1.48）计算变水头渗透系数：

$$k_T = 2.3 \frac{al}{A(t_2 - t_1)} \lg \frac{h_1}{h_2} \tag{1.48}$$

式中　　k_T——水温为 $T℃$时土的渗透系数，cm/s，计算至 3 位有效数字；

　　　　a——变水头管的断面积，cm^2；

　　　　A——试样的断面积，cm^2；

　　　　l——渗径，即试样的高度，cm；

　　　　t_1——测读水头的起始时间，s；

　　　　t_2——测读水头的终止时间，s；

　　　　h_1——测压管中开始时的水头，cm；

　　　　h_2——测压管中终止时的水头，cm；

　　　　2.3——ln 和 lg 之间的变换因数。

b. 按式（1.47）计算温度为20℃时的渗透系数。

c. 当进行不同孔隙比下的渗透试验时，应以孔隙比为纵坐标，渗透系数的对数为横坐标，在半对数坐标纸上绘制孔隙比与渗透系数的关系曲线。

2）试验记录。变水头渗透试验记录（南55型试验仪）见表1.28。

表 1.28　　　　　　变水头渗透试验记录表（南 55 型渗透仪）

土样编号：_____　　　　试样高度 $l=$_____　　　　试验者：_____

仪器编号：_____　　　　试样面积 $A=$_____　　　　计算者：_____

试验日期：_____　　　　$2.3a/A=$_____　　　　校核者：_____

开始时间 t_1/s	终了时间 t_2/s	经过时间 t/s	开始水头 h_1/cm	终了水头 h_2/cm	$2.3\frac{al}{At}$	$\lg\frac{h_1}{h_2}$	水温为 $T℃$时的渗透系数 k_T/(cm/s)	水温 T/℃	校正系数 η_T/η_{20}	渗透系数 k_{20}/(cm/s)	平均渗透系数 k_{20}/(cm/s)
(1)	(2)	(3)=(2)−(1)	(4)	(5)	(6)	(7)	(8)=(6)×(7)	(9)	(10)	(11)=(8)×(10)	(12)

3）允许平行差。渗透系数的允许差值不大于 2×10^{-n} cm/s。在计算所得到的渗透系数中，取 3～4 个在允许差值范围内的数据，并求其平均值，作为该试样在某孔隙比 e 下的渗透系数。

任务 1.8　砂的相对密度试验

【任务描述】

相对密度是砂类土处于最松状态的孔隙比与天然状态孔隙比之差和最松状态的孔隙比与最紧密状态的孔隙比之差的比值。

相对密度是砂类土紧密程度的指标，对于土作为材料的建筑物和地基的稳定性，特别是在抗震稳定性方面具有重要的意义。密实的砂，具有较高的抗剪强度及较低的压缩性，在震动情况下液化的可能性小；而松散的砂，其稳定性差，压缩性高，对于饱和的砂土，在震动的情况下，还容易产生液化。然而如何正确判断砂的密实程度？我们来学习砂的相对密度测试方法。

【任务分析】

本任务主要学习砂的相对密度测试方法、适用范围、仪器配备、步骤、数据的记录整理。结合具体的工程实例成果，进一步理解砂的相对密度试验在工程中的应用。

【任务实施】

1.8.1　砂的相对密度

砂土的密实程度在一定程度上可用其孔隙比来反映，但砂土的密实程度并不仅仅取决于孔隙比，在很大程度上还取决于土的颗粒级配。颗粒级配不同的砂类土即使具有相同的孔隙比，但由于土的颗粒大小的不同，颗粒排列不同，其密实状态也会不同。

1. 适用范围

砂的相对密度试验方法适用于粒径不大于 5mm，且粒径 2～5mm 的试样质量不大于试样总质量的 15％。相对密度试验一般适用于透水性良好的无黏性土，对于细粒含量较多的试样则不宜进行相对密度试验。

2. 试验方法

砂的相对密度涉及砂土的最大孔隙比、最小孔隙比及天然孔隙比，砂的相对密度试验就是进行砂的最大孔隙比（或最小干密度）试验和最小孔隙比（或最大干密度）试验。砂的最大孔隙比试验宜采用漏斗法和量筒法；砂的最小孔隙比试验宜采用振动锤击法。

（1）砂的最大孔隙比（或最小干密度）试验。砂的最大孔隙比试验，也称砂的最小干密度试验，就是测定砂在最松散状态下的孔隙比及干密度的试验，通常可采用漏斗法和量筒法。

漏斗法是用小的管径控制砂样，使其均匀缓慢地落入量筒，以达到最疏松的堆积，但由于受漏斗管径的限制，有些粗颗粒受到阻塞，故适用于较小颗粒的砂样。而量筒法由于细颗粒下落较慢，粗颗粒下落快，粗细颗粒存在有分层现象，但也能达到较松的状态。试样能否达到最松状态，还与试样的性质、颗粒大小、颗粒形状及操作者的熟练程度等因素有关。

1）仪器设备：

a. 量筒。容积 500mL 和 1000mL，后者内径应大于 60mm。

b. 长颈漏斗。颈管的内径为 1.2cm，颈口应磨平。

c. 锥形塞。直径 1.5cm 的圆锥体，并焊接在铁杆上，如图 1.20 所示。

d. 砂面拂平器。十字形金属平面焊接在铜杆下端，如图 1.20 所示。

e. 橡皮板。

f. 天平。称量 1000g，最小分度值 1g。

2）操作步骤：

a. 漏斗法：①称取代表性试样约 1.5kg，烘干或充分风干，用手搓揉或用圆木棍在橡皮板上碾散，并拌和均匀；②将锥形塞杆自长颈漏斗下口向上穿入，并向上提起，以使锥底堵住漏斗管口，一并放入容积 1000mL 的量筒内，并使其下端与量筒底接触；③称取试样 700g，准确至 1g，分数次均匀缓慢地倒入漏斗中，将漏斗和锥形塞杆同时提高，然后下移塞杆，使锥体略离开管口，管口应经常保持高出砂面约 1~2cm 的距离，从而使试样缓慢且均匀分布地落入量筒中；④试样全部松散地落入量筒后，取出漏斗和锥形塞，用砂面拂平器将砂面拂平，勿使量筒振动，然后测记试样体积，估读至 5mL。

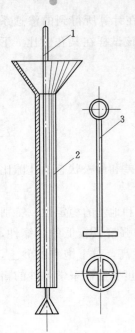

图 1.20　漏斗及拂平器
1—锥形塞；2—长颈漏斗；3—拂平器

b. 量筒法：在漏斗法试验测记试样体积后，紧接着用手掌或橡皮板堵住量筒口，将量筒倒转，然后缓慢地转回到原来位置，如此重复数次后，再记下试样在量筒内所占体积的最大值，估读至 5mL。

取漏斗法和量筒法两种方法中测得的较大试样体积值，计算最小干密度及最大孔隙比。

（2）砂的最小孔隙比（最大干密度）试验。砂的最小孔隙比试验，也称砂的最大干密度试验，就是测定砂在最紧密状态的孔隙比及干密度的试验，国外采用振动台法，而国内多采用振动锤击法。

锤击法主要适用于略具黏性的砂类土，与击实试验的作用相同；而振动法能对不同粒径的颗粒产生不同的惯性力，从而引起试样密度的增加；锤击与振动联合方法是在试样上锤击的同时，还在试样筒量测进行振敲，它兼有振动与锤击的优点。目前，我国相关土工试验规范多以振动锤击法作为测定最大干密度的标准方法。

1）仪器设备：

a. 金属圆筒。容积 250mL，内径为 5cm；容积 1000mL，内径为 10cm，高度均为 12.7cm，附护筒。

b. 振动叉。如图 1.21 所示。

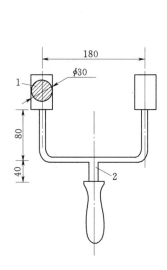

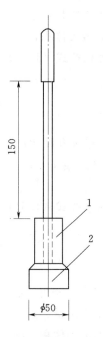

图 1.21 振动叉（单位：mm）　　　图 1.22 击锤（单位：mm）
1—击球；2—音叉　　　　　　　　1—击锤；2—锤座

c. 击锤。如图 1.22 所示，锤质量 1.25kg，落高 15cm，锤直径 5cm。

2）操作步骤：

a. 称取代表性试样 2000g，拌匀，分 3 次倒入金属圆筒内，每层试样宜为圆筒容积的 1/3，试样每次倒入圆筒后，先用振动叉以每分钟 150～200 次的速度各敲打圆筒两侧，并在同一时间内以每分钟 30～60 次的速度用击锤锤击试样表面，直至试样体积不变为止（一般需 5～10min）。敲打时要用足够的力量使试样处于振动状态；振击时，粗砂可用较少击数，细砂应用较多击数。如此重复第二层和第三层，第三次加土时应先在容器口上安装护筒。

b. 如用电动最小孔隙比试验仪时，当试样同上面方法装入容器后，开动电机，进行振击试验。

c. 最后一次振毕，取下护筒，并用修土刀齐圆筒顶面刮平试样，然后称圆筒和试样的总质量，计算出试样质量，准确至 1g，并记录试样体积，计算其最小孔隙比和最大干密度。

3. 成果整理

（1）计算：

1）砂的最小干密度按式（1.49）计算：

$$\rho_{d\min}=\frac{m_d}{V_{\max}} \tag{1.49}$$

式中　$\rho_{d\min}$——试样的最小干密度，g/cm³，计算至 0.01g/cm³；

m_d——试样干土质量，g；

V_{max}——试样的最大体积，cm^3。

2）砂的最大孔隙比按式（1.50）计算：

$$e_{max} = \frac{\rho_w G_s}{\rho_{dmin}} - 1 \qquad (1.50)$$

式中　e_{max}——试样的最大孔隙比；

ρ_w——水的密度，g/cm^3；

G_s——土粒比重。

3）砂的最大干密度按式（1.51）计算：

$$\rho_{dmax} = \frac{m_d}{V_{min}} \qquad (1.51)$$

式中　ρ_{dmax}——砂的最大干密度，g/cm^3，计算至 $0.01g/cm^3$；

m_d——试样干土质量，g；

V_{min}——试样的最小体积，cm^3。

4）砂的最小孔隙比按式（1.52）计算：

$$e_{min} = \frac{\rho_w G_s}{\rho_{dmax}} - 1 \qquad (1.52)$$

式中　e_{min}——试样的最大孔隙比。

5）砂的相对密度按式（1.53）或式（1.54）计算：

$$D_r = \frac{e_{max} - e_0}{e_{max} - e_{min}} \qquad (1.53)$$

或

$$D_r = \frac{\rho_{dmax}(\rho_d - \rho_{dmin})}{\rho_d(\rho_{dmax} - \rho_{dmin})} \qquad (1.54)$$

式中　D_r——砂的相对密度，计算至 0.01；

e_0——砂的天然孔隙比；

ρ_d——天然干密度或要求的干密度，g/cm^3。

（2）试验记录。砂的相对密度试验记录见表 1.29。

（3）允许差值。砂的相对密度试验的最小干密度与最大干密度都必须进行两次平行测定，两次测定密度差值不得大于 $0.03g/cm^3$，并取两次测值的平均值。

表 1.29　　　　　　　　　　　　砂的相对密度试验记录表

工程名称：_____　　　　　　　　　　　　　　　　试验者：_____

试样编号：_____　　　　　　　　　　　　　　　　计算者：_____

试验日期：_____　　　　　　　　　　　　　　　　校核者：_____

试 验 项 目			最大孔隙比（最小干密度）	最小孔隙比（最大干密度）	备注
试 验 方 法			漏斗法	振击法	
试样加容器质量/g	(1)				
容器质量/g	(2)				
试样质量/g	(3)	(1)−(2)			
试样体积/cm³	(4)				
干密度/(g/cm³)	(5)	(3)/(4)			
平均干密度/(g/cm³)	(6)				
土粒比重 G_s	(7)				
孔隙比 e	(8)				
天然干密度/(g/cm³)	(9)				
天然孔隙比 e_0	(10)				
相对密度 D_r	(11)				

任务 1.9　土 的 特 殊 性 质 试 验

【任务描述】

　　我国地域分布很多特殊性土类，例如，膨胀土、有机质土和黄土等，每一类土由于成因的不同、历史条件、地理条件的改变以及区域性自然气候条件的影响，它们的外部特性、结构特性、物质成分以及物理、化学、力学特性均不相同，呈现出不同的特有性质，例如，黄土具有湿陷性、易溶性、易冲刷性等特性，膨胀土具有遇水膨胀、失水收缩等特性，这些特性对工程建设有其特殊的危害性。

【任务分析】

　　本任务首先学习土的膨胀率试验、膨胀力试验、收缩试验、有机质试验和黄土的湿陷试验。测试方法、适用范围、仪器配备、步骤、数据的记录整理。再结合具体工程实例，进一步理解试验成果在工程中的应用。

【任务实施】

1.9.1　膨胀率试验

　　土的膨胀是指黏性土体在浸水过程中体积增大的现象。所谓膨胀率，是指试样在无荷载或有特定荷载并有侧限条件下浸水后的竖向膨胀量（试样稳定后高度与初始高度之差）与试样初始高度之比，用百分数表示。膨胀含水率是指土样在膨胀稳定后的含水率。根据加载条件，膨胀率试验可分为无荷载膨胀率试验和有荷载膨胀率试验。

膨胀率试验的目的是测定原状黏性土或扰动黏性土在无荷载或有特定荷载并有侧限条件下的膨胀率和膨胀含水率，以评价建筑物地基的膨胀性质或黏性土的膨胀势能。

1. 仪器设备

（1）膨胀仪或固结仪（图1.23）。加压上盖应为轻质材料并带护环，且应附加荷设备，试验前必须率定不同压力下的仪器变形量。

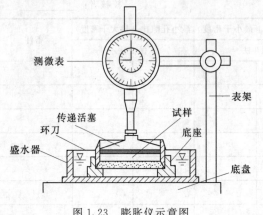

图1.23　膨胀仪示意图

（2）环刀。直径为61.8mm或79.8mm，高度为20mm。

（3）位移计。量程10mm、最小分度值0.01mm的百分表或准确度为全量程0.2%的位移传感器。

（4）其他。天平、烘箱、干燥器、秒表、毛玻璃板、修土刀、钢丝锯、盛水器、蒸发皿等。

2. 操作步骤

（1）有荷载膨胀率试验：

1）按工程需要切取原状土试样或制备成所需状态的扰动试样，整平其两端，放在毛玻璃板上，将环刀刃口向下压入土样，边压边修，直至土样进入环刀内厚度超过2cm时为止。

2）用钢丝锯或修土刀将环刀两端的土面修平，制成厚度为2cm的试样。擦净环刀外壁，称环刀和土总质量，精确至0.01g。

3）在固结容器内放置护环、透水石和薄型滤纸，将带有试样的环刀装入护环内，放上导环，试样上依次放上薄型滤纸、透水石和加压上盖，并将固结容器置于加压框架正中，使加压上盖与加压框架中心对准，安装位移计，施加1kPa的预压力使试样与仪器上下各部件之间充分接触，将位移计调整到零位或测读初读数。

4）分级或一次连续施加所要求的荷载（为了使土体在受压时有个时间间歇，同时避免荷重太大产生冲击力），一般指上覆土质量或上覆土加建筑物附加荷载，直至变形稳定，测记位移计读数，变形稳定标准为每小时变形不超过0.01mm。再将纯水慢慢地（为了便于试样排气）注入仪器底座的水盆中，使水自下而上地进入试样，并使盆内水面保持高出试样5mm，以保证试样始终浸在水中。

5）浸水后每隔2h测记读数一次，直至两次读数差值不超过0.01mm时膨胀稳定，测记位移计读数。但需要注意的是，在试验过程中判断试样变形是否稳定时，要防止因试样含水率过高或荷载过大产生的假稳定（一般可通过实测试样试验前、后的含水率，根据计算的孔隙比和饱和度推断试样是否已充分吸水膨胀稳定）。

6）试验结束，吸去容器中的水，卸除荷载，取出试样，称试样质量，并测定膨胀后试样的含水率和孔隙比。

7）膨胀率与土的自然状态关系非常密切，初始含水率、干密度都直接影响试验成果，为了防止透水石的水分影响初始读数，要求先将透水石烘干，再埋置在切削试样剩余的碎土中 1h，使其大致具备与试样相同的湿度。

（2）无荷载膨胀率试验。无荷膨胀率试验与有荷膨胀率试验相比，其操作步骤基本相同，但无荷膨胀率不进行前述有荷膨胀率试验中的步骤 4）。

3. 成果整理

（1）按式（1.55）计算任一时间的无荷载膨胀率：

$$\delta_e = \frac{R_t - R_0}{h_0} \times 100\% \tag{1.55}$$

式中　δ_e——时间 t 时的无荷载膨胀率，%；

　　　h_0——试样初始高度，mm；

　　　R_t——时间 t 时的位移计读数，mm；

　　　R_0——试验开始时的位移计读数，mm。

（2）按式（1.56）计算压力 p 下的膨胀率：

$$\delta_{ep} = \frac{R_p + \lambda - R_0}{h_0} \times 100\% \tag{1.56}$$

式中　δ_{ep}——在压力 p 作用下的膨胀率，%；

　　　R_p——在压力 p 作用下膨胀稳定后的位移计读数，mm；

　　　R_0——压力为零时的位移计读数，mm；

　　　λ——在压力 p 作用下的仪器压缩变形量，mm。

（3）以时间为横坐标，以膨胀率为纵坐标，绘制膨胀率与时间的关系曲线。

（4）分别计算试验前和膨胀稳定后的含水率和孔隙比。

4. 试验记录

膨胀率试验记录见表 1.30。

1.9.2 膨胀力试验

膨胀力是指土体在吸水膨胀时所产生的最大内应力，膨胀力试验是测定试样在体积不变时，由于吸水膨胀而产生的竖向最大的内应力。

膨胀力试验的目的是测定原状试样或击实试样的膨胀力，用于估计膨胀土的膨胀力对建筑物基础结构的影响。当不允许土体发生膨胀时，有些黏性土会产生很大的膨胀力，可达 1600kPa，常使建筑物和路面等遭到严重破坏，因而对于膨胀力的测定是有实际工程意义的。

在室内测定膨胀力有多种方法，但国内外采用最多的是以外力平衡内力方法，即加荷平衡法。

1. 仪器设备

（1）杠杆加荷或滚动隔膜气压加荷式应力控制固结仪，主要由固结容器、加压设备及变形量测设备等组成。

（2）环刀。直径为 61.8mm 或 79.8mm，高 20mm。

（3）密度和含水率测定设备。

表 1.30　　　　　　　　　　　　　膨 胀 率 试 验 记 录 表

仪器编号：_____　　　　　　　　　　　　　　　　　　　试验者：_____

试样编号：_____　　　　　　　　　　　　　　　　　　　计算者：_____

仪器编号：_____　　　　　　　试验日期：_____　　　校核者：_____

项目		试验状态		膨胀量测定			
		试验前	试验后	测定时间/(时:分)	经过时间/min	量表读数/0.01mm	膨胀率/%
环刀编号							
环刀加湿土质量/g	(1)						
环刀加干土质量/g	(2)						
环刀质量/g	(3)						
湿土质量/g	(4)	(1)－(3)	(1)－(3)				
干土质量/g	(5)		(2)－(3)				
含水率/%	(6)	$\left[\frac{(4)}{(5)}-1\right]\times100$	$\left[\frac{(4)}{(5)}-1\right]\times100$				
试样体积/cm³	(7)	V_1	$V_1(1+V_h)$				
试样密度/(g/cm³)	(8)	$\frac{(4)}{(7)}$	$\frac{(4)}{(7)}$				
干密度/(g/cm³)	(9)	$\frac{(5)}{(7)}$	$\frac{(5)}{(7)}$				
土粒比重	(10)						
孔隙比	(11)	$\frac{(10)}{(9)}-1$					

注　V_h 为膨胀体积。

（4）其他。位移计、纯水、仪器变形量校正块等。

2. 操作步骤

（1）按固结试验同样的方法与步骤，用环刀先切取原状土样或人工制备土样。

（2）测定土样的含水率和湿密度。

（3）将带试样的环刀装入固结容器内，对准加荷力点的中心调整杠杆平衡或起始零点。

（4）从试样容器的底部自下而上地注入纯水，并使其水面超过试样顶面 5mm。

（5）当百分表指针顺时针方向转动时，说明试样开始吸水膨胀，立即施加适当的平衡荷载，直至位移计读数仍回到初读数，加荷时，要避免冲击力。

（6）试样的膨胀量随时间而增长，因此也需要不断地施加荷重。当施加的荷载足以使仪器产生变形时，在施加下一级平衡荷载时，百分表指针应逆时针转动一个等于仪器变形量的数值。

（7）当间隔 2h 未增加荷重且试样不再膨胀时（在施加荷重后使百分表指针沿逆时针方向刚好达到仪器变形量的数值时，即认为试样在该级荷载下达到稳定标准，允许膨胀量不应大于 0.01mm），记录施加的平衡荷载。

（8）试验结束后，吸去容器内水，卸除荷载，取出试样，称试样质量，并测定含水率。

3. 成果整理

按式（1.57）计算膨胀力：

$$P_e = \frac{W}{A} \times 10 \tag{1.57}$$

式中　P_e——膨胀力，kPa；

　　　W——施加在试样上的总平衡荷载，按杠杆比或实重计算，N；

　　　A——试样面积，cm^2；

　　　10——单位换算系数。

4. 试验记录

膨胀力试验记录见表 1.31。

表 1.31　　　　　　　　　　　　　膨 胀 力 试 验 记 录 表

工程名称：_____　　　　　　　　　　　　　　　　　试验者：_____

试样编号：_____　　　　　　　　　　　　　　　　　计算者：_____

仪器编号：_____　　　　　　　　　　　　　　　　　校核者：_____

试验日期：_____

项目		试 样 状 态				膨 胀 力 测 定			
		试验前		试验后		测定时间/（时：分：秒）	平衡荷重/N	压力/kPa	仪器变形量（0.01mm）
		公式	数值	公式	数值				
环刀编号									
环刀加湿土质量/g	(1)								
环刀加干土质量/g	(2)								
环刀质量/g	(3)								
湿土质量/g	(4)	(1)－(3)		(1)－(3)					
干土质量/g	(5)			(2)－(3)					
含水率/%	(6)	[(4)/(5)－1]×100		[(4)/(5)－1]×100					
试样体积/cm³	(7)	V_1		$V_1(1+V_h)$					
试样密度/（g/cm³）	(8)	(4)/(7)		(4)/(7)					
干密度/（g/cm³）	(9)	(5)/(7)		(5)/(7)					
土粒比重	(10)								
孔隙比	(11)	[(10)/(9)]－1							
备注									

注　V_h 为膨胀体积。

1.9.3　收缩试验

收缩是指土样在天然状态下失水体积收缩的一种现象。失水收缩通常有三个阶段:第一阶段,土体收缩与含水率减少成正比,即直线收缩阶段,其斜率为收缩系数;第二阶段,即曲线过渡阶段。在这个阶段,随着含水率的减少,土体收缩率愈来愈小,但随土质不同,曲线的曲率各异;第三阶段为近水平直线阶段,此时随含水率继续减小,但土体体积基本上不再收缩或收缩甚微。

第一阶段和第二阶段的界限含水率称收缩含水率或收缩比例极限值,它与土的塑限相近;第二阶段和第三阶段的界限含水率是原状土的理论缩限含水率。单向收缩量与试样原高度的比值或单向收缩量与试样原直径的比值称线缩率。土体收缩达稳定时的体积收缩量与试样原体积的比值称体缩。在第一阶段内含水率每减少1‰时的线收缩率称收缩系数。

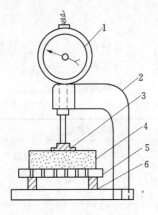

图1.24　收缩仪示意图

1—量表;2—支架;3—测板;
4—试样;5—多孔板;6—垫块

收缩试验的目的是测定原状土和击实黏土在自然风干条件下的线缩率、体缩率和收缩系数等收缩指标。

1. 仪器设备

(1) 收缩仪 (图1.24)。多孔板上小孔的面积为整板面积的50%以上。

(2) 环刀。直径为61.8mm,高度20mm。

(3) 其他。百分表、推土块、凡士林、天平、干燥缸、烘箱、修土刀、钢丝锯等。

2. 操作步骤

(1) 用环刀切取试样,用推土块将试样从环刀内推出(当试样不紧密时,应采用风干脱环法),置于多孔板上,称试样和多孔板的质量,精确至0.1g。

(2) 装好测量用的百分表,调整和记下初读数。

(3) 使试样在不高于30℃的常温下风干,根据试样含水率大小及收缩速度的快慢,每隔1~4h测记百分表读数,并称整套装置和试样质量,精确至0.1g,然后将百分表调至称量前的读数。2d后,每隔6~24h测记百分表读数并称质量,直至两次百分量表读数基本不变为止。注意,在称质量时应保持百分表读数不变,在收缩曲线的1阶段内,应取得不少于4个数据。但要注意,在炎热、干燥气候下,测点要加密,晚上无人值班时,可用塑料薄膜罩上,以减少水分蒸发。

(4) 试验结束,取出试样,称量并在105~110℃温度下烘至恒重,冷却后称干土质量,精确至0.1g,并用蜡封法测定烘干试样体积。

3. 成果整理

(1) 按式 (1.58) 计算收缩过程中不同时间的含水率:

$$\omega_i = \frac{m_i - m_2}{m_2 - m_0} \times 100\% \tag{1.58}$$

式中　ω_i——某时刻试样的含水率,%;

　　　m_0——多孔板质量,g;

m_i——某时刻试样加多孔板质量，g；

m_2——试样烘干后与多孔板质量，g。

（2）按式（1.59）和式（1.60）计算线缩率和体缩率：

$$\delta_{si} = \frac{z_i - z_0}{h_0} \times 100\%　\qquad (1.59)$$

$$\delta_v = \frac{V_0 - V_1}{V_0} \times 100\%　\qquad (1.60)$$

式中　δ_{si}——试样在某时刻的线缩率，%；

z_i——某时刻的百分表读数，mm；

z_0——百分表初始读数，mm；

h_0——试样初始高度，mm；

δ_v——试样的体缩率，%；

V_0——试样初始体积，cm^3；

V_1——试样烘干后的体积，cm^3。

（3）按式（1.61）计算收缩系数：

$$\lambda_s = \frac{\Delta\delta_{si}}{\Delta\omega}　\qquad (1.61)$$

式中　λ_s——竖向收缩系数；

$\Delta\delta_{si}$——与 $\Delta\omega$ 相对应的两点线缩率之差，%；

$\Delta\omega$——收缩曲线上第Ⅰ阶段两点的含水率之差，%。

4. 试验记录

原状土收缩试验记录见表 1.32。

表 1.32　　　　　　　　　　原状土收缩试验记录表

工程名称：＿＿＿＿＿＿　　　　　　　　　　　　试验者：＿＿＿＿＿＿

土样编号：＿＿＿＿＿＿　　　　　　　　　　　　计算者：＿＿＿＿＿＿

仪器编号：＿＿＿＿＿＿　　　　　　　　　　　　校核者：＿＿＿＿＿＿

　　　　　　　　　　　　　　　　　　　　　　　　日　期：＿＿＿＿＿＿

时间 /（时:分）	百分表读数 /0.01mm	单向收缩 /mm	线缩率 /%	试样质量 /g	水质量 /g	含水率 /%

1.9.4　有机质试验

土中的有机质主要是指碳、氢、氮、氧及少量的硫、磷和金属元素等组成的有机化合物。土中有机质含量多少对土的性质有着直接的影响，有机质含量是评价土质的重要指标之一。

测定土中有机质的方法很多，如质量法、容量法、比色法、双氧水氧化法、烧灼减量法等，其中重铬酸钾容量法是测定比较通用的方法，该方法是通过强氧化剂重铬酸钾加热来氧化有机质，以氧化剂的消耗量求出有机质的量。由于重铬酸钾的氧化能力有一定限度，所以，当土中有机质含量高于15％是不适用的。

当土中含有大量粗有机质，也可采用烧灼减量法估计土中有机质的含量，但该方法不适用于含碳酸盐剂结晶水过多的土。

1.9.4.1　重铬酸钾容量法

重铬酸钾容量法就是在硫酸性溶液中，以过量的重铬酸钾来氧化有机质，剩余的重铬酸钾则用硫酸亚铁滴定，由消耗的重铬酸钾量计算出有机质的量。

重铬酸钾容量法具有操作简便、快速、再现性好，不受大量碳酸盐存在的干扰，设备简单，适合于批量试样的试验，目前在土工试验中已广泛采用。但是根据有关资料，采用此法测得土体有机质含量常偏低，一般只有有机质实际含量的90％左右。

1. 仪器设备

（1）称量200g，最小分度值0.0001g的天平。

（2）内盛植物油并带铁丝笼的油浴锅。

（3）烘箱、电炉等加热设备。

（4）其他。温度计（量程0～200℃，分度值0.5℃）、试管、锥形瓶、滴定管、小漏斗、洗瓶、玻璃棒、容量瓶、干燥器、0.15mm筛子等。

2. 试剂

（1）试剂制备：

1）重铬酸钾标准溶液。称取经105～110℃烘干并研细的重铬酸钾（$K_2Cr_2O_7$）44.1231g，溶于800mL纯水中（必要时可加热），在不断搅拌下，缓慢地加入浓硫酸1000mL，冷却后倒入2000mL容量瓶中，用纯水稀释至刻度，此标准溶液的浓度为：$c_K = 0.075mol/L$。

2）硫酸亚铁标准溶液。称取硫酸亚铁（$FeSO_4 \cdot 7H_2O$）56g（或硫酸亚铁铵80g），溶于适量纯水中，加3mol/L（H_2SO_4）溶液30mL，然后用纯水稀释至1L。

3）邻菲罗啉指示剂。称取邻菲罗啉1.845g和硫酸亚铁0.695g溶于100mL纯水中，密封保存于棕色瓶中。

（2）硫酸亚铁标准溶液标定。量取3份10mL重铬酸钾标准溶液，分别置于锥形瓶中，并用纯水各稀释至约60mL，再分别加入邻菲罗啉指示剂3～5滴，用硫酸亚铁标准溶液进行滴定，使溶液由黄色经绿色突变至橙红色为止，并记录其用量。3份平行误差不得超过0.05mL，取算术平均值。按式（1.62）计算硫酸亚铁标准溶液的准确浓度为

$$c_F = \frac{c_K V_K}{V_F} \tag{1.62}$$

式中　c_F——硫酸亚铁的浓度，mol/L，计算至0.0001mol/L；

V_F——滴定硫酸亚铁用量，mL；

c_K——重铬酸钾浓度，mol/L；

V_K——重铬酸钾用量，mL。

3. 操作步骤

（1）当试样中含有机碳小于 8mg 时，称取已除去植物根并通过 0.15mm 筛的风干试样 0.1～0.5g，放入干燥的试管底部，用滴定管缓慢滴入重铬酸钾标准溶液 10mL，摇匀，并在试管口插一小漏斗。

（2）将试管插入铁丝笼中，放入 190℃ 左右的油浴锅内，试管内的液面应低于油面。温度应控制在 170～180℃ 的范围，从试管内溶液沸腾时开始计时，煮沸 5min，取出稍冷。

（3）将试管内溶液倒入锥形瓶中，用纯水洗净试管底部，并使试液控制在 60mL，加入邻菲罗啉指示剂 3～5 滴，用硫酸亚铁标准溶液滴定，当溶液由黄色经绿色突变至橙红色时为止。记下硫酸亚铁标准溶液的用量，准确至 0.05mL。

（4）试验同时，按步骤（1）～（3），以纯砂代替试样进行空白试验。

4. 成果整理

按式（1.63）计算有机质含量：

$$O_m = \frac{c_F(V'_F - V_F) \times 0.003 \times 1.724 \times (1 + 0.01\omega) \times 100}{m_s} \qquad (1.63)$$

式中　O_m——有机质含量，%，计算准确至 0.01%；

$\quad\ c_F$——硫酸亚铁标准溶液浓度，mol/L；

$\quad\ V'_F$——空白滴定硫酸亚铁用量，mL；

$\quad\ V_F$——试样测定硫酸亚铁用量，mL；

$\quad\ \omega$——风干试样含水率，%；

$\quad\ m_s$——风干试样质量，g；

0.003——1/4 硫酸亚铁标准溶液浓度时的摩尔质量，kg/mol；

1.724——有机碳换算成有机质的因数。

5. 试验记录

重铬酸钾容量法有机质试验记录见表 1.33。

表 1.33　　　　　　　　　有机质试验记录表（重铬酸钾容量法）

工程名称：＿＿＿＿＿＿＿＿　　　　　　　　　　　　　　试验者：＿＿＿＿＿＿

试验方法：　重铬酸钾容量法　　　　　　　　　　　　　　计算者：＿＿＿＿＿＿

试验日期：＿＿＿＿＿＿＿＿　　　　　　　　　　　　　　校核者：＿＿＿＿＿＿

试样编号	烘干土质量 m_d /g	重铬酸钾标准溶液			硫酸亚铁标准溶液			有机质含量/%	
		浓度 c_K /(mol/L)	用量 V_K /mL	空白滴定用量 V/mL	浓度 c_F /(mol/L)	用量 V_F /mL	空白滴定用量 V'_F/mL	计算值	平均值

1.9.4.2　烧灼减量法

烧灼减量法为烘干土在 550℃ 高温下烧灼至恒量时的烧灼减量与烘干土质量的比值。

采用烧灼减量法测量土体内的有机质含量时，灼烧的结果不仅烧去有机质，而且还烧去结合水和挥发性盐类，从而使测定结果偏高。测试结果偏高的程度与土中存在的结合水和挥发性盐类的多少有很大关系，通常比容量法可高出数十倍不等，因此一般不采用。只有当土中含有大量粗有机质时，在一定条件下，才可考虑采用灼烧减量法。

1. 仪器设备

（1）自动控制温度的高温电炉。

（2）可保持 105～110℃ 的恒温烘箱。

（3）容积 20mL 的磁坩埚。

（4）其他。感量 0.001g 或 0.001g 的天平、干燥器、牛角匙，坩埚夹等。

2. 操作步骤

（1）称取过 0.5mm 筛的烘干试样 2g 左右，放在已知质量的坩埚中称重，精确至 0.001g 或 0.0001g。

（2）将烘干试样放在高温电炉中，在 550℃ 烧灼下至恒重（每次烧灼时间约为 0.5h 左右）。

（3）然后在干燥器中冷却至室温再称量，精确至 0.001g 或 0.0001g。

3. 成果整理

按式（1.64）计算烧灼减量：

$$烧灼减量 = \frac{m_1 - m_2}{m_1 - m_0} \times 100\% \tag{1.64}$$

式中　m_1——在 110℃ 下烘至恒重时，坩埚加土盒质量，g；

　　　m_2——在 550℃ 高温下烧灼后，坩埚加土盒质量，g；

　　　m_0——坩埚质量，g。

4. 试验记录

烧灼减量法有机质试验记录见表 1.34。

表 1.34　　　　　　　　　有机质试验记录表（烧灼减量法）

工程编号：_____　　　　　　　　　　　　　　试验者：_____

钻孔编号：_____　　　　　　　　　　　　　　计算者：_____

土样编号：_____　　　　　　　　　　　　　　校核者：_____

坩埚号	坩埚质量 /g	坩埚加灼前土质量/g	坩埚加灼后土质量/g	烧灼减量 /g	烘干土质量 /g	烧灼减量 /%	平均值

1.9.5　黄土湿陷试验

1.9.5.1　黄土的湿陷性

黄土类土是我国地域分布最广的一种特殊性土类，它是第四纪时期干旱和半干旱条件下形成的一种特殊堆积物，包括原生黄土、次生黄土、黄土状土及新近堆积黄土。黄土类土的主要特征为：颜色以黄为主，有灰黄、褐黄等；含有大量粉粒（0.075～0.005mm），含量一般在 55％以上；具有肉眼可见的大孔隙，孔隙比在 1.0 左右；富含碳酸盐类；垂直节理发育，常呈直立的陡壁。

湿陷性黄土是指黄土在一定压力下受水浸湿后，土结构迅速破坏，并产生显著附加下沉的黄土（湿陷系数 δ_{wp} 不小于 0.015）。湿陷性黄土又可分为自重湿陷性和非自重湿陷性两类。自重湿陷性黄土是指土层浸水后在土层自重作用下也能发生湿陷的黄土。

1. 黄土的湿陷性评价指标

（1）黄土的变形特性及湿陷性系数。黄土的压缩变形，根据作用因素的不同，可分为以下三种：

1）压缩变形。指浸水前黄土在压力作用下的竖向变形。

2）湿陷变形。指黄土在压力和浸水共同作用下，由于结构破坏而产生的竖向变形，一般变形量大而且产生迅速。

3）渗透溶滤变形。指黄土在压力和渗透水长期作用下，主要由于盐类溶滤和湿陷后剩余孔隙继续压密而产生的湿陷变形，实际上是湿陷变形的继续，一般很缓慢，在水工建筑物地基是常见的。溶滤变形系数是水工建筑物施工和运用阶段所要求的湿陷性指标，一般在实际荷重下进行试验，浸水后长期渗透求得溶滤变形。

（2）黄土的湿陷起始压力。黄土的湿陷量是压力的函数，实际上存在着一个压力界限值，当压力低于这个数值，即使浸水黄土也只产生压缩变形，而不会出现湿陷现象，这个界限值称为湿陷起始压力 p_{sh}。湿陷起始压力的确定具有较大的实用意义，如在设计时，可以有意识地选择基础的底面尺寸及埋深，使基底总压力（自重应力与附加应力之和）不超过湿陷起始压力，如此可以避免湿陷的可能性。

起始压力的大小可以在压力 p 与湿陷系数 δ_{wp} 的关系曲线上求得，并根据曲线形态和工程实践经验而定。通常在 p-δ_{wp} 曲线上取湿陷系数 δ_{wp} 值为 0.01～0.02 之间的某一个数值所对应的压力为湿陷起始压力，对于湿陷性强的土层，宜取 $\delta_{wp} \leqslant 0.015$ 所对应的压力作为湿陷起始压力。

（3）湿陷性评价。黄土的湿陷性是根据湿陷性系数的大小作出评价的。湿陷性系数中的压力 p 应与黄土实际受到的压力相当，或取可能发生最大湿陷量时的压力，该压力自基础底面算起。这个压力下，当湿陷系数 $\delta_{wp} < 0.015$ 时，一般定为非湿陷性黄土；当 $\delta_{wp} \geqslant 0.015$ 时，一般定为湿陷性黄土。按湿陷系数 δ_{wp} 可进一步把湿陷性黄土分为三类，当 $\delta_{wp} < 0.03$ 时为弱湿陷性黄土；当 $\delta_{wp} = 0.03$～0.07 时为中等湿陷性黄土；当 $\delta_{wp} > 0.07$ 时为强湿陷性黄土。

2. 黄土的湿陷性等级

在没有外荷载的作用下，浸水后也会迅速发生剧烈湿陷现象的黄土，称为自重湿陷性黄土。在这类地基上进行工程活动时，即使很轻的建筑物也会发生大量的沉降。而非自重湿陷性黄土地区，就不会出现这种情况。因此可根据自重压力下的湿陷量，对黄土地基进行评价。

（1）自重湿陷量 Δ_{zs} 计算。自重湿陷量 Δ_{zs} 可按自重压力下的湿陷系数进行计算：

$$\Delta_{zs} = \beta_0 \sum_{i=1}^{n} \delta_{zsi} h_i \qquad (1.65)$$

式中　δ_{zsi}——第 i 层土样所对应于自重应力下的湿陷系数；

　　　h_i——第 i 层土的厚度；

　　　n——计算厚度内湿陷性土层的数目；

　　　β_0——修正系数，陕西地区取 1.50；陇东-陕北-晋西地区取 1.20；关中地区取 0.90；其他地区取 0.50。

总计算厚度应从天然地面算起，当挖填方厚度及面积较大时，应从设计地面算起，至其下全部湿陷性黄土的底面为止。

根据自重湿陷量，场地的湿陷类型可划分为两类：当自重湿陷量 $\Delta_{zs} > 7\text{cm}$ 时，应判断为自重湿陷性地区；当自重湿陷量 $\Delta_{zs} \leqslant 7\text{cm}$ 时，应判断为非自重湿陷性地区。场地的湿陷类型的划分，还可以参照湿陷起始压力进行判定，如果基底下各层土的湿陷起始压力都大于上覆土的自重压力，则可判定为非自重湿陷性黄土。

（2）按自重应力和附加应力计算总湿陷量 Δ_s：

$$\Delta_s = \sum_{i=1}^{n} \beta \delta_{si} h_i \qquad (1.66)$$

式中　δ_{si}——第 i 层土在规定压力 200kPa 或 300kPa 时的湿陷系数；

　　　h_i——第 i 层土的厚度；

　　　β——修正系数，基底下 0～5m 深度内取 1.50；基底下 5～10m 深度内取 1.0；基底下 10m 以下至非湿陷性黄土层顶面，在自重湿陷性黄土场地可取工程所在地区 β_0 值。

计算总湿陷量时，土层厚度从基础底面算起。对于非自重湿陷地区，则累计到基底下5m 或压缩层为止；对于自重湿陷地区应算到非湿陷性土层为止。

3. 湿陷程度分级

湿陷性黄土地区的湿陷程度可根据自重湿陷量和总湿陷量大小进行评价，见表 1.35。

表 1.35　　　　　　　　　湿陷性黄土地基的湿陷程度等级

总湿陷量/cm	湿陷类型		
	非自重湿陷地基	自重湿陷地基	
	$\Delta_{zs} \leqslant 7$	$7 < \Delta_{zs} \leqslant 35$	$\Delta_{zs} > 35$
$\Delta_s \leqslant 30$	Ⅰ（轻微）	Ⅱ（中等）	—
$30 < \Delta_s \leqslant 70$	Ⅱ（中等）	Ⅱ（中等）或Ⅲ（严重）	Ⅲ（严重）
$\Delta_s > 70$	Ⅱ（中等）	Ⅲ（严重）	Ⅳ（很严重）

注　当湿陷量的计算值 $\Delta_s > 60\text{cm}$、自重湿陷量的计算值 $\Delta_{zs} > 30\text{cm}$ 时，可判为Ⅲ级，其他情况可判为Ⅱ级。

湿陷性黄土地基一般不进行沉降计算，只是计算自重湿陷量就可以了。在计算总湿陷量时，假定在规定压力下充分浸水后可能发生的湿陷变形值，它只概略地反映地基的湿陷严重程度，并不代表建筑物的沉降量。对于新近堆积的黄土，除了计算自重湿陷量外，还应计算地基的压缩变形量。

1.9.5.2　试验方法

黄土湿陷试验，根据工程要求可分为黄土湿陷系数试验、自重湿陷系数试验和湿陷起始压力试验。

黄土湿陷试验所用的仪器设备为固结仪，但环刀内径为 79.8mm，使用前应将环刀洗净风干，加荷前应将环刀试样保持天然湿度。透水石应烘干冷却，试验所用的滤纸及透水石的湿度应接近试样的天然湿度，对于从同一土样中制备的试样，其密度的允许差值为 0.03g/cm³。

黄土湿陷试验的变形稳定标准为每小时变形不大于 0.01mm；对于渗透溶滤变形，由于变形特性除粒间应力引起的缓慢塑性变形以外，也取决于长期渗透时盐类溶滤作用，故溶滤变形稳定标准一般取每 3d 变形不大于 0.01mm。

1.9.5.3　湿陷系数试验

1. 操作步骤

（1）试样的制备和安装见项目 2 中固结试验部分。

（2）确定需要施加的各级压力，压力等级可分为 50kPa、100kPa、150kPa、200kPa，大于 200kPa 后每级压力为 100kPa。最后一级压力应按取土的深度而定，从基础底面（如基底标高不确定时，自地面下 1.5m）算起至 10m 深度以内，压力为 200kPa；10m 以下至非湿陷土层顶面，为其上覆土的饱和自重压力，但若上覆土的饱和自重压力大于 300kPa 时，仍采用 200kPa；当基底压力大于 300kPa 时或有特殊要求的建筑物，则按实际压力确定。但需注意的是，对压缩性较高的新近堆积黄土，基底下 5m 以内的土层宜用 100~150kPa 压力，5~10m 和 10m 以下至非湿陷性黄土层顶面，应分别用 200kPa 和上覆土的饱和自重压力。

（3）施加第一级压力后，每隔 1h 测定一次变形读数，直至试样变形达到稳定标准为止。

（4）试样在第一级压力下变形稳定后，施加第二级压力，如此类推。

（5）试样在规定浸水压力下变形稳定后，向容器内自上而下或自下而上注入纯水，水面宜高于试样顶面，使试样浸水，每隔 1h 测记一次变形读数，直至试样变形达到稳定标准为止。

（6）测记试样浸水变形稳定读数后，按固结试验部分的相应步骤拆卸仪器及试样。

2. 湿陷系数计算

按式（1.67）计算湿陷变形系数：

$$\delta_s = \frac{h_1 - h_2}{h_0} \tag{1.67}$$

式中　δ_s——湿陷变形系数；

h_1——在某级压力下试样变形稳定后的高度，mm；

h_2——在某级压力下试样浸水湿陷变形稳定后的高度，mm。

3. 试验记录

黄土湿陷系数试验记录见表 1.36。

表 1.36　　　　　　　　　　　**黄土湿陷试验记录表**

工程名称：＿＿＿＿＿　　　　试样含水率：＿＿＿＿＿　　　　试验者：＿＿＿＿＿

试样编号：＿＿＿＿＿　　　　试样密度：＿＿＿＿＿　　　　计算者：＿＿＿＿＿

仪器编号：＿＿＿＿＿　　　　土粒比重：＿＿＿＿＿　　　　校核者：＿＿＿＿＿

试验方法：＿＿＿＿＿　　　　试样初始高度：＿＿＿＿＿ mm

压力/kPa											浸水湿陷		浸水溶滤	
	时间	读数	时间	读数	时间	读数	时间	读数	时间	读数	时间	读数	时间	读数
变形读数 /mm														
总变形量														
仪器变形量														
试样变形量														
试样高度														
	自重湿陷系数 $\delta_{zs}=\dfrac{h_z-h_z'}{h_0}$				湿陷变形系数 $\delta_s=\dfrac{h_1-h_2}{h_0}$					溶滤变形系数 $\delta_{wt}=\dfrac{h_2-h_3}{h_0}$					

1.9.5.4　自重湿稳系数试验

1. 操作步骤

（1）试样的制备和安装同项目 2 中固结试验部分。

（2）施加试样所处的上覆土层的饱和自重压力（土的饱和自重压力应分层计算，且以工程地质勘察分层为依据），当上覆土饱和自重压力不大于 50kPa 时，可一次施加；当上覆土饱和自重压力大于 50kPa 时，应分级施加，每级压力不大于 50kPa，且每级压力时间不少于 15min，如此连续加压至上覆土饱和自重压力。

（3）加压后，每隔 1h 测记一次变形读数，直至试样变形达到稳定标准为止。

（4）向容器内注入纯水，水面应高出试样顶面，每隔 1h 测记一次变形读数，直至试样浸水变形达到稳定标准为止。

（5）测记试样浸水变形稳定读数后，按固结试验部分的相应步骤拆卸仪器及试样。

2. 自重湿陷系数计算

按式（1.68）计算自重湿陷系数：

$$\delta_{zs}=\frac{h_z-h_z'}{h_0} \tag{1.68}$$

式中　δ_{zs}——自重湿陷系数；

　　　h_z——在饱和自重压力下试样变形稳定的高度，mm；

h'_z——在饱和自重压力下试样浸水湿陷变形稳定后的高度，mm。

3. 试验记录

黄土自重湿陷系数试验记录见表 1.37。

表 1.37　　　　　　　　　　黄土湿陷性试验记录（自重湿陷系数）

工程名称：_____　　　　　　　　　　　　　　　　试验者：_____

试样编号：_____　　　　　　　　　　　　　　　　计算者：_____

试验日期：_____　　　　　　　　　　　　　　　　校核者：_____

试样编号_____　　　　　　　　　　　　　　环刀号_____

仪器号_____　　　　　　　　　　　　　　试样初始高度_____mm

层数	饱和自重压力计算							试验测试		
	密度 /(g/cm³)	含水率 /%	比重	孔隙度 /%	饱和密度 /(g/cm³)	层厚 /m	土层自重 /kPa	经过时间 /min	百分表读数/mm	
									自重压力 /kPa	浸水
	(1)	(2)	(3)	$(4)=1-\dfrac{(1)}{(3)\times[1+(2)]}$	$(5)=\dfrac{(1)}{1+(2)}+0.85\times(4)$	(6)	$(7)=9.81\times(6)\times(5)$	(8)	(9)	(10)
								稳定读数		
	自重压力/kPa　∑(7)							自重湿陷系数		

1.9.5.5　湿陷起始压力试验

测定湿陷起始压力（或不同压力下的湿陷系数），国内外都沿用单线、双线两种方法。从理论上和试验结果来说，单线法比双线法更适用于黄土变形的实际情况，如果土质均匀可以得出良好的结果；双线法简便，工作量少，但与变形的实际情况不完全符合。目前，国内外相关规范大多规定单线法、双线法并列，供试验人员根据实际情况选用。进行双线法时，保持天然湿度施加压力的试样，在完成最后一级压力后仍要求浸水测定湿陷系数，其目的在于与浸水条件下最后一级压力的湿陷系数比较，以便二者进行校核。

1. 操作步骤

（1）湿陷起始压力试验可用单线法或双线法，单线法切取 5 个环刀试样，双线法切取 2 个环刀试样。试样的制备和安装同前述固结试验部分。

（2）单线法试验。对 5 个试样均在天然湿度下分级加压，分别加压至不同的规定压力，施加第 1 级压力后，每隔 1h 测定一次变形读数，直至试样变形达到稳定标准为止，然后再施加第 2，第 3，…级压力。试样在规定的浸水压力下变形稳定后，向容器内自上而下或自下而上注入纯水，水面宜高于试样顶面，使试样浸水，每隔 1h 测记一次变形读数，直至试样达到湿陷变形稳定为止。

（3）双线法试验。一个试样在天然湿度下分级加压，与单线法相同方法进行试验，直至湿陷变形稳定为止；另一个试样在天然湿度下施加第一级压力后浸水，在第 1 级压力下湿陷稳定后，再分级加压，直至试样在各级压力下浸水变形稳定为止。当天然湿度的试样，在最后一级压力下浸水饱和，附加下沉稳定后的高度与浸水饱和试样在最后一级压力下的下沉稳定后的高度不一致，且相对差值不大于20％时，应以前者的结果为准，对浸水饱和试样的试验结果进行修正；如相对差值大于20％时，应重做试验。

（4）压力的等级，在150kPa以内，每级增量为25～50kPa；150kPa以上，每级增量为50～100kPa。

（5）测记试样浸水变形稳定读数后，按固结试验部分的相应步骤拆卸仪器及试样。

2. 湿陷起始压力计算

按式（1.69）计算各级压力下的湿陷系数：

$$\delta_{sp} = \frac{h_{pn} - h_{pw}}{h_0} \tag{1.69}$$

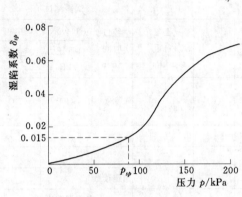

图1.25　压力与湿陷系数关系曲线

式中　δ_{sp}——各级压力下的湿陷系数；

h_{pw}——在各级压力下试样浸水变形稳定后的高度，mm；

h_{pn}——在各级压力下试样变形稳定后的高度，mm。

以压力 p 为横坐标、湿陷系数 δ_{sp} 为纵坐标，绘制压力与湿陷系数关系曲线（图1.25），湿陷系数为0.015所对应的压力即为湿陷起始压力。

3. 试验记录

黄土湿陷起始压力试验记录见表1.38。

表1.38　　　　　　黄土湿陷性试验记录（湿陷起始压力）

工程名称：＿＿＿＿＿＿　　　　　　　　　　　　试验者：＿＿＿＿＿＿

试样编号：＿＿＿＿＿＿　　　　　　　　　　　　计算者：＿＿＿＿＿＿

试验日期：＿＿＿＿＿＿　　　　　　　　　　　　校核者：＿＿＿＿＿＿

试样编号：	环刀号：		试样初始高度：（mm）				环刀号：		试样初始高度：（mm）			
经过时间/min	天然状态		（仪器号：　）				浸水状态		（仪器号：　）			
	50(25)/kPa	100(50)/kPa	150(75)/kPa	200(100)/kPa	250(150)/kPa	300(200)/kPa	浸水	50(25)/kPa	浸水	100(50)/kPa	150(75)/kPa	200(100)/kPa	250(150)/kPa	300(200)/kPa
	百分表读数/mm							百分表读数/mm					
仪器变形量												
试样变形量												
湿陷系数												

【项目案例分析 1】

1. 工程概况

某场地位于成都市新都区大丰镇方营村四组。场地北侧悉尼湾九形道项目，东侧为悉尼湾达令港项目，四周道路均已建成。场地视野开阔，距离北新干线约 1km，距离大件路约 2km，距离成彭高速公路约 3km，其地理交通位置优越。

场地上覆第四系人工填土（Q_4^{ml}），其下由第四系全新统河流冲洪积（Q_4^{al+pl}）成因的粉质黏土、粉土、砂层及卵石组成。为了测取场地地基土物理指标，采取了土样进行了室内试验。

2. 试验成果

本次勘察共取原状样土样 21 件，扰动样土样 6 件进行室内土工试验，部分试验结果统计见表 1.39。

表 1.39　　　　　　　　　　　　　　　土 的 物 理 力 学 性 质

土名	统计值	含水量 w_0 /%	密度 ρ_0 /(g/cm³)	比重 G_s	饱和度 S_r /%	孔隙率 n /%	孔隙比 e_0	液限 ω_L /%	塑限 ω_P /%	塑性指数 I_P	液性指数 I_L	黏粒含量 /%	压缩模量 E_{s1-2} /MPa	压缩系数 α_{v1-2} /MPa⁻¹
粉质黏土	试样数	11	11	11	11	11	11	11	11	11	11	—	11	11
	最大值	31.2	1.99	2.75	99	48	0.933	45.0	27.1	19.3	0.54	—	12.93	0.57
	最小值	22.7	1.86	2.71	83	41	0.690	33.1	21.1	10.2	0.04	—	3.37	0.13
	平均值	26.6	1.94	2.74	92	44	0.789	38.4	23.1	15.3	0.23	—	7.100	0.29
	标准差	2.884	0.050	0.013	4.726	2.439	0.080	2.750	1.718	2.674	0.178	—	2.499	0.120
	δ	0.109	0.026	0.005	0.051	0.055	0.102	0.072	0.075	0.174	0.779	—	0.352	0.421
	标准值	28.2	1.91	2.73	90	43	0.833	36.9	22.1	13.9	0.13	—	5.72	0.35
粉土	试样数	10	10	10	10	10	10	10	10	10	—	10	10	10
	最大值	30.9	1.98	2.72	98	47	0.894	38.1	28.3	9.9	—	19.6	6.50	0.33
	最小值	19.61	1.79	2.69	71	41	0.709	28.3	19.1	8.5	—	13.8	5.61	0.27
	平均值	25.4	1.89	2.71	86.3	44.3	0.797	33.1	23.7	9.4	—	17.9	6.08	0.30
	标准差	3.920					0.060	0.012	10.728	1.932	0.062	1.726	0.340	0.025
	δ	0.155	0.032	0.004	0.124	0.044	0.077	0.113	0.147	0.043		0.096	0.056	0.085
	标准值	23.1	1.86	2.71	80	43	0.761	30.9	21.7	9.2	—	16.9	5.88	0.28

3. 试验参数整理运用

（1）岩土参数的统计［《岩土工程勘察规范》（GB 50021—2001）（2009 版）］。

岩土工程参数统计的特征值可分为两类：一类是反映资料分布的集中情况或中心趋势的，它们作为某批数据的典型代表，用算术平均值来表示；另一类是反映参数分布的离散程度的，用标准差和变异系数来表征。其计算公式如下：

$$\phi_m = \frac{\sum\limits_{i=1}^{n}\phi_i}{n} \tag{1.70}$$

$$\sigma_f = \sqrt{\frac{1}{n-1}\left[\sum_{i=1}^{n}\phi_i^2 - \frac{\left(\sum_{i=1}^{n}\phi_i\right)^2}{n}\right]} = \sqrt{\frac{\sum_{i=1}^{n}\phi_i^2 - n\phi_m^2}{n-1}} \tag{1.71}$$

$$\delta = \frac{\sigma_f}{\phi_m} \tag{1.72}$$

式中　ϕ_m——岩土参数的平均值；

　　　σ_f——岩土参数的标准差；

　　　δ——岩土参数的变异系数。

（2）岩土参数的变异系数和剔除。标准差虽然可以用来衡量参数离散程度，但由于它是有量纲的，只能用于同一岩土参数沿深度变化的特点，可划分为相关型和非相关型两种。

1）相关型。岩土参数随深度呈有规律的变化。正相关表示参数随深度的增加而增大，负相关表示参数随深度的增加而减小，可采用回归分析法求得。相关系计作用，减小了参数的随机变异性，提高了预估参数的可靠性。其变异系数可按以下公式确定：

$$\sigma_r = \sigma_f \sqrt{1-r^2} \tag{1.73}$$

$$\delta = \frac{\sigma_r}{\phi_m} \tag{1.74}$$

式中　σ_r——剩余标准差；

　　　r——相关系数，对非相关型，$r=0$。

2）非相关型。岩土参数随深度呈无规律的随机变化。此时式中的 $r=0$。

3）粗差数据的剔除。岩土参数统计分析得出平均值和标准差后，对一些离散性较大的粗差数据应予以剔除。剔除方法有多种，常用的有正负3倍标准差法。

（3）岩土参数的标准值 ϕ_k 可按以下公式确定：

$$\phi_k = \gamma_s \phi_m \tag{1.75}$$

$$\gamma_s = 1 \pm \left[\frac{1.704}{\sqrt{n}} + \frac{4.678}{n^2}\right]\delta \tag{1.76}$$

式中 $\frac{1.704}{\sqrt{n}} + \frac{4.678}{n^2}$ 的取值见表 1.40。

表 1.40

n	6	7	8	9	10	11	12
$\frac{1.704}{\sqrt{n}} + \frac{4.678}{n^2}$	0.8256	0.7395	0.6755	0.6258	0.5856	0.5524	0.5243

γ_s 为统计修正系数，式（1.76）中正负号按不利组合考虑，如抗剪强度指标的修正系数应取负号值。统计修正系数 γ_s 也可按岩土工程的类型和重要性、参数的变异性和统计数据的个数，根据经验选用。

（4）成果分析：

1）利用上述公式分别计算含水率、密度、土粒比重、液性指数、塑性指数等物理指标的平均值、标准差、变异系数、标准值结果如表1.39所示。

2）利用表中的含水率、密度、土粒比重三项实测指标可以换算干密度、孔隙比、饱和度、饱和密度、有效密度等，具体公式参考土力学教材。

3）表中液限和塑限数据结果可计算塑性指数、液性指数，通过塑性指数可对土进行分类，参见《岩土工程勘察规范》（GB 50021—2001）（2009 版）3.3.5 条。塑性指数大于 10 的土应定名为黏性土；黏性土应根据塑性指数分为粉质黏土和黏土，塑性指数大于 10，且小于等于 17 的土，应定名为粉质黏土；塑性指数大于 17 的土应定名为黏土。

塑性指数应由相应的 76g 圆锥沉入土中深度 10mm 时测定的液限计算而得到，《建筑地基基础设计规范》（GB 50007—2011）中规定液限以 76g 同《岩土工程勘察规范》（GB 50021—2001）（2009 版），而《土工试验方法标准》（GB/T 50123—2019）规范规定 76g 圆锥沉入土中深度 17mm 为液限，注意规范的区别。

通过液性指数可划分土的软硬程度，参见《岩土工程勘察规范》（GB 50021—2001）（2009 版）3.3.11 条，此处见表 1.41。

表 1.41　　　　　　　　　黏 性 土 状 态 分 类

液限指数	状　态	液限指数	状　态
$I_L \leqslant 0$	坚硬	$0.75 < I_L \leqslant 1$	软塑
$0 < I_L \leqslant 0.25$	硬塑		
$0.25 < I_L \leqslant 0.75$	可塑	$I_L > 1$	流塑

4）根据土工试验结果可知：粉质黏土的含水率、密度、比重、饱和度、孔隙比值都比粉土稍大，场地分布的粉质黏土的液性指数 0.2 左右，呈可塑—硬塑状，力学性质一般，承载力一般；粉土的力学性质较差，承载力相对较低，属中高压缩性土，粉土黏粒含量平均值为 13.8%～19.6%，均大于 10%。

【项目案例分析 2】

1. 工程概况

工程概况见项目 1 的项目分析。

2. 岩土体物理指标成果

大学城站根据勘察主要对钻孔的样品采集（含原状土样）进行了土的物理指标测试，部分测试成果见表 1.42。

表 1.42　　　　　成都地铁 4 号线二期工程大学城站岩土层物理指标

地层代号	岩土名称	塑性状态及密实程度	时代与成因	天然密度 ρ /（g/cm³）	重力密度 γ /（kN/m³）	干密度 ρ_d /（g/cm³）	天然含水量 ω/%	渗透系数 k /（m/d）
〈1-1〉	人工填土		Q_4^{ml}	1.90	19.0			
〈2-4-2〉	砂质粉土	稍密	Q_4^{al}	1.95	19.5	1.53	24	0.4
〈2-6-1〉	中砂	松散～稍密	Q_4^{al}	1.90	19.0	1.55	15	3.5
〈2-9-1〉	卵石土	稍密	Q_4^{al}	2.00	20.0	1.90	12	35
〈2-9-2〉	卵石土	中密	Q_4^{al}	2.10	21.0	2.00	10	30
〈2-9-3〉	卵石土	密实	Q_4^{al}	2.20	22.0	2.10	9	25
〈3-5-2〉	中砂	中密～密实	Q_3^{fgl+al}	1.95	19.5	1.65	9	6
〈3-8-3〉	卵石土	密实	Q_3^{fgl+al}	2.30	23.0	2.10	8	23

成都地铁 4 号线根据勘察主要对砂卵石地层进行了筛分土工试验，部分测试成果见表 1.43。

表 1.43   成都地铁 4 号线砂卵石地层进行了筛分土工试验统计表

序号	试验编号		取样地点及里程	取样深度 h	颗 粒 分 析								不均匀系数 C_u	曲率系数 C_c
					>20 /mm	20～2 /mm	2～0.5 /mm	0.5～0.25 /mm	0.25～0.075 /mm	0.075～0.005 /mm	0.005～0.002 /mm	<0.002 /mm		
				m	%	%	%	%	%	%	%	%		
1		106	1 号坑	14.00～14.00	56.2	1.7	1.8	18.5	13.8	8.0			563.04	0.02
2		86	3 号坑	15.00～15.00	77.7	11.4	8.0	1.7	0.9	0.3			83.18	14.25
3		197	1～4 号探坑	11.00～11.00	61.3	10.5	15.4	9.3	3.0	0.5	—	—	100.2	2.2
4	C13 成都地铁 4 号线砂卵石地层土样	85	3 号坑	12.00～12.00	72.8	3.6	16.7	2.5	1.7	2.7			103.39	15.3
5		195	1～5 号探坑	12.00～12.00	74.4	12.1	6.8	5.2	1.4	0.1	—	—	99.0	13.1
6		191	TL3－X01－01－1	10.00～13.00	82.5	7.7	2.9	3.0	2.7	1.2			27.35	9.93
7		193	TL3－X01－08－1	10.00～13.00	81.4	6.8	4.2	3.4	3.5	0.7			91.66	23.67
8		194	TL3－X01－17－1	13.00～16.00	84.3	6.2	1.2	2.8	4.8	0.7			24.93	7.97

3. 试验成果分析

（1）统计中，对参与统计分析的样品个数一般不小于 6 个，对异常或离散性大的数据按"正负三倍标准差法"作为取舍标准。

（2）从表 1.42 可以计算各土层干密度值。干密度可由密度和含水率换算公式 $\rho_d = \dfrac{\rho}{1+\omega}$ 得到，室内试验做不同组含水率和密度的击实试验可绘制含水率、干密度曲线，找出最优含水率和最大干密度。在工程上只有在最优含水率附近得到的最大干密度才最大，碾压的效果才最好，$\omega_{op} = \omega_P + 2\%$。渗透系数 K 是综合反映土体渗透能力的一个指标，从表 1.42 可以看出卵石土的渗透系数最大，渗透性最强，所以在施工时要注意采取降水措施。

（3）从表 1.43 砂卵石地层筛分试验可以看出土样颗粒粒径都是大于 0.005mm 的，无黏粒含量，颗粒粒径大于等于 20mm 占多数，通过筛分试验结果由计算公式 $C_u = \dfrac{d_{60}}{d_{10}}$ 和 $C_c = \dfrac{d_{30}^2}{d_{60}d_{10}}$ 分别计算 C_u 不均匀系数和 C_c 曲率系数，表中 C13 成都地铁 4 号的不均匀系数最大为 563.04，C_c 曲率系数最小为 0.02，《土工试验方法标准》（GB/T 50123—2019）中规定对于纯净砂，当 $C_u \geqslant 5$ 且 $C_c = 1 \sim 3$ 时，级配良好，若不能同时满足上述条件，则级配不良。由此可判断编号 106 级配不良，其他编号的都是级配良好的。

【项目案例分析 3】

1. 工程概况

某项目地址位于成都市泉驿区驿都大道北侧、北泉路南侧、北京路西侧、翠龙路东侧，地理环境优越，交通便捷。

根据钻探揭示，场地地层结构简单，主要由第四系杂填土（Q_4^{ml}）、第四系中下更新统冰水沉积（Q_2^{gl}）黏土、粉质黏土、含粉质黏土卵石及中生界白垩系上统灌口组（$K_2 g$）泥质砂岩等组成。

根据区域资料查证、结合钻探野外鉴别与勘察场地地理位置、地形地貌，初步判定场地内黏土属膨胀土，故在原状土中选取 12 件黏土样进行室内膨胀试验，用以科学地判定黏土的胀缩特性。根据《膨胀土地区建筑技术规范》（GB 50112—2013）第 2.3.2 条的规定：自由膨胀率 $\delta_{ef} \geqslant 40\%$ 为膨胀土，对其试验成果统计见表 1.44 和表 1.45。

2. 试验成果

表 1.44　　　　　　　　　　　黏土的膨胀试验成果统计表

指标	自由膨胀率 δ_{ef}/%	$p=50\text{kPa}$ 膨胀率 δ_{ep}/%	膨胀力 p_e/kPa	线缩率 /%	收缩比限值 /%	收缩系数 λ_s	原状土缩限 /%
统计数	12	12	12	12	12	12	12
最大值	62.00	0.23	73.00	7.55	17.40	0.55	15.20
最小值	40.00	0.07	57.00	4.94	14.10	0.42	12.40
平均值	45.33	0.15	65.67	6.37	16.03	0.48	13.91
标准差	6.125	0.056	5.433	0.854	1.053	0.036	0.815
变异系数	0.135	0.378	0.083	0.134	0.066	0.076	0.059
修正系数	1.07	1.20	1.04	1.07	1.03	1.04	1.03
修正值	48.50	0.18	68.30	6.82	16.51	0.50	14.33

表 1.45　　　　　　　　　膨胀土膨胀潜势及地基胀缩等级判定表

指　标	膨胀土膨胀潜势		地基胀缩等级	
	自由膨胀率 δ_{ef}/%	分类	胀缩变形量 S_c/mm	等级
统计数	12		12	
范围值	40.00~62.00	弱	12.80~32.10	Ⅰ级
平均值	45.33		21.20	

3. 试验成果分析

根据表 1.44、表 1.45 计算结果与《膨胀土地区建筑技术规范》（GB 50112—2013）、《成都地区建筑地基基础设计规范》（DB51/T 5026—2001）有关规定：场地内黏土自由膨

胀率 $40\%\sim62\%$，计算自由膨胀率平均值为 45.33%，属弱膨胀潜势；经计算地基胀缩变形量 S_e 界于 $12.80\sim32.10mm$，平均值 $21.20mm$。综上所述，场地内黏土属膨胀土，弱膨胀潜势，且以收缩为主，胀缩等级为 Ⅰ 级。

成都地区膨胀土的湿度系数取 0.89，大气影响深度为 $3.0m$，大气急剧影响深度为 $1.35m$。

【项目小结】

本项目主要介绍常见的土的密度试验、含水率试验、土粒比重试验、颗粒分析试验、界限含水率试验、击实试验、土的渗透性、砂的相对密度及特殊土性质指标的测定方法、仪器、步骤和成果整理，根据试验成果初步学会判断土的湿度、孔隙率、压缩性高低、强度、变形等特性，最后通过具体的项目实例成果让学生掌握土物理性质指标在工程中的应用。重点是掌握土的含水率试验、密度试验、颗粒分析试验、界限含水率试验、击实试验、土的渗透性的测定。

【能力测试】

1. 烘干法为什么要选用恒温烘箱，并且控制温度为 $105\sim110℃$？

2. 环刀法测量砂类土的密度有什么困难？为什么环刀试样表面必须修切平整？为什么取土后用玻璃片盖住环刀两面并要求在短时间内称量？

3. 影响蜡封法测试精度的主要因素有哪些？该法能否适用于砾类土？

4. 为什么说一般灌水法比灌砂法测量密度的精度高？

5. 土粒比重试验的关键是测量哪个值？影响其试验精度的主要因素有哪些？

6. 土粒比重测定中悬液为什么要放在砂浴上煮沸？时间有什么要求？

7. 当试样中既有粒径大于 $5mm$ 的颗粒，又有粒径小于 $5mm$ 的颗粒时，土粒比重该如何测定？

8. 密度计法的理论根据是什么？它的量测精度受哪些因素影响？

9. 密度计法和移液管法哪一种精度高？为什么？

10. 颗粒级配曲线为什么横坐标要用对数比例尺？

11. 在进行界限含水率试验时，为什么要去掉大于 $0.5mm$ 的颗粒？粗粒土是否需要进行本试验？

12. 液限和塑限联合测定法试验时，应该注意哪些事项？试验备样后为什么要静置一段时间？落锥后仪器受到震动对试验成果有什么影响？

13. 在塑限试验过程中，将烘干土样从烘箱中取出 $5min$ 后再盖上盒盖称量，这样操作是否正确？为什么？

14. 同类土的最优含水率和最大干密度是否为一个常数？

15. 饱和土能否击实？击实曲线能否与饱和曲线相交？为什么？

16. 击实后余土超过击实筒太多对击实效果有什么影响？

17. 为什么试样在击实前要拌水湿润一定时间？

18. 细粒土是否需要进行相对密度试验？为什么？

19. 砂的相对密度试验中测定最大干密度时，振动法和锤击法有什么优点？我国的相关规范在测试最大干密度时为什么要将二者联合起来？

20. 土的渗透试验常见方法有哪些？

21. 简述膨胀率试验操作步骤及成果整理方法。

22. 简述重铬酸钾容量法。

23. 简述黄土湿陷系数试验和自重湿陷系数试验。

项目2 土的力学性质指标测定

【项目分析】

重庆某滑坡位于乌江南岸斜坡地段，属武隆县巷口镇凤山村所辖，滑坡区之下是某县居民最稠密的繁华地段，环城公路主干道由西向东在滑坡前缘通过。该滑坡自1998年开始产生蠕滑变形以来，变形一直在持续，特别是2008年汛期发生了较大规模土体下滑，造成多处民房开裂及变形。2010年以后，该滑坡变形加剧，其前缘多处房体开裂变形，部分居民搬迁，给人民生活造成严重隐患，危及人民群众的生命财产安全。该滑坡的稳定性已成为大家关注的焦点，我们要分析稳定性就得知道该滑坡岩土体的物理力学指标，土的物理指标测定在项目1已介绍，本项目介绍土的力学指标测定。

土的力学性质是指土在外力作用下所表现的性质，主要包括压应力作用下体积缩小的压缩性和在剪应力作用下抵抗剪切破坏的抗剪性，其次是在动荷载作用下所表现的一些性质。土的力学性质指标是地基的稳定性评价、沉降量计算和边坡的稳定性计算等的基本参数和重要依据，在工程计算中常被直接应用。

本项目主要参考中华人民共和国国家标准《土工试验方法标准》（GB/T 50123—2019）规范来介绍土的力学指标测定。

【教学目标】

本项目主要介绍土的固结试验、抗剪强度试验（直接剪切、三轴压缩、无侧限抗压强度）和静止侧压力系数 K_0 试验方法、仪器、步骤和数据的整理分析，根据试验结果学会初步判断土的压缩性高低、强度、变形等特性，最后通过具体的项目实例成果让学生掌握土力学指标在具体工程中的应用。重点掌握土固结试验和抗剪强度试验。

任务 2.1 土 的 固 结 试 验

【任务描述】

土的压缩性是指土在外力作用下体积减小的特性，在一般的工程压力（100～600kPa）作用下，土中固体颗粒和水本身的体积压缩量都非常微小，可不予考虑，土的压缩主要是由于土内孔隙体积减小引起的。对于饱和土，其孔隙体积减小是土内孔隙水在外力作用下排出的结果，而饱和黏性土渗透性很差，其孔隙水的排出大多需要较长时间，这种土内孔隙水在外力作用下随时间逐渐排出、土体体积不断减小的过程称为土的固结。压缩与固结对土的工程性状有重要影响，如土的压缩性高低与地基变形密切相关，会影响建（构）筑物的安全与正常使用；而土的固结特性不但决定了地基受力后的变形快慢，而且与土的强度提高速率和地基稳定程度等密切相关。可见，通过室内试验测定土的压缩性和固结特性无疑具有重要意义。

通过固结试验可以测定土的单位沉降量、压缩系数、压缩模量、压缩指数、回弹指数、固结系数以及原状土的先期固结压力等指标，利用这些指标，可以分析、判别土的压缩性和固结特性、天然土层的固结状态，计算地基沉降及其随时间的变化情况等。

【任务分析】

本任务首先学习土的固结试验方法、适用范围、仪器配备、步骤、数据的记录整理。掌握了土的固结试验测试方法，再结合具体的工程实例进行实践操作和数据的分析整理，最后把成果运用于工程项目当中。

【任务实施】

2.1.1 土的压缩和固结指标

1. 孔隙比

由完全侧限条件下固结试验测得土样在各级荷载 p 下的压缩变形 Δh，可通过式（2.1）得到相应的孔隙比 e：

$$e = e_0 - \frac{\Delta h}{h_0}(1 + e_0) \tag{2.1}$$

式中　e——各级压力下试验固结稳定后的孔隙比；

　　　e_0——试样初始孔隙比；

　　　Δh——各级压力下的压缩变形，mm；

　　　h_0——试样初始高度，$h_0 = 20\text{mm}$。

如此，可绘制出土样的 $e - p$ 曲线或 $e - \lg p$ 曲线等，如图 2.1 所示。由图 2.1 可进一步得到土的压缩系数、压缩模量等压缩性指标。

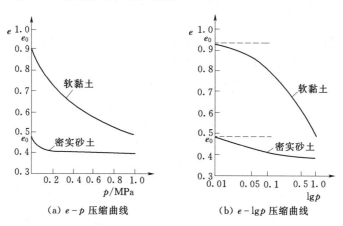

(a) $e - p$ 压缩曲线　　　　　(b) $e - \lg p$ 压缩曲线

图 2.1　土的压缩曲线

2. 压缩系数

由于软黏土的压缩性大，当发生压力变化 Δp 时，相应的孔隙比的变化 Δe 也大，因而曲线就比较陡；反之，像密实砂土的压缩性小，当发生相同压力变化 Δp 时，相应的孔隙比的变化 Δe 就小，因而曲线比较平缓，因此，土的压缩性的大小可用 $e - p$ 曲线的斜率来反映。

设压力由 p_1 增至 p_2，相应的孔隙比由 e_1 减小到 e_2，当压力变化范围不大时，可将该压力范围的曲线用割线来代替，并用割线的斜率来表示土在这一段压力范围的压缩性，即

$$\alpha = \frac{\Delta e}{\Delta p} = \frac{e_1 - e_2}{p_2 - p_1} \tag{2.2}$$

式中　α——土的压缩系数，MPa^{-1}。

因土的压缩曲线是一曲线而非直线，同一土样的压缩系数 α 值不是一个常量，而是与所受的荷载大小有关，一般随压力增大而减小，在实际计算中，应尽可能采用实际土层的 p 所对应的 α 值。为了便于比较，《建筑地基基础设计规范》（GB 50007—2011）中规定，一般采用压力间隔 $p_1 = 100kPa$ 至 $p_2 = 200kPa$ 时对应的压缩系数 α_{1-2} 来评价土的压缩性，即：当 $\alpha_{1-2} < 0.1MPa^{-1}$ 时，为低压缩性；当 $0.1MPa^{-1} \leqslant \alpha_{1-2} < 0.5MPa^{-1}$ 时，为中压缩性；当 $\alpha_{1-2} \geqslant 0.5MPa^{-1}$ 时，为高压缩性。

3. 压缩模量

由 $e-p$ 曲线，还可得到另一个重要的压缩指标——压缩模量，用 E_s 来表示。其定义为土在完全侧限的条件下竖向应力增量 Δp（如从 p_1 增至 p_2）与相应的应变增量 $\Delta \varepsilon$ 的比值：

$$E_s = \frac{\Delta p}{\Delta \varepsilon} = \frac{\Delta p}{\Delta h / h_1} = \frac{1 + e_1}{\alpha} \tag{2.3}$$

式中　E_s——某压力范围内的压缩模量，MPa。

同压缩系数 α 一样，压缩模量 E_s 也不是常数，而是随着压力的变化而变化。在压力小的时候，压缩系数大，压缩模量小；在压力大的时候，压缩系数小，压缩模量大。在工程上，一般采用压力间隔 $p_1 = 100kPa$ 至 $p_2 = 200kPa$ 时对应的压缩模量 E_{s1-2}；也可根据实际竖向应力的大小，在压缩曲线上取相应的值计算压缩模量。

4. 压缩指数、回弹指数

当采用半对数的直角坐标来绘制固结试验 $e-p$ 关系时，就得到了 $e-\lg p$ 曲线。在压力较大部分，$e-\lg p$ 关系接近直线，这是这种表示方法区别于 $e-p$ 曲线的独特的优点。

将 $e-\lg p$ 曲线直线段的斜率用 C_c 来表示，称为压缩指数，如下式所示：

$$C_c = \frac{e_1 - e_2}{\lg p_2 - \lg p_1} = \frac{e_1 - e_2}{\lg \dfrac{p_2}{p_1}} \tag{2.4}$$

压缩指数 C_c 与压缩系数 α 不同，α 值随压力变化而变化，单位为 MPa^{-1}，而 C_c 值在压力较大时为常数，不随压力变化而变化，无量纲。C_c 值越大，土的压缩性则越高。

当土体加压到某一荷载值 p_i 后不再加压，逐级进行卸载直至零，然后对土样重新逐级加压，即可绘制出卸载和再加载阶段的 $e-\lg p$ 关系曲线。$e-\lg p$ 曲线卸载段和再压缩段的平均斜率称为回弹指数或再压缩指数 C_s。C_s 是土体弹性分量的量度，在土体的弹塑性增量分析理论中是一个重要指标，可以用 C_s 估算卸荷后土体的回弹量。

5. 先期固结压力

土层历史上所曾经承受过的最大固结压力称为先期固结压力，用 p_c 来表示，一般用原状土在加荷、卸荷、再加荷固结试验所测得的 $e-\lg p$ 曲线上求得。

先期固结压力 p_c 是一个非常有用的量及概念，是了解土层应力历史的重要指标。在天然土层中，当某土层的上覆有效自重应力 p_0 等于先期固结压力 p_c 时，该土层处于正常

固结状态；若 p_0 小于 p_c 时，该土层处于超固结状态；若 p_0 大于 p_c 时，该土层尚未达到固结稳定，处于欠固结状态。在相同的压力增量范围内，三种状态土层的压缩量是明显不同的，p_c 是影响黏性土地基沉降计算的主要因素之一。

6. 固结系数

固结系数是估算黏性土地基沉降速率的重要指标，可以根据固结试验资料，通过图解或计算得到。

以上这些指标反映土层的压缩和固结特性，它们与土的性质、状态、应力条件及测试方法等密切相关，因此，选取代表性土样及合理的测试方法是取得正确成果的基本要求。

2.1.2　标准固结试验

标准固结试验为增量分级加荷法，就是将天然状态下的原状土或人工制备的扰动土，制备成一定规格的土样，置于固结仪内，根据特定的荷重率，分级施加垂直压力，测定加压后不同时间的压缩变形，直至各级压力下的变形趋于某一稳定标准为止。

对于土样的稳定标准，国内外的土工试验标准或规程大多以试样在每级压力下固结 24h 作为该级荷载的稳定标准。这一方面考虑土的变形经过 24h 能达到稳定，另一方面也考虑到每天可在同一时间施加压力和测记变形读数。若试验中仅测定压缩系数时，可以以施加每级压力后每小时变形达 0.01mm 时作为稳定标准。对于要求次固结压缩量的试样，可适当延长稳定时间。

1. 适用范围

标准固结试验适用于饱和黏性土。当只进行压缩时，也可用于非饱和土，但只能用来测定一般的压缩性指标，不可用来测定固结系数。

2. 仪器设备

（1）固结容器。由环刀、护环、透水板、水槽、加压上盖等组成，土样面积 30cm² 或 50cm²，高度 2cm，如图 2.2 所示。

1）环刀。内径为 61.8mm 和 79.8mm，高度为 20mm。环刀应具有一定的刚度，内壁应保持较高的光洁度，宜涂一薄层硅脂或聚四氯乙烯。

2）透水石。由氧化铝或不受腐蚀的金属材料制成，其渗透系数应大于试样的渗透系数。用固定式容器时，顶部透水石直径应小于环刀内径 0.2～0.5mm；当用浮环式容器时，上下端透水石直径相等，且均应小于环刀内径。

（2）加压设备。应能垂直地在瞬间施加各级规定的压力，且没有冲击力，一般可采用量程为 5～10kN 的杠杆式、磅秤式、气压式或液压式等加荷设备，压力的准确度应符合现行国家标准《土工仪器的基本参数及通用技术条件》（GB/T 15406）的规定。

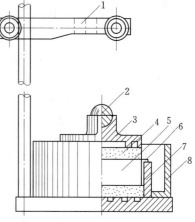

图 2.2　固结容器示意图

1—量表架；2—钢珠；3—加压上盖；
4—透水石；5—试样；6—环刀；
7—护环；8—水槽

（3）变形量测设备。可采用最大量程 10mm、最小分度值 0.01mm 的百分表，也可采用准确度为全量程 0.2% 的位移传感器及数字显示仪表或计算机。

（4）其他。天平、秒表、烘箱、铝盒、毛玻璃板、圆玻璃片、滤纸、切土刀、钢丝锯和凡士林或硅油等。

固结仪在使用过程中，各部件在每次试验时都是要装拆的，透水石也易磨损，为此对固结仪和加压设备应定期校准，并应作仪器变形校正曲线，具体操作见有关标准。

3. 试验步骤

（1）根据工程需要切取原状土样或制备所需湿度和密度的扰动土样。切取原状土样时，应使试样在试验时的受压情况与天然土层受荷方向一致。

（2）按工程需要选择面积为 30cm² 或 50cm² 的切土环刀，用钢丝锯将土样修成略大于环刀直径的土柱。然后在环刀内侧涂上一薄层凡士林或硅油，刀口向下放在原状土或人工制备的扰动土上，小心地边压边削，注意避免环刀偏心入土，直至整个土样进入环刀并凸出环刀为止，然后用钢丝锯（软土）或修土刀（较硬的土或硬土），将环刀两端余土修平。注意在刮平试样时，不得用刮刀往复涂抹土面。在切削过程中，应细心观察试样并记录其层次、颜色和有无杂质等。

（3）擦净环刀外壁，称环刀与土的总质量（准确至 0.1g），测定土样密度，并在余土中取代表性土样测定其含水率，然后用圆玻璃片将环刀两端盖上，防止水分蒸发。试样需要饱和时，应进行抽气饱和。

（4）在切好土样的环刀外壁涂一薄层凡士林，然后将刀口向下放入护环内。

（5）在固结容器内放置护环、透水石和薄型滤纸（滤纸和透水板的湿度应接近试样的湿度），用提环螺丝将带有试样的环刀（刀口向下）及护环放入固结容器中，在试样上依次放上薄型滤纸、透水石，然后放下加压导环、传压活塞以及定向钢球。

（6）将装有土样的固结容器，准确地放在加压框架正中，使加压上盖与加压框架中心对准，如杠杆式固结仪，应调整杠杆平衡。安装百分表或位移传感器。为保证试样与容器上下各部件之间接触良好，应施加 1kPa 预压荷载；如采用气压式压缩仪，可按规定调节气压力，使之平衡，同时使各部件之间密合。然后调整百分表或位移传感器到零位或测读初读数。

（7）按工程需要确定加压等级、测定项目以及试验方法。去掉预压荷载，立即施加第一级荷载。加砝码时应避免冲击和摇晃，在加上砝码的同时，立即开动秒表。加压等级宜为 12.5kPa、25kPa、50kPa、100kPa、200kPa、400kPa、800kPa、1600kPa、3200kPa。第一级压力的大小视土的软硬程度而定，宜用 12.5kPa、25kPa 或 50kPa。最后一级压力应大于土层的自重应力与附加应力之和。只需测定压缩系数时，最大压力不应小于 400kPa。

（8）当需要确定原状土的先期固结压力时，初始段的荷重率应小于 1，可采用 0.5 或 0.25。在实际试验中，也可根据土的状态分段采用不同的荷重率。例如，在孔隙比与压力的对数关系曲线最小曲率半径出现前，荷重率应小些，而曲线尾部直线段荷重率等于 1 是合适的。施加的压力应使测得的 e-$\lg p$ 曲线下段出现直线段。对于超固结土，应采用卸压、再加压方法来评价其再压缩特性。

（9）对于饱和试样，在试样受第一级荷重后，应立即向固结容器的水槽中注水浸没试样，而对于非饱和土样，须用湿棉纱或湿海绵覆盖于加压盖板四周，避免水分蒸发。

（10）当需要做回弹试验时，回弹荷重可由超过自重应力或超过先期固结压力的下一级荷重依次卸压至 25kPa 或要求的压力，然后再依次加荷，一直加至最后一级荷重为止。卸压后的回弹稳定标准与加压相同，即每次卸压后 24h 测定试样的回弹量。但对于再加荷时间，因考虑到固结已完成，稳定较快，因此可采用 12h 或更短的时间。

（11）当需要测定沉降速率、固结系数（仅适用于饱和土）时，应在每一级荷重下测定时间与试样高度变化的关系。施加每一级压力后宜按下列时间顺序测记试样的高度变化。读数时间为 6s、15s、1min、2min15s、4min、6min15s、9min、12min15s、16min、20min15s、25min、30min15s、36min、42min15s、49min、64min、100min、200min、400min、23h、24h，直至稳定为止。

（12）当不需要测定沉降速率时，则施加每级压力后 24h 测定试样高度变化作为稳定标准；只需测定压缩系数的试样，施加每级压力后，每小时变形达 0.01mm 时，测定试样高度变化作为稳定标准。按此步骤逐级加压至试验结束。

（13）当试验结束时，应先排除固结容器内水分，然后迅速拆除容器内各部件，取出带环刀的土样，揩干环刀外壁上的水分，称其质量，测定试验后的密度和含水率。

4. 成果整理

（1）计算：

1）试样的初始孔隙比 e_0，应按下式计算：

$$e_0 = \frac{G_s(1+\omega_0)\rho_w}{\rho_0} - 1 \qquad (2.5)$$

式中　e_0——试样初始孔隙比，计算至 0.01；

　　　G_s——土粒比重；

　　　ω_0——试样初始含水率；

　　　ρ_0——试样初始密度，g/cm^3；

　　　ρ_w——水的密度，g/cm^3。

2）各级压力下试样固结稳定后的单位沉降量，应按下式计算：

$$S_i = \frac{\sum \Delta h_i}{h_0} \times 10^3 \qquad (2.6)$$

式中　S_i——某级压力下的单位沉降量，mm/m，计算至 0.1；

　　　h_0——试样初始高度，mm；

　　$\sum \Delta h_i$——某级压力下试样固结稳定后的总变形量，mm（等于该级压力下固结稳定读数减去仪器变形量）。

3）各级压力下试样固结稳定后的孔隙比，应按下式计算：

$$e_i = e_0 - \frac{1+e_0}{h_0} \sum \Delta h_i \qquad (2.7)$$

式中　e_i——某级压力下的孔隙比，计算至 0.01。

4）以孔隙比 e 为纵坐标，压力 p 为横坐标，绘制 e-p 曲线或 e-$\lg p$ 曲线。按式

（2.8）～式（2.10）计算某一压力范围内压缩系数 α_v、压缩模量 E_s 和体积压缩系数 m_v：

$$\alpha_v = \frac{e_i - e_{i+1}}{p_{i+1} - p_i} \tag{2.8}$$

$$E_s = \frac{1 + e_i}{\alpha_v} \tag{2.9}$$

$$m_v = \frac{1}{E_s} = \frac{\alpha_v}{1 + e_i} \tag{2.10}$$

式中　α_v——压缩系数，MPa^{-1}，计算至 0.01；

　　　E_s——压缩模量，MPa，计算至 0.01；

　　　m_v——体积压缩系数，MPa^{-1}，计算至 0.01；

　　　p_i——某级压力值，MPa。

5）按式（2.11）和式（2.12）计算土的压缩指数 C_c 和回弹指数 C_s：

$$C_c = \frac{e_i - e_{i+1}}{\lg p_{i+1} - \lg p_i}（压缩曲线的直线段斜率）\tag{2.11}$$

$$C_s = \frac{e_i - e_{i-1}}{\lg p_{i+1} - \lg p_i}（压缩曲线回弹滞回圈端点连线的斜率）\tag{2.12}$$

式中　e_i、e_{i+1}——在 e-$\lg p$ 曲线的直线上压力为 p_i 及 p_{i+1} 相应的孔隙比；

　　　p_i、p_{i+1}——相应于 e_i、e_{i+1} 的压力，kPa；

　　　e_i、e_{i-1}——在 e-$\lg p$ 曲线上滞回圈两端的孔隙比。

6）固结系数的计算：

a. 时间平方根法。对于某一级压力，以试样的变形为纵坐标，时间平方根为横坐标，绘制变形与时间平方根关系曲线（图 2.3），延长曲线开始段的直线，交纵坐标于 d_s（理论零点），过 d_s 作另一直线，令其另一端的横坐标为前一直线横坐标的 1.15 倍，则后一直线与变形与时间平方根关系曲线交点所对应的时间的平方即为试样固结度达 90% 所需的时间 t_{90}，该级压力下的垂直向固结系数 C_v 按下式计算：

$$C_v = \frac{0.848 \overline{h}^2}{t_{90}} \tag{2.13}$$

式中　C_v——垂直向固结系数，cm^2/s，计算至 0.001；

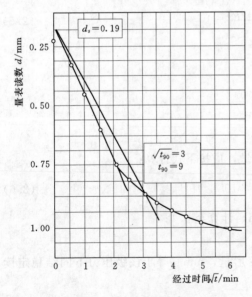

图 2.3　时间平方根法求 t_{90}

$\overline{h}$——最大排水距离，等于某级压力下试样的初始高度与终了高度的平均值之半，cm，计算至 0.01；

t_{90}——固结度达到 90% 所需的时间。

如果试件在垂直方向加压，而排水方向是水平向外径向，则水平向固结系数 C_H 按下式计算：

$$C_H = \frac{0.335R^2}{t_{90}}$$ (2.14)

式中 C_H——水平向固结系数，cm^2/s，计算至 0.001；

R——径向渗透距离（环刀的半径），cm，计算至 0.01。

b. 时间对数法。对于某一级压力，以试样的变形为纵坐标，时间的对数为横坐标，在半对数纸上绘制变形与时间对数关系曲线（图2.4），该曲线的首段部分接近为抛物线，中部一段为直线，末段部分随着固结时间的增加而趋于一直线。

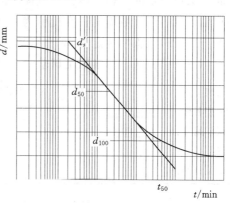

图 2.4 时间对数法求 t_{50}

在变形与时间对数关系曲线的开始段抛物线上，任选一时间 t_1，查得相对应的变形值 d_1，再取时间 $t_2 = t_1/4$，查得相对应的变形值 d_2，则 $2d_2 - d_1$ 即为 d_{01}；另取时间按同样方法可求得 d_{02}、d_{03}、d_{04} 等，取其平均值作为平均理论零点 d_s，延长曲线中部的直线段和通过曲线尾部切线的交点即为固结度 $U=100\%$ 的理论终点 d_{100}。

根据 d_s 和 d_{100} 即可定出相应于固结度 $U=50\%$ 的纵坐标 $d_{50}=(d_s+d_{100})/2$，对应于 d_{50} 的时间即为试样固结度 $U=50\%$ 所需的时间 t_{50}，对应的时间因数为 $T_v=0.197$，于是，某级压力下的垂直向固结系数可按下式计算：

$$C_v = \frac{0.197\bar{h}^2}{t_{50}}$$ (2.15)

时间平方根法和时间对数法是目前确定固结系数常用的两种方法。它们都是利用理论和试验的时间和变形关系曲线的形状相似性，以经验配合法，找某一固结度 U 下，理论曲线上时间因数 T_v 相当于试验曲线上某一时间 t 的值，但实际试验的变形和时间关系曲线的形状因土的性质、状态及荷载历史而不同的，不可能得出一致的结果。在实际应用时宜先用时间平方根法，如不能准确定出开始的直线段，则用时间对数法。

7）原状土的先期固结压力 p_c 应按下列卡萨格兰德（Casagrande）经验作图法确定。在 $e-\lg p$ 曲线上找出最小曲率半径

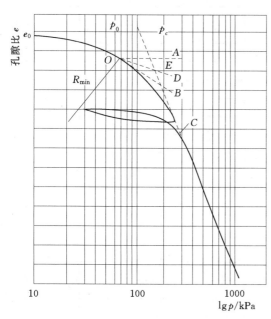

图 2.5 $e-\lg p$ 曲线求 p_c 示意图

R_{min} 的点 O（图 2.5），过 O 点做水平线 OA，切线 OB 及 $\angle AOB$ 的平分线 OD，OD 与曲线下段直线段的延长线交于 E 点，则对应于 E 点的应力值即为该原状土试样的先期固结压力 p_c。

必须指出，采用这种简易的经验作图法，要求取土质量较高。绘制 e - $\lg p$ 曲线时，曲线纵横坐标比例的选择直接影响曲线的形状和值的确定，为了使确定的值相对稳定，作图时应选择合适的纵横坐标比例。日本标准（JIS）中规定在纵轴上取 $\Delta e = 0.1$ 时的长度与横轴上取一个对数周期长度比值为 $0.4 \sim 1.0$。我国有色金属总公司和原冶金工业部合编的土工试验规程中规定为 $0.4 \sim 0.8$，试验者在实际工作中可参考使用。

（2）试验记录。标准固结试验的记录格式见表 2.1。

表 2.1　　　　　　　　　　　　标准固结试验记录（一）

工程名称：_____　　　　　　　　　　　　　　　　　　试验者：_____

试样编号：_____　　　　　　　　　　　　　　　　　　计算者：_____

仪器编号：_____　　　　　　　　　　　　　　　　　　校核者：_____

试验日期：_____

经过时间/min	压　力									
	MPa		MPa		MPa		MPa		MPa	
	时间	变形读数	时间	变形读数	时间	变形读数	时间	变形读数	时间	变形读数
0										
0.1										
0.25										
1										
2.25										
4										
6.25										
9										
12.25										
16										
20.25										
25										
30.25										
36										
42.25										
49										
64										
100										
200										
23h										
24h										
总变形量/mm										
仪器变形量/mm										
试样总变形量/mm										

标准固结试验记录（二）

工程名称：＿＿＿＿＿　　　试样面积（A）＿＿＿＿＿　　　试验者：＿＿＿＿＿

试样编号：＿＿＿＿＿　　　土粒比重 G_s＿＿＿＿＿　　　计算者：＿＿＿＿＿

仪器编号：＿＿＿＿＿　　　试验前试样高度 h_0＿＿＿＿＿ mm　　校核者：＿＿＿＿＿

试验日期：＿＿＿＿＿　　　试验前孔隙比 e_0＿＿＿＿＿

含水率试验

	盒号	湿土质量 /g	干土质量 /g	含水率 /%	平均含水率/%
试验前					
试验后					

密度试验

环刀号	湿土质量 /g	环刀容积 /cm³	湿密度 /(g/cm³)

加压历时 /h	压力 /MPa	试样变形量 /mm	压缩后试样高度 /mm	孔隙比	压缩系数 /MPa⁻¹	压缩模量 /MPa	固结系数 /(cm²/s)
	P	$\sum \Delta h_i$	$h = h_0 - \sum \Delta h_i$	$e_i = e_0 - \dfrac{1+e_0}{h_0}\sum \Delta h_i$	$\alpha = \dfrac{e_i - e_{i+1}}{p_{i+1} - p_i}$	$E_s = \dfrac{1+e_0}{\alpha}$	$C_v = \dfrac{T_v \overline{h}^2}{t}$
24							

2.1.3　快速固结试验

2cm 厚的一般黏性土试样在开始压缩后的 1h 左右，其固结度即可达到或接近于 90%，这说明 1h 内土样已基本上完成了主固结。对于沉降计算精度要求不高，而渗透性又较大的土，且不需要测固结系数时，为节省试验时间，可采用快速固结试验法，该法没有严谨的理论依据，只是一种近似试验方法。

1. 适用范围

快速固结试验法规定在各级压力下的固结时间为 1h，仅最后一级压力延长至 24h，并以等比例综合固结度进行修正。

2. 仪器设备

仪器设备同前述标准固结试验法。

3. 试验步骤

试验步骤同前述标准固结试验中的相应试验步骤，其中步骤（11）在施加各级压力后测记试样高度变化的读数时间调整为 6s、15s、1min、2min15s、4min、6min15s、9min、12min15s、16min、20min15s、25min、30min15s、36min、42min15s、49min、60min，直至稳定为止。各级荷载下的压缩时间规定为 1h，最后一级荷载下加读到稳定沉降时的读数或 24h，固结稳定的标准为 1h 变形量不超过 0.01mm。

4. 成果整理

（1）计算：

1）按式（2.5）计算试样的初始孔隙比 e_0。

2）按下式计算某级压力下固结稳定后土的孔隙比 e_i：

$$e_i = e_0 - k \times \frac{1+e_0}{h_0} \times \sum \Delta h_i \tag{2.16}$$

式中　k——校正系数；

$\sum \Delta h_i$——某级压力下试样固结 1h 后的总变形量，mm。

可按式（2.17）进行计算：

$$k = \frac{(\sum \Delta h_n)_T}{(\sum \Delta h_n)_t} \tag{2.17}$$

式中　$(\sum \Delta h_n)_t$——最后一级压力下试样固结 1h 后的总变形量，mm；

$(\sum \Delta h_n)_T$——最后一级压力下试样固结 24h 后的总变形量，mm。

3）以孔隙比 e 为纵坐标，压力 p 为横坐标，绘制 e-p 曲线或 e-$\lg p$ 曲线。按式（2.8）~式（2.10）计算某一压力范围内压缩系数 α_v、压缩模量 E_s 和体积压缩系数 m_v。

（2）试验记录。快速固结试验的记录格式如表 2.2 所示。

表 2.2　　　　　　　　快 速 固 结 试 验 记 录

工程名称：_____　　　　　　　　　　　　　　　　　试验者：_____

试样编号：_____　　　　　　　　　　　　　　　　　计算者：_____

仪器编号：_____　　　　　　　　　　　　　　　　　校核者：_____

试验日期：_____

密度 ρ _____ g/cm³　　　　比重 G_s = _____　　　　含水率 w = _____ %

试验前试样高度 h_0 = _____ mm　试验前孔隙比 e_0 = _____　颗粒净高 $h_s = h_0/(1+e_0)$ _____ mm

校正系数 $k = \dfrac{e_0 - (e_n)_T}{e_0 - (e_n)_t}$ = _____

压力 p /kPa	读数时间 t/ (时：分)	各级荷重压缩时间 Δt /min	测微表读数 R_i /mm	压缩量 $\sum \Delta h_i$ /mm	孔隙比减小量 $\Delta e_i = \dfrac{\sum \Delta h_i}{h_s}$	校正前孔隙比 $e_i = e_0 - \Delta e_i$	校正后孔隙比 $e_i = e_0 - k\Delta e_i$	压缩系数 $\alpha_v = \dfrac{e_i - e_{i+1}}{p_{i+1} - p_i}$ /MPa⁻¹	压缩模量 $E_s = \dfrac{1+e_i}{\alpha_v}$ /MPa

2.1.4　应变控制连续加荷固结试验

应变控制连续加荷固结试验是试样在完全侧限和轴向排水条件下，采用应变速率控制方法在试样上连续加荷，并测定试样的固结量和固结速率以及底部孔隙水压力。

1. 适用范围

连续加荷固结试验依据的是太沙基固结理论，要求试样完全饱和或实际上接近完全饱和。因此，应变控制连续加荷固结试验方法适用于饱和的细粒土。

2. 仪器设备

（1）固结容器。由刚性底座（具有连接测孔隙水压力装置的通孔）、护环、环刀、上环、透水石、加压上盖和密封圈组成。底部可测孔隙水压力，如图 2.6 所示。土样面积 $30cm^2$ 或 $50cm^2$，高度 2cm。

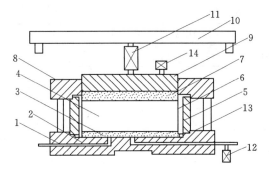

图 2.6　连续加荷固结容器示意图

1—底座；2—排气孔；3—下透水板；4—试样；
5—护环；6—环刀；7—上透水板；8—上盖；
9—加压上盖；10—加荷梁；11—负荷传感器；
12—孔压传感器；13—密封圈；14—位移传感器

1）环刀。内径为 61.8mm 或 79.8mm，高度为 20mm，一端有刀刃环刀，应具有一定刚度，内壁应保持较高的光洁度，宜涂一薄层硅脂或聚四氯乙烯。

2）透水石。由氧化铝或不受腐蚀的金属材料制成，其渗透系数应大于试样的渗透系数。用固定式容器时，顶部透水石直径应小于环刀内径 0.2～0.5mm，厚度 5mm。

（2）轴向加压设备。应能反馈、伺服跟踪连续加荷。轴向测力计（负荷传感器，量程为 0～10kN）量测误差应不大于 1%。

（3）孔隙水压力量测设备。压力传感器，量程 0～1MPa，量测误差应不大于 0.5%，其体积因数（单位孔隙水压力下的体积变化）应小于 $1.5 \times 10^{-5} cm^3/kPa$。

（4）变形量测设备。位移传感器，量程 0～10mm，准确度为全量程的 0.2%。

（5）采集系统和控制系统。压力和变形范围应满足试验要求。

对固结仪和加压设备、量测系统和控制采集系统应定期校准，并应作仪器变形校正曲线，具体操作见有关标准。

3. 操作步骤

（1）～（3）同前述标准固结试验步骤。

（4）将固结容器底部连接孔隙水压力的阀门打开，充纯水，排除容器底部及管路中滞留的气泡。将装有试样的环刀装入护环，依次将透水石、薄型滤纸、护环置于固结容器底座上，关闭孔隙水压力阀，在试样顶部放薄型滤纸、上透水板，套上上盖，用螺丝拧紧，使上盖、护环和底座密封，然后放上加压上盖，将整个容器移入轴向加荷设备正中，调平，装上位移传感器。对试样施加 1kPa 的预压力，使仪器上、下各部件接触，调整孔隙水压力传感器和位移传感器初始读数至零位或初始读数。

（5）选择适宜的施加轴向压力的应变速率，其标准是使试验时的任何时间内试样底部产生的孔隙水压力为同时施加轴向荷重的 3%～20%。对于正常固结土，应变速率可按表 2.3 选择估算值；对于特殊土，可根据经验对表 2.3 中的估计值进行修正。

（6）接通控制系统、采集系统和加压设备的电源，预热 30min。待装样完毕，采集初始读数，在所选的应变速率下，对试样施加轴向压力，仪器按试验要求自动加压，定时采集数据或打印。考虑到试验开始时试样底部孔隙水压力迅速增大，数据采集时间间隔，在

表 2.3   应 变 速 率 估 算 值

液限 $\omega_L/\%$	应变速率 $\varepsilon/(\%/min)$	备 注
0~40	0.04	
40~60	0.01	
60~80	0.004	液限为圆锥下沉 17mm 时的含
80~100	0.001	水率或碟式仪液限
100~120	0.0004	
120~140	0.0001	

试验开始后的 10min 内，每隔 1min 采集 1 次轴向压力、孔隙水压力和变形值；随后 1h 内每隔 5min 采集 1 次轴向压力、孔隙水压力和变形值；1h 后每隔 15min 或 30min 采集 1 次轴向压力、孔隙水压力和变形值。

（7）对试样连续加压至预期的压力为止。当轴向压力施加完毕后，在轴向压力不变的条件下，使孔隙水压力消散。

（8）当要求测定回弹或卸荷特性时，试样在与加荷时同样的应变速率下卸荷，卸荷时关闭孔隙水压力阀，并按加荷时的数据采集间隔时间，采集轴向压力和变形值，回弹完成后，再打开孔隙水压力阀。

（9）所有试验完成后，关电源，拆除仪器，从固结仪中将环刀带试样完整取出，称试样质量，并测定试验后试样的含水率。

4. 成果整理

（1）计算：

1）按式（2.5）计算试样的初始孔隙比 e_0。

2）按式（2.7）计算任意时刻时试样的孔隙比 e_i。

3）任意时刻施加于试样的有效压力 σ_i' 按下式计算：

$$\sigma_i' = \sigma_i - \frac{2}{3}u_b \tag{2.18}$$

式中 σ_i——任意时刻时施加在试样上的总压力，kPa；

　　　σ_i'——任意时刻施加在试样上的有效压力，kPa；

　　　u_b——任意时刻试样底部的孔隙水压力，kPa。

4）按下式计算某一压力范围内的压缩系数 α_v：

$$\alpha_v = \frac{e_i - e_{i+1}}{\sigma_{i+1}' - \sigma_i'} \tag{2.19}$$

5）按式（2.9）计算某一压力范围内的压缩模量 E_s。

6）按下式计算某一压力范围内的压缩指数 C_c、回弹指数 C_s：

$$C_c（或 C_s） = \frac{e_i - e_{i+1}}{\lg\sigma_{i+1}' - \lg\sigma_i'} \tag{2.20}$$

7）按下式计算任意时刻试样的固结系数 C_v：

$$C_v = \frac{\Delta \sigma'}{\Delta t} \times \frac{H_i^2}{2u_b} \qquad (2.21)$$

式中 $\Delta\sigma'$——Δt 时段内施加于试样的有效压力增量，kPa；

   Δt——两次读数之间的历时，s；

   H_i——试样在 t 时刻的高度，mm；

   u_b——两次读数之间底部孔隙水压力的平均值，kPa。

8）按下式计算某一压力范围内试样的体积压缩系数 m_v：

$$m_v = \frac{\Delta e}{\Delta \sigma'} \times \frac{1}{1+e_0} \qquad (2.22)$$

式中 Δe——在 $\Delta\sigma'$ 作用下，试样孔隙比的变化。

9）以孔隙比 e 为纵坐标，σ' 为横坐标，在单对数坐标纸上，绘制孔隙比与有效压力关系曲线，如图 2.7 所示。

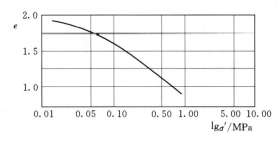

图 2.7 e-$\lg\sigma'$ 关系曲线

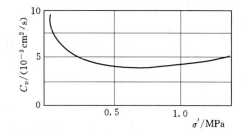

图 2.8 C_v-σ' 关系曲线

10）以固结系数 C_v 为纵坐标，有效压力 σ' 为横坐标，绘制 C_v-σ' 曲线，如图 2.8 所示。

（2）试验记录。应变控制连续加荷固结试验记录格式见表 2.4。

表 2.4   应变控制加荷固结试验记录表

工程名称：_____   试验者：_____

试样编号：_____   计算者：_____

试验日期：_____   校核者：_____

试样初始高度 $h_0 =$ _____ mm   应变速率 = _____ %/s

试样初始孔隙比 $e_0 =$ _____   负荷传感器系数 $\alpha =$ _____

试样面积 $A =$ _____ cm²   孔压传感器系数 $\beta =$ _____

经过时间 t /min	轴向变形 Δh (0.01mm)	应变 /%	t 时孔隙比 e_i	负荷传感器读数	轴向荷载 P/kN	轴向压力 σ/MPa	孔压传感器读数	孔隙压力 u_b/MPa	轴向有效压力 σ'/MPa
(1)	(2)	(3) = (2)/h_0	(4) = e_0 - $(1-e_0) \times$ (3)	(5)	(6) = (5) $\times \alpha$	(7) = (6)/A	(8)	(9) = (8) $\times \beta$	(10) = (7) - (9)

任务 2.2　土 的 抗 剪 强 度 试 验

【任务描述】

土的抗剪强度是指土体对于外荷载作用所产生的剪应力的极限抵抗能力，是土的主要力学性质之一。土是固相、液相和气相组成的散体材料，一般而言，在外荷载和土的自重作用下，土体内部将产生剪应力和剪切变形，当土中某点所受的剪应力达到土的抗剪强度时，土就沿着剪应力作用方向产生相对滑动，该点便发生剪切破坏。工程实践和室内试验都证实了土是由于受剪而产生破坏，剪切破坏是土体强度破坏的重要特点，因此，土的强度问题实质上就是土的抗剪强度问题。在工程实践中，路堑、岸坡、土石坝是否稳定、挡土墙和建筑物地基能承受多大荷载都与土的抗剪强度有密切关系，在进行土坡稳定分析、地基承载力及土压力计算时，必须首先确定土的抗剪强度或强度参数。我们来学习土的抗剪强度试验方法。

【任务分析】

本任务首先学习土的常见抗剪强度测试方法、适用范围、仪器配备、步骤、数据的记录整理。掌握了测试方法，再结合具体的工程实例进行实践操作和数据的分析整理，最后把成果运用于项目工程当中。

目前主要有两大类室内试验方法：一类是直接剪切试验，即通过向仪器固定的剪切面施加垂直应力和水平剪应力，直接对试样剪破；另一类是根据轴向压缩或拉伸原理使土样在双向或三向不同主应力作用下承受偏应力而剪破，包括三轴压缩试验和无侧限抗压强度试验。现场十字板剪切试验见项目 4 的任务 4.5。

【任务实施】

2.2.1　土的强度理论

土体发生剪切破坏时，将沿着其内部某一曲面（滑动面）产生相对滑动，而该滑动面上的剪应力就等于土的抗剪强度。1776 年，法国的库仑（Coulomb）根据砂土试验结果，将土的抗剪强度 τ_f 表达为滑动面上法向应力 σ 的函数，即

$$\tau_f = \sigma \tan\varphi \tag{2.23}$$

以后库仑根据黏性土的试验结果，又提出更为普遍的抗剪强度表达形式：

$$\tau_f = c + \sigma \tan\varphi \tag{2.24}$$

式（2.23）和式（2.24）就是库仑在 18 世纪 70 年代提出的土的强度规律的数学表达式，所以也称为库仑定律，它表明在一般应力水平时土的抗剪强度与滑动面上的法向应力之间呈直线关系，其中 c、φ 称为土的总应力抗剪强度指标。

由于饱和土体由固体颗粒和孔隙水组成，随着土的有效应力原理的研究和发展，人们认识到，土体受外力作用产生的剪应力是为固体颗粒构成的土体骨架所承受，也即只有有效应力的变化才能引起土体强度的变化，因此，又将上述的库仑公式改写为

$$\tau_f = c' + \sigma' \tan\varphi' = c' + (\sigma - u)\tan\varphi' \tag{2.25}$$

式中　σ'——土体剪切破裂面上的有效法向应力，kPa；

　　　u——土中的超静孔隙水压力，kPa；

　　c'、φ'——土的有效粘聚力（kPa）和有效内摩擦角（°），称为土的有效应力抗剪强度指标。

　　黏性土的抗剪强度主要是由两部分组成，即摩擦强度和黏聚强度。而对于无黏性土（粗粒土），由于土颗粒较粗，颗粒的比表面积较小，土颗粒粒间没有黏聚强度，其抗剪强度主要来源于粒间的摩擦阻力。摩擦强度主要由土粒之间的表面摩擦力和由于土粒之间的连锁作用而产生的咬合力（土粒相对滑动时将嵌在其他颗粒之间的土粒拔出所需的力）所引起的，而后者又是诱发土的剪胀、颗粒破碎和颗粒重定向排列等的主要原因；黏聚强度则主要是由土粒间水膜受到相邻土粒间的电分子引力以及土中化合物的胶结作用而形成的。

　　土的抗剪强度，首先取决于其种类和自身的性质，包括土的物质组成、土的孔隙比、土的结构和构造等。其中土的物质组成是影响土强度的最基本因素，它又包括土颗粒的矿物成分、颗粒大小与级配、含水率、饱和度、黏性土的粒子和胶结物种类等因素；其次，土的抗剪强度又与它所形成的沉积环境和应力历史等因素有关；另外，土的强度还与其当前所受的应力状态、应变状态、加荷条件和排水条件等因素密切相关。土的抗剪强度影响因素有很多，怎样测得土的抗剪强度，一般有三种试验方法：直接剪切、三轴压缩、无侧限抗压强度试验，三种方法的原理、方法和特点见表 2.5。

表 2.5　　　　　　　　　　　　　　　　　主要的抗剪强度试验方法

试验名称	试验原理	试验方法	c、φ 的求取方法	特　点
直接剪切		将试样分上下装入剪切盒，通过加压板施加垂直压力 σ，利用水平力 τA 进行剪切。取 4 个不同的 σ 进行剪切		适用细粒土和砂类土。对快剪和固结快剪试验仅适用渗透系数小于 10^{-6} cm/s 的细粒土。操作简单，但存在剪切面固定、无法控制排水等缺陷
三轴压缩		在圆柱形试样上包裹橡皮膜，施加围压 σ_3，再施加垂直压力 $\Delta\sigma_1$，进行压缩剪切。取 3～4 个不同的 σ_3 进行剪切		适用细粒土和砂类土。理论完善，可严格控制排水条件，可测试孔隙水压力，但试样制作和操作复杂
无侧限抗压强度		在圆柱形试样上直接施加垂直压力 q_u 进行剪切		只适用于黏性土

2.2.2　抗剪强度试验条件的控制

1. 剪切试验控制方式

测定土的抗剪强度试验目前主要有两种控制方式：一种是应力控制式，就是在试验过程中，在一定时间内控制一定的应力增量，测定试样相应的应变；另一种是应变控制式，就是在试验过程中，在一定时间内控制试样产生一定的应变，测定与此变形相应的应力。应变控制式能较准确地测定剪应力和剪切位移曲线上的峰值和终值强度，且操作方便，目前广为采用。但对于排水剪切试验和长期强度试验，则以应力控制式为宜。

2. 试样原始状态

对任何一种土来说，抗剪强度取决于所用试样的原始状态和试验控制条件，因此在设计剪切试验时，应当重视这些条件的模拟。关于土的结构性对抗剪强度的影响，可从整体上控制土样湿度、密度作为模拟。对于原状土样来说，就要求在取样、制样和装样时，尽可能避免对其原始结构的扰动，对于某些特殊试验或土样，还需考虑取样所引起应力解除对土样密度的影响。对于扰动土样，为尽量模拟现场土体原始状态，则必须控制工程所要求的颗粒组成和湿度、密度等条件，一般按击实法或压样法制样进行控制。

3. 固结排水条件

土体的固结程度与所测得的总应力强度指标密切相关，而固结又与土体的排水条件相联系。因此应根据现场土体的透水性和施工快慢，考虑试验时是否允许土样固结和试验的剪切速率，以使试验尽量复合工程实际。如在饱和黏土地基上快速修建建筑物时，可视地基几乎来不及排水固结，而测求其不固结不排水条件下的天然强度，即采用快剪试验或不固结不排水三轴试验。

4. 荷载条件

荷载的性质、大小与加载方法和加载速率对土的抗剪强度试验影响很大，因此必须十分注意原位土体的受力条件和试验试样的相似性。如动载条件下测定的剪应力和剪应变就与静载条件显然不同。对于加载速率对抗剪强度的影响，与土体性质密切相关。一般情况下，加载速率对砂类土抗剪强度的影响很小，常可忽略不计。但对黏性土抗剪强度的影响则比较明显，这主要是因为一方面加载速率对土体内孔隙水压力的产生、传递与消散影响很大；另一方面是土的蠕变性质。在加载速率较大时，颗粒间的黏滞阻力变大，表现出较高的强度。因此，加载速率对黏性土抗剪强度的影响视此两方面相互作用的综合因素而定。

通常，在进行抗剪强度试验设计时，为尽可能模拟原位条件，首先应明确是动载试验还是静载试验；其次，分析工作条件是属于平面问题还是空间问题，其受力是高压还是低压，是单向、双向还是三向；此外，加载方式是一次加载还是反复多次加载，施工速度的快慢等。因此，在确定试验方案时，必须考虑上述不同条件模拟的真实性。目前工程实用中采取模拟按实际工程和加载过程的应力路径试验，就可进一步提高模拟条件的真实性。

5. 土的各向异性

土的各向异性是指土体在不同方向上的物理力学性质不同。土的各向异性可分为初始各向异性和诱发各向异性，初始各向异性主要是指土体在天然沉积和固结过程中造成的各向异性，而诱发各向异性主要是指土体受外力作用引起其空间结构改变造成的各向异性，后者对土体工程性状的影响往往更加显著。对于具有明显各向异性的土体，试验时通常根据需要多采用不同方向切取的试样进行试验，以控制各相应土样的剪切面方位，为稳定分析或相关计算提供依据。

2.2.3　直接剪切试验

1. 概述

直接剪切试验就是直接对试样进行剪切的试验，简称直剪试验，是测定土的抗剪强度的一种常用方法，通常采用 4 个试样，分别在不同的垂直压力 σ 下，施加水平剪切力 T，测得试样破坏时的剪应力 τ，然后根据库仑定律确定土的粘聚力 c 和内摩擦角 φ。

直接剪切试验是最直接的测定抗剪强度的方法，它具有仪器设备简单、操作方便等优点。但是，它的缺点是不能有效控制排水条件、剪切破坏面人为限定、土样上的剪应力沿剪切面分布不均匀、在试验过程中剪切面积发生变化等。

2. 试验方法

根据排水条件和剪切速率的不同，直接剪切试验一般可分为慢剪、固结快剪和快剪三种试验方法。

（1）慢剪试验。先使土样在某一级垂直压力作用下，固结至排水变形稳定，然后缓慢施加水平剪应力，在施加剪应力的过程中，使土样内始终不产生孔隙水压力。用几个土样在不同垂直压力下进行剪切，将得到抗剪强度指标 c_s 和 φ_s 值。

（2）固结快剪试验。先使土样在某一级垂直压力作用下，固结至排水变形稳定，再以较快速度施加水平剪力，直至剪坏。由于时间短促，剪力所产生的超静孔隙水压力不会转化为粒间的有效应力，用几个土样在不同垂直压力下进行慢剪，便能求得抗剪强度指标 φ_{cq} 和 c_{cq} 值。

（3）快剪试验。采用原状土样尽量接近现场情况，然后以较快速度施加水平剪力，直至剪坏，即在对试样施加法向压力和剪力时，都不允许试样发生排水固结。这种方法将使粒间有效应力维持原状，不受试验外力的影响，但由于有效应力的数值无法求得，所以试验结果只能求得 $(\sigma\tan\varphi_q+c_q)$ 的混合值。

3. 仪器设备

（1）直剪仪。应变控制式直接剪切仪，如图 2.9 所示，由剪切盒、垂直加压设备、剪切传动装置、测力计以及位移量测系统等组成。加压设备可用杠杆传动，也可采用气压施加。

（2）位移量测设备。量程为 10mm，分度值为 0.01mm 的百分表或准确度为全量程 0.2%的传感器。

（3）环刀。内径 61.8mm，高 20mm。

（4）其他。切土刀、钢丝锯、滤纸、毛玻璃板、圆玻璃片以及润滑油等。

4. 直剪试验分类

（1）慢剪试验：

1）适用范围。由于应力条件和排水条件受仪器结构的限制，国外仅用直剪仪进行慢

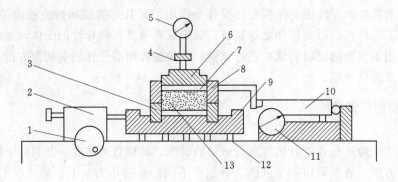

图 2.9 应变控制式直接剪切仪

1—剪切传动机构；2—推动器；3—下盒；4—垂直加压框架；5—垂直位移计；6—传压板；

7—透水板；8—上盒；9—储水盒；10—测力计；11—水平位移计；12—滚珠；13—试样

剪试验。我国《土工试验方法标准》（GB/T 50123—2019）规定慢剪试验是主要方法，并适用于细粒土。

2）操作步骤：

a. 根据工程要求制备原状土试样或扰动土试样，并在必要时对试样进行饱和处理。

b. 对准剪切盒的上下盒，插入固定销钉，在下盒内放一块洁净透水石及湿润滤纸，将盛有试样的环刀，平口向下、刃口向上，对准剪切盒的上盒盒口，在试样上放一张湿润滤纸及一块透水石，然后将试样通过透水石小心压入剪切盒内。注意应使滤纸和透水石的湿度接近试样的湿度。

c. 移去环刀，转动传动装置，使上盒前端钢珠刚好与测力计接触，顺次放上传压板、加压框架，安装垂直位移和水平位移量测装置，并调整零点或测记初读数。

d. 取不少于 4 个试样，并分别施加不同的垂直压力，其压力大小根据工程实际和土的软硬程度而定，一般可按 25kPa，50kPa，100kPa，200kPa，300kPa，400kPa，600kPa，…施加，加荷时应轻轻加上，以避免对试样产生冲击力。对低含水率高密度的黏性土，垂直压力应一次施加；而对松软的黏性土，为防止试样被挤出，垂直压力应分级施加。

e. 若试样是饱和试样，则在施加垂直压力 5min 后，向剪切盒内注满水；若试样是非饱和土试样，不必注水，但应在加压板周围包以湿棉纱，以防止水分蒸发。

f. 施加垂直压力后，每 1h 测读垂直变形一次，直至试样固结变形稳定。试样变形稳定标准为每小时不大于 0.005mm。

g. 试样达到固结稳定后，拔去里面固定销钉，然后开动电动机，以小于 0.02mm/min 的剪切速度进行剪切，试样每产生剪切位移 0.2～0.4mm，测记测力计和位移读数，直至测力计读数出现峰值，应继续剪切至剪切位移为 4mm 时停机，记下破坏值，当剪切过程中测力计读数无峰值时，应剪切至剪切位移为 6mm 时停机。

h. 当需要估算试样的剪切破坏时间时，可按下式计算：

$$t_f = 50t_{50} \tag{2.26}$$

式中 t_f——达到破坏所经历的时间，min；

t_{50}——固结度达到 50％所需的时间，min。

i. 剪切结束后，吸去盒内积水，卸去剪切力和垂直压力，取出试样，并测定试样的含水率。

（2）固结快剪试验：

1）适用范围。直接剪切试验受仪器结构限制，无法控制试样的排水条件，仅以剪切速度的快慢来控制试样的排水条件，实际上对渗透性大的土类还是要排水的，测得的强度参数 φ_{cq} 值常偏大。因此，固结快剪试验仅适用于渗透系数小于 $10^{-6}\,cm/s$ 的细粒土。

2）操作步骤：

a. 试样制备、安装和固结见前述慢剪试验步骤 a～f。

b. 固结快剪试验的剪切速度为 0.8mm/min，使试样在 3～5min 内剪损（防止试样在剪切过程中排水），其剪切步骤应按见前述慢剪试验步骤 g 和 i 进行。

（3）快剪试验：

1）适用范围。快剪试验仅适用于渗透系数小于 $10^{-6}\,cm/s$ 的细粒土，多用于测定饱和黏性土的天然强度。快剪试验测得的 φ_q 角有时常会偏大。

2）操作步骤：

a. 试样制备、安装见前述慢剪试验步骤 a～d。安装时应以硬塑料薄膜代替滤纸，不需安装垂直位移量测装置。

b. 施加垂直压力，拔去固定销，立即以 0.8mm/min 的剪切速度按慢剪试验步骤 g 和 i 进行剪切至试验结束，使试样在 3～5min 内剪损（防止试样在施加垂直压力后和剪切过程中排水）。

5. 砂类土的直剪试验

（1）适用范围。适用于砂类土。

（2）操作步骤：

1）取过 2mm 筛的风干砂样 1200g。

2）根据要求的试样干密度和体积称取每个试样所需的风干砂样质量，准确至 0.1g。

3）对准剪切容器上下盒，插入固定销，放上干透水板和干滤纸。将砂样倒入剪切容器内，拂平表面，放上硬木块轻轻敲打，使试样达到预定的干密度（因密实度是影响砂类土抗剪强度的主要因素，制备试样时，同一组的密度要求尽量相同），取出硬木块，拂平砂面。依次放上干滤纸、干透水板和传压板。

4）安装垂直加压框架，施加垂直压力，试样剪切应按固结快剪试验中 2）操作步骤的 b 条进行。由于砂类土的渗透性较大，剪切速率对强度几乎无影响，因此，可采用较快的剪切速率。

6. 成果整理

（1）计算。按下式计算每个试样的剪应力：

$$\tau = \frac{CR}{A_0} \times 10 \tag{2.27}$$

式中　τ——试样所受的剪应力，kPa；

　　　R——剪切时测力计量表的读数，0.01mm；

　　　A_0——试样初始断面积，cm²；

　　　C——测力计率定系数，N/0.01mm。

（2）制图：

1）以剪应力为纵坐标，剪切位移为横坐标，绘制剪应力与剪切位移关系曲线（图 2.10），取曲线上剪应力峰值为抗剪强度，无峰值时，取剪切位移 4mm 所对应剪应力为抗剪强度。

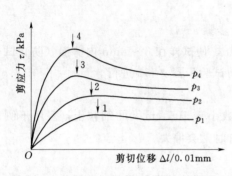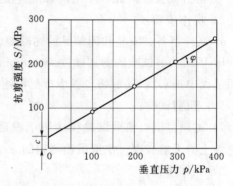

图 2.10　剪应力与剪切位移关系曲线　　　　图 2.11　抗剪强度与垂直压力关系曲线

2）以抗剪强度为纵坐标，垂直压力为横坐标，绘制抗剪强度与垂直压力关系曲线（图 2.11），直线的倾角为土的内摩擦角 φ，直线在纵坐标上的截距为土的粘聚力 c。

（3）试验记录。直接剪切试验记录见表 2.6。

表 2.6　　　　　　　　　　　**直 接 剪 切 试 验 记 录**

工程名称：_____　　　　　　　　　　　　　试验者：_____

试样编号：_____　　　　　　　　　　　　　计算者：_____

试验方法：_____　　　　　　　　　　　　　校核者：_____

试验日期：_____　　　　　　测力计系数：_____ kPa/0.01mm

仪器编号	(1)	(2)	(3)	(4)
盒号				
湿土质量/g				
干土质量/g				
含水率/%				
量力环系数 /(kPa/0.01mm)				
试样质量/g				
试样密度/(g/cm³)				
垂直压力/kPa				
固结沉降量/mm				

剪切位移 /0.01mm	量力环读数 /0.01mm	剪应力 /kPa	垂直位移 /0.01mm
(1)	(2)	$(3)=\dfrac{c\times(2)}{A_0}$	(4)

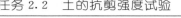

2.2.4　三轴压缩试验

1. 概述

三轴压缩试验（亦称三轴剪切试验）是试样在某一固定周围压力下，逐渐增大轴向压力，直至试样破坏的一种抗剪强度试验，是以莫尔-库仑强度理论为依据而设计的三轴向加压的剪力试验。

三轴压缩试验是测定土体抗剪强度的一种比较完善的室内试验方法，通常采用 3～4 个圆柱形试样，分别在不同的恒定周围压力下测得土的抗剪强度，再利用莫尔-库仑破坏准则确定土的总应力抗剪强度参数和有效应力抗剪强度参数。试验采用的周围压力宜根据工程实际荷重确定，对于填土，最大一级周围压力应与最大的实际荷重大致相等。在只要求提供土的强度指标时，浅层土可采用较小压力 50kPa、100kPa、200kPa、300kPa，10m 以下采用 100kPa、200kPa、300kPa、400kPa。三轴压缩试验宜在恒温条件下进行。

三轴压缩试验可以严格控制排水条件，可以测量土体内的孔隙水压力和体积变化，另外，试样中的应力状态也比较明确，试样破坏时的破裂面是在最薄弱处，而不像直剪试验那样限定在上下盒之间，同时三轴压缩试验还可以模拟建筑物和建筑物地基的特点以及根据设计施工的不同要求确定试验方法，因此对于特殊建筑物（构筑物）、高层建筑、重型厂房、深层地基、海洋工程、道路桥梁和交通航务等工程有着特别重要的意义。然而，三轴压缩试验也存在一定的缺点，如主应力方向固定不变，试验在轴对称条件下进行等，这些有时与工程实际情况有所不同。

2. 试验方法

根据土样固结排水条件和剪切时的排水条件，三轴试验可分为不固结不排水剪试验（UU）、固结不排水剪试验（CU）、固结排水剪试验（CD）以及 K_0 固结三轴试验等，以适用不同工程条件而进行强度指标的测定。

（1）不固结不排水剪试验（UU）。试样在施加周围压力和随后施加偏应力直至剪坏的整个试验过程中都不允许排水，这样从开始加压直至试样剪坏，土的含水率始终保持不变，孔隙水压力也不可能消散，可以测得总应力抗剪强度指标 c_u、φ_u。

（2）固结不排水剪试验（CU）。试样在施加周围压力时，允许试样充分排水，待固结稳定后，再在不排水的条件下施加轴向压力，直至试样剪切破坏，同时在受剪过程中测定土体的孔隙水压力，可以测得土的总应力抗剪强度指标 c_{cu}、φ_{cu} 和有效应力抗剪强度指标 c'、φ'。

（3）固结排水剪试验（CD）。试样先在周围压力下排水固结，然后允许试样在充分排水的条件下增加轴向压力直至破坏，同时在试验过程中测读排水量以计算试样体积变化，可以测得的总应力抗剪强度指标 c_d、φ_d。

（4）K_0 固结三轴压缩试验。常规三轴试验是在等向固结压力（$\sigma_1 = \sigma_2 = \sigma_3$）条件下排水固结，而 K_0 固结三轴试验是按 $\sigma_3 = \sigma_2 = K_0\sigma_1$ 施加周围压力，使试样在不等向压力下固结排水，然后再进行不排水剪或排水剪试验。

3. 适用范围及试验方法的选择

三轴压缩试验方法适用于细粒土和粒径小于 20mm 的粗粒土。

试验方法的选择应根据工程情况、土的性质、建筑物/构筑物施工和运营条件以及所采用的分析方法确定。通常当施工速度快、土的渗透性较低、排水条件差，或仅考虑短期施工过程中的稳定性时，多采用不固结不排水剪试验；当建筑物/构筑物建成后地基土体已基本固结，考虑在使用期间荷载突然增加或水位骤降引起土体自重骤增等情况，或者当土层较薄、渗透性较大、施工速度较慢的竣工工程，以及先施加垂直荷载而后施加水平荷载的建筑物/构筑物地基（如挡土墙、船坞、船闸等）时，多采用固结不排水剪试验；当需提供有效应力抗剪强度指标时，采用测孔隙水压力的固结不排水剪试验；当研究砂类土地基的承载力或稳定性，或研究黏性土地基的长期稳定性问题，或在施工期和工程使用期有充分时间允许排水固结时，可考虑采用固结排水剪试验。实践经验证明，对于固结排水剪试验，采用应力控制式仪器比应变控制式仪器更为简单有效。

4. 仪器设备

（1）三轴仪。三轴仪依据施加轴向荷载方式不同，可以分为应变控制式和应力控制式两种，目前室内三轴试验基本上采用的是应变控制式三轴仪。

应变控制式三轴仪有以下几个组成部分（图 2.12）：

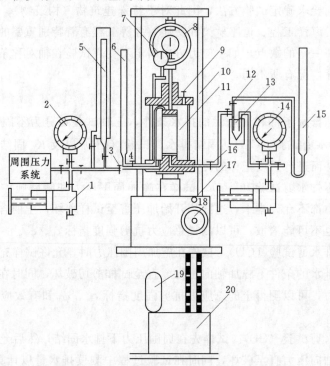

图 2.12 应变控制式三轴压缩仪示意图

1—调压筒；2—周围压力表；3—周围压力阀；4—排水阀；5—体变管；6—排水管；
7—变形量表；8—量力环；9—排气孔；10—轴向加压设备；11—压力室；
12—量管阀；13—零位指示器；14—孔隙压力表；15—量管；16—孔隙
压力阀；17—离合器；18—手轮；19—电动机；20—变速箱

1）三轴压力室。压力室是三轴仪的主要组成部分，它是一个由金属上盖、底座以及透明有机玻璃圆筒组成的密闭容器，压力室底座通常有 3 个小孔分别与稳压系统以及体积变形和孔隙水压力量测系统相连。

2）轴向加荷系统。采用电动机带动多级变速的齿轮箱，或者采用可控硅无级调速，并通过传动系统使压力室自下而上的移动，从而使试样承受轴向压力，其加荷速率可根据土样性质及试验方法确定。

3）轴向压力量测系统。施加于试样上的轴向压力由测力计量测，测力计由线形和重复性较好的金属弹性体组成，测力计的受压变形由百分表或位移传感器测读，轴向压力也可由荷重传感器来测得。

4）周围压力稳压系统。采用调压阀控制，调压阀控制到某一固定压力后，它将压力室的压力进行自动补偿而达到稳定的周围压力。

5）孔隙水压力量测系统。孔隙水压力由孔压传感器测得。

6）轴向变形量测系统。轴向变形由百分表或位移传感器测得。

7）反压力体变量测系统。由体变管和反压力稳压控制系统组成，以模拟土体的实际应力状态或提高试件的饱和度以及测量试件的体积变化。

（2）附属设备：

1）击实筒和饱和器（图 2.13、图 2.14）。

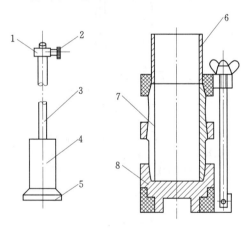

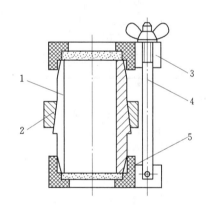

图 2.13　击实筒

1—套环；2—定位螺丝；3—导杆；4—击锤；

5—底板；6—套筒；7—击样筒；8—底板

图 2.14　饱和器

1—圆模（3 片）；2—紧箍；3—夹板；

4—拉杆；5—透水石

2）切土盘、切土器和原状土分样器（图 2.15～图 2.17）。

3）承膜筒和砂样制备模筒（图 2.18、图 2.19）。

4）天平。称量 200g，最小分度值 0.01g；称量 1000g，最小分度值 0.1g。

5）游标卡尺。

6）其他。乳胶薄膜（厚度应小于其直径的 1/100）、橡皮筋、透水石、滤纸、切土刀、钢丝锯、毛玻璃板、空气压缩机、真空抽气机、真空饱和抽水缸及称量盒等。

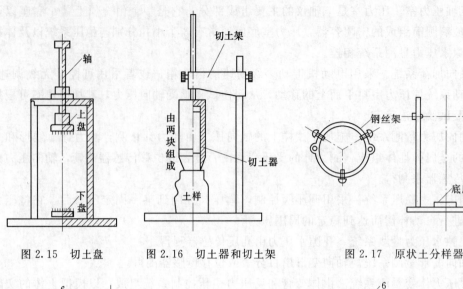

图 2.15   切土盘   图 2.16   切土器和切土架   图 2.17   原状土分样器

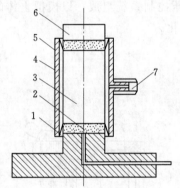

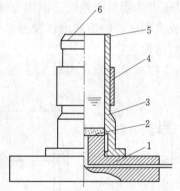

图 2.18   承膜筒   图 2.19   砂样制备模筒

1—三轴仪底座；2—透水石；3—试样；4—承膜筒；   1—仪器底座；2—透水石；3—制样圆膜（两片合成）；

5—橡皮膜；6—上帽；7—吸气孔   4—圆箍；5—橡皮膜；6—橡皮圈

（3）试验前的检查和准备：

1）仪器性能检查：

a. 周围压力和反压力控制系统的压力源。

b. 空气压缩机的压力控制器。

c. 调压阀的灵敏度及稳定性。

d. 精密压力表的精度和误差：周围压力和反压的测量准确度应为全量程的 1%，根据试样的强度大小，选择不同量程的测力计，应使最大轴向压力的准确度不低于 1%。

e. 稳压系统是否存在漏气现象。

f. 管路系统的周围压力、孔隙水压力、反压力和体积变化装置以及试样上下端通道接头处是否存在漏气、漏水或阻塞现象，压力室活塞杆在轴套内应能否自由滑动等。

g. 孔压及体变的管道内是否存在封闭气泡，若有封闭气泡可用无气泡水进行循环排气，或施加压力使气泡溶解于水，并从试样底座溢出。整个系统的体积变化因数应小于

$1.5 \times 10^{-5} \, \text{cm}^3/\text{kPa}$。

h. 土样两端放置的透水石是否畅通和浸水饱和。

i. 乳胶薄膜套的漏气漏水检查，其方法是扎紧两端，向膜内充气，在水中检查，应无气泡溢出，方可使用。

2）试验前的准备工作。除了对仪器性能进行检查外，还应根据试验要求做如下的准备工作：

a. 根据工程特点和土的性质确定试验方法和需测定的参数。

b. 根据土样的制备方法和土样特性选择饱和方法。

c. 根据试验方法和土的性质，选择剪切速率。

d. 根据取土深度、土的应力历史以及试验方法，确定周围压力的大小。

e. 根据土样的多少和均匀程度确定单个试样多级加荷还是多个试样分级加荷。

（4）试样制备与饱和：

1）试样制备。试样应切成圆柱形形状，常用的试样直径为 39.1mm、61.8mm 或 101mm，相应的试样高度分别为 80mm、150mm 或 200mm，试样高度与试样直径的关系一般为 2~2.5 倍，试样的允许最大粒径与试样直径之间的关系应符合表 2.7 的规定。

表 2.7　　　　　　　　　　　试样允许最大粒径与试样直径的关系表

试样直径 D/mm	允许最大粒径 d/mm	试样直径 D/mm	允许最大粒径 d/mm
39.1	试样直径的 1/10	101.0	试样直径的 1/5
61.8	试样直径的 1/10		

a. 原状土试样制备：

（a）对于较软的土样，先用钢丝锯或切土刀切取一稍大于规定尺寸的土柱，放在切土盘的上下圆盘之间，然后用钢丝锯紧靠侧板，由上往下细心切削，边切削边转动圆盘，直至土样被削成规定的直径为止。试样切削时应避免扰动，当试样表面遇有砾石或凹坑时，允许用削下的余土填补。

（b）对于较硬的土样，先用切土刀切取一稍大于规定尺寸的土柱，放在切土架上，用切土器切削土样，边削边压切土器，直至切削到超出试样高度约 2cm 为止。

（c）取出试样，并用对开模套上，然后将两端削平，称量，并取余土测定试样的含水率。

（d）对于直径大于 10cm 的土样，可用分样器切成 3 个土柱，再按上述方法切取 ϕ39.1mm 的试样。

b. 扰动土和砂土试样制备。对于扰动土样的制备，根据预定的密度要求，将拌匀的扰动土样分层装入击实筒内击实，粉土分 3~5 层，黏性土分 5~8 层，各层土料数量应相等，并在各层面上用切土刀刨毛以利于两层面之间结合。击完最后一层，将击样器内的试样两端整平，取出试样称量。对制备好的试样，应量测其直径和高度。试样的平均直径应按下式计算：

$$D_0 = \frac{D_1 + 2D_2 + D_3}{4} \tag{2.28}$$

式中　D_1、D_2、D_3——分别为试样上、中、下部位的直径，mm。

对于砂土试样的制备，先在压力室底座上依次放上透水石、滤纸、乳胶薄膜和对开圆模筒（图4.19），然后根据一定的密度要求和试样体积，称取所需的砂样质量，分三等份，将每份砂样填入乳胶薄膜内，击实至该层要求的高度，依次第二层、第三层，直至膜内填满为止。如果制备饱和砂样，先在压力室底座上依次放上透水石、滤纸、乳胶薄膜和对开圆模筒，在圆模筒内注入纯水至试样高度的1/3，将砂样分三等份在水中煮沸，待冷却后分三层，按预定的干密度填入橡皮膜内，直至膜内填满为止。当要求的干密度较大时，填砂过程中，轻轻敲打对开圆模，使所称的砂样填满规定的体积，整平砂面，放上滤纸、透水石、试样帽、扎紧橡皮膜。为使试样能直立，可对试样内部施加5kPa的负压力或用量水管降低50cm水头即可，然后拆除对开模筒。对含有细粒土或要求高密度的试样，也可采用干砂制备，用水头饱和或反压饱和。

2）试样饱和：

a. 真空抽气饱和法。将制备好的土样放入饱和器内置于真空饱和缸内，为提高真空度可在盖缝中涂上一层凡士林以防漏气。将真空抽气机与真空饱和缸接通，开动抽气机，当真空压力达到10^5Pa时（抽气时间不少于1h），微微开启管夹，使清水徐徐注入真空饱和缸中，在注水过程中真空压力表读数宜保持不变。待水面超过土样饱和器后，使真空表压力保持10^5Pa不变即可停止抽气，然后开管夹使空气进入真空缸，静止一段时间，细粒土宜为10h左右，使试样充分吸水饱和。也可将试样装入饱和器后，先浸没在带有清水注入的真空饱和缸内，连续真空抽气2～4h，然后停止抽气，静置12h左右即可。

b. 水头饱和法。将试样装入压力室内，试样周围不贴滤纸条，施加20kPa周围压力。提高试样底部量管水位，降低试样顶部量管水位，使两管水位差在1m左右，打开孔隙水压力阀、量管阀和排水管阀，使无气泡的水从底部进入试样，从试样顶部溢出，直至流入水量和溢出水量相等为止。当需要提高试样的饱和度时，宜在水头饱和前，从底部将二氧化碳气体通入试样，置换孔隙中的空气。当二氧化碳的压力达到5～10kPa时再进行水头饱和。

c. 反压力饱和法。试样要求完全饱和时，应对试样施加反压力。在不固结不排水条件下，试样装好后调节孔隙水压力等于大气压力，关闭孔隙水压力阀、反压力阀、体变管阀，测记体变管读数。开周围压力阀，先对试样施加20kPa周围压力，开孔隙水压力阀，待孔隙水压力变化稳定，测记读数，关孔隙水压力阀。反压力应分级施加，同时分级施加周围压力，以尽量减少对试样的扰动。周围压力和反压的每级增量宜为30kPa，为防止试样膨胀而影响结构和产生附加有效应力，通常在施加反压过程中始终控制反压低于侧压力约5kPa。开体变管阀和反压力阀，同时施加周围压力和反压，缓慢打开孔隙水压力阀，检查孔隙水压力增量，待孔隙水压力稳定后，测记孔隙水压力和体变管读数，再施加下一级周围压力和孔隙水压力。计算每级周围压力引起的孔隙水压力增量，当孔隙水压力增量与周围压力增量之比$\Delta u/\Delta \sigma_3 > 0.98$时，认为试样饱和。一般认为，反压在试样固结前施加较在试样固结后施加好。

d. 饱和方法的选择。根据不同的土类和要求饱和程度而选用不同的方法。当采用抽气饱和和水头饱和试样不能完全饱和时，在试验时应对试样施加反压力。反压力是人为地对试样同时增加孔隙水压力和周围压力，使试样孔隙内的空气在压力下溶解于水，对试样施加反压力的大小与试样起始饱和度有关。当起始饱和度过低时，即使施加很大的反压力，不一定能使试样饱和，加上受三轴仪压力的限制，因此，当试样起始饱和度低时，应首先进行抽气饱和，然后再加反压力饱和。

5. 三轴试验分类

（1）不固结不排水剪（UU）试验。不固结不排水剪（UU）试验可分为不测孔隙水压力和测孔隙水压力两种。前者试样两端放置不透水板，后者试样两端放置透水石并与测定孔隙水压力装置连通。

1）操作步骤：

a. 试样安装：

（a）先把乳胶薄膜装在承膜筒内，用吸气球从气嘴中吸气，使乳胶薄膜贴紧筒壁，套在制备好试样外面，将压力室底座的透水石与管路系统以及孔隙水测定装置充水并放上一张滤纸，然后再将套上乳胶膜的试样放在压力室的底座上，翻下乳胶膜的下端与底座用橡皮筋扎紧，翻开乳胶膜的上端与土样帽用橡皮筋扎紧。

（b）将压力室罩顶部活塞提高，放下压力室罩，将活塞对准试样中心，并均匀地拧紧底座连接螺母。向压力室内注满纯水，待压力室顶部排气孔有水溢出时，拧紧排气孔，并将活塞对准测力计和试样顶部。

（c）施加周围压力 σ_3：关排水阀，开周围压力阀，施加周围压力。周围压力的大小根据土样埋深或应力历史来决定，若土样为正常压密状态，则 3～4 个土样的周围压力。最大一级周围压力应与最大实际荷载大致相等，不宜过大以免扰动土的结构。

（d）将离合器调至粗位，转动粗调手轮，当试样帽与活塞及测力计接近时，将离合器调至细位，改用细调手轮，使试样帽与活塞及测力计接触，装上变形指示计，将测力计和变形指示计调至零位。

（e）在不排水条件下测定试样的孔隙水压力 u。

（f）施加轴向压力剪切：剪切应变速率宜取每分钟应变 0.5%～1.0%。启动电动机，合上离合器，开始按选定的剪切速率对试样进行剪切。当试样每产生轴向应变为 0.3%～0.4% 时（或 0.2mm 的变形值），测记一次测力计、孔隙水压力和轴向变形读数。当轴向应变大于 3% 时，试样每产生 0.7%～0.8% 时（或 0.5mm 的变形值），测记一次测力计、孔隙水压力和轴向变形读数，直至轴向应变为 20% 时为止。

（g）试验结束，关电动机，关周围压力阀，脱开离合器，将离合器调至粗位，转动粗调手轮，将压力室降下，打开排气孔，排除压力室内的水，拆卸压力室罩，拆除试样，描述试样破坏形状，称试样质量，并测定含水率。

2）成果整理：

a. 计算：

（a）按式（2.29）和式（2.30）计算孔隙水压力系数：

$$B = \frac{u_0}{\sigma_3} \tag{2.29}$$

$$A = \frac{u_f - u_0}{B(\sigma_1 - \sigma_3)} \tag{2.30}$$

式中 B——在周围压力 σ_3 作用下的孔隙水压力系数；

   A——土体破坏时的孔隙水压力系数；

   u_0——在周围压力 σ_3 作用下土体孔隙水压力，kPa；

   σ_3——周围压力，kPa；

   u_f——土体破坏时孔隙水压力，kPa；

   σ_1——土体破坏时大主应力，kPa。

（b）按式（2.31）和式（2.32）计算轴向应变和试样的校正断面积：

$$\varepsilon_1 = \frac{\sum \Delta h}{h_0} \times 100\% \tag{2.31}$$

$$A_a = \frac{A_0}{1 - \varepsilon_1} \tag{2.32}$$

式中 ε_1——试样的轴向应变，%；

   $\sum \Delta h$——剪切过程中试样的高度变化，mm；

   h_0——试样初始高度，mm；

   A_a——试样的校正断面积，cm^2；

   A_0——试样的初始断面积，cm^2。

（c）按式（2.33）计算主应力差：

$$\sigma_1 - \sigma_3 = \frac{CR}{A_a} \times 10 \tag{2.33}$$

式中 $\sigma_1 - \sigma_3$——主应力差，kPa；

   C——测力计率定系数，N/0.01mm；

   R——测力计读数，0.01mm；

   10——单位换算系数。

b. 制图：

（a）绘制主应力差与轴向应变关系曲线。以 $(\sigma_1 - \sigma_3)$ 为纵坐标，横向应变 ε_1 为横坐标，绘制主应力差与轴向应变关系曲线（图2.20）。若有峰值时，取曲线上主应力差的峰值作为破坏点，当采用最大主应力差不易确定破坏点时，也可采用最大主应力比或有效应力路径等方法确定；若无峰值时，则取15%轴向应变时的主应力差值作为破坏点。

（b）绘制抗剪强度包线。以剪应力 τ 为纵坐标，法向应力 σ 为横坐标，在横坐标轴以破坏时的 $(\sigma_1 + \sigma_3)/2$ 为圆心，以 $(\sigma_1 - \sigma_3)/2$ 为半径，在 τ-σ 坐标系上绘制破坏总应力圆，并绘制不同周围压力下这些破坏总应力圆的包线（图2.21），包线的倾角为内摩擦角 φ_u，包线在纵轴上的截距为粘聚力 c_u。

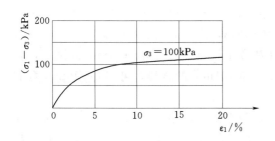

图 2.20 主应力差与轴向应变关系曲线

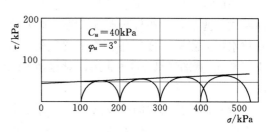

图 2.21 不固结不排水剪强度包线

c. 试验记录。不固结不排水剪三轴试验记录见表 2.8。

表 2.8　　　　　　　　　　　**不固结不排水剪三轴试验记录表**

工程名称：_____　　　　　　　　　　　试验者：_____

试样编号：_____　　　　　　　　　　　计算者：_____

试验日期：_____　　　　　　　　　　　校核者：_____

（1）含水率

盒号			
湿土质量/g			
干土质量/g			
含水率/%			
平均含水率/%			

试样 草图

（2）密度

试样面积/cm²	
试样高度/cm	
试样体积/cm	
试样质量/g	
密度/(g/cm²)	

试样 破坏 描述

钢环系数_____ N/0.01min

剪切速率_____ mm/min

周围压力_____ kPa

（3）不排水量

轴向变形 /0.01mm	轴向应变 ε /%	校正面积 $\dfrac{A_0}{1-\varepsilon}$/cm²	钢环读数 /0.01mm	$\sigma_1-\sigma_3$ /kPa

（2）固结不排水剪（CU）试验：

1）操作步骤：

a. 试样安装：

（a）打开试样底部的孔隙水压力阀和量管阀，使量管里的水缓缓地流向底座，对孔隙水压力系统及压力室底座充水排气后，关孔隙水压力阀和量管阀。在压力室底座上依次放上透水石、湿滤纸、试样、湿滤纸、透水石，并在试样周围贴浸水的滤纸条若干条。试样周围贴的湿滤纸条，通常用上下均与透水石相连的滤纸条。如对试样施加反压力，宜采用间断式（滤纸条上部与透水石间断 1/4 或试样中部间断 1/4）的滤纸条，以防止反压力与孔隙水压力测量直接连通。关于滤纸条的尺寸和数量，一般对直径 39.1mm 的试样，多采用 6mm 宽的滤纸条 7～9 条；对直径 61.8mm 和 101mm 的试样，可用 8～10mm 宽的滤纸条 9～11 条。

（b）把已检查过的橡皮薄膜套在承膜筒上，两端翻起，用吸水球（洗耳球）从气嘴中不断吸气，使橡皮膜紧贴于筒壁，小心将它套在试样外面，然后让气嘴放气，使橡皮膜紧贴试样周围，翻起橡皮膜两端，用橡皮紧圈将橡皮膜下端紧扎在底座上。

（c）打开试样底座的孔隙水压力阀和量管阀，让量管中水缓慢地从试样底座流入试样与橡皮膜之间，用笔刷在试样周围自下而上轻刷，以排除试样与橡皮膜之间的气泡，并不时用手在橡皮膜的上口轻拉一下，以利气泡的排出。待气泡排尽后，关闭阀门。如果气泡不明显，就不必进行此步骤。

（d）关闭孔隙水压力阀和量管阀，打开与试样帽连通的排水阀，让量水管中的水流入试样帽，使试样帽中充水，并连同透水石，滤纸放在试样的上端，用橡皮圈将橡皮膜上端与试样帽扎紧，降低排水管，使管内水面位于试样中心以下 20～40cm，吸除试样与橡皮膜之间的余水，关排水阀。需要测定土的应力应变关系时，应在试样与透水石之间放置中间夹有硅脂的两层圆形橡皮膜，膜中间应留有直径为 1cm 的圆孔排水。

（e）将压力室罩顶部活塞提高，放下压力室罩，将活塞对准试样中心，并均匀地拧紧底座连接螺母。向压力室内注满纯水，待压力室顶部排气孔有水溢出时，拧紧排气孔，并将活塞对准测力计和试样顶部。

（f）将离合器调至粗位，转动粗调手轮，当试样帽与活塞及测力计接近时，将离合器调至细位，改用细调手轮，使试样帽与活塞及测力计接触，装上变形指示计，将测力计和变形指示计调至零位。

b. 试样固结：

（a）调节排水管使管内水面与试样高度的中心齐平，测记排水管水面读数。

（b）开孔隙水压力阀，使孔隙水压力等于大气压力，关孔隙水压力阀，记下初始读数。当需要施加反压力时，应按前面所述步骤进行。

（c）将孔隙水压力调至接近周围压力值，施加周围压力后，再打开孔隙水压力阀，待孔隙水压力稳定后（一般需 15～30min）测定孔隙水压力。施加的周围压力值应根据工程实际荷载而定，一般最大一级周围压力应与最大实际荷载大致相等，但由于受仪器本身限制，最大周围压力一般不宜超过 0.6MPa（低压三轴仪）或 2.0MPa（高压三轴仪）。

（d）打开排水阀。当需要测定排水过程时，应按前面所述有关步骤测记排水管水面及孔隙水压力读数，直至孔隙水压力消散 95% 以上（黏性土一般需 16h 以上）。固结完成后，关排水阀，测记孔隙水压力和排水管水面读数。

（e）微调压力机升降台，使活塞与试样接触，此时轴向变形指示计的变化值为试样固结时的高度变化。

c. 试样剪切：

（a）转动细挡手轮，使活塞与土样帽接触，调整量测轴向变形位移计的初读数和轴向压力测力计以及孔隙水压力计的初读数。

（b）启动电动机，合上离合器，按剪切速率黏土每分钟应变 0.05％～0.1％，粉土每分钟应变 0.1％～0.5％，对试样施加轴向压力进行剪切。取试样每产生轴向应变 0.3％～0.4％，测读一次测力计、孔隙水压力和轴向变形读数。当轴向应变大于 3％时，试样每产生 0.7％～0.8％，测记一次测力计、孔隙水压力和轴向变形读数，直至轴向应变为 20％时为止。

（c）试验结束，关电动机，关周围压力阀，脱开离合器，将离合器调至粗位，转动粗调手轮，将压力室降下，打开排气孔，排除压力室内的水，拆卸压力室罩，拆除试样，描述试样破坏形状，称试样质量，并测定含水率。

2）成果整理：

a. 计算：

（a）按式（2.34）和式（2.35）计算孔隙水压力系数：

$$B = \frac{u_0}{\sigma_3} \tag{2.34}$$

$$A = \frac{u_f}{B(\sigma_1 - \sigma_3)} \tag{2.35}$$

式中　B——在周围压力 σ_3 作用下的初始孔隙水压力系数；

　　A——试样破坏时的孔隙水压力系数；

　　u_0——在周围压力 σ_3 作用下土体孔隙水压力，kPa；

　　σ_3——周围压力，kPa；

　　u_f——土体破坏时，主应力差产生的孔隙水压力，kPa；

　　σ_1——土体破坏时大主应力，kPa。

（b）按式（2.36）和式（2.37）计算试样固结后的高度和面积：

$$h_c = h_0(1 - \varepsilon_0) = h_0\left(1 - \frac{\Delta V}{V_0}\right)^{1/3} \tag{2.36}$$

$$A_c = \frac{\pi}{4}d_0^2(1 - \varepsilon_0)^2 = \frac{\pi}{4}d_0^2\left(1 - \frac{\Delta V}{V_0}\right)^{2/3} \tag{2.37}$$

式中　V_0——试样固结前的体积，cm³；

　　h_0——试样固结前的高度，cm；

　　d_0——试样固结前的直径，cm；

　　ΔV——试样固结前后的体积改变量，cm³；

　A_c、h_c——试样固结后的平均断面积（cm²）和高度（cm）。

（c）按式（2.38）和式（2.39）计算试样剪切过程中的应变值和校正断面积：

$$\varepsilon_1 = \frac{\sum \Delta h}{h_c} \times 100\% \tag{2.38}$$

$$A_a = \frac{A_c}{1 - \varepsilon_1} \tag{2.39}$$

式中　ε_1——试样剪切过程中的轴向应变，％；

　　$\sum \Delta h$——试样剪切时的轴向变形，cm；

A_a——试样的校正断面积，cm^2。

（d）按式（2.33）计算主应力差。

（e）按式（2.40）~式（2.42）计算试样有效大主应力、有效小主应力和有效主应力比：

$$\sigma_1' = \sigma_1 - u \tag{2.40}$$

$$\sigma_3' = \sigma_3 - u \tag{2.41}$$

$$\frac{\sigma_1'}{\sigma_3'} = 1 + \frac{\sigma_1' - \sigma_3'}{\sigma_3'} \tag{2.42}$$

式中　σ_1'、σ_3'——有效大主应力和有效小主应力，kPa；

　　　　u——孔隙水压力，kPa。

b. 绘图：

（a）主应力差（$\sigma_1 - \sigma_3$）与轴向应变（ε_1）关系曲线如图 2.20 所示。

（b）以有效应力比 σ_1'/σ_3' 为纵坐标，轴向应变 ε_1 为横坐标，绘制有效应力比与轴向应变曲线（图 2.22）。

（c）以孔压 u 为纵坐标，轴向应变 ε_1 为横坐标，绘制孔压与轴向应变关系曲线（图 2.23）。

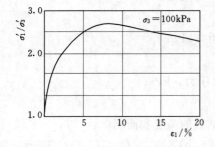

图 2.22　有效应力比与轴向应变关系曲线　　　图 2.23　孔隙水压力与轴向应变关系曲线

（d）以剪应力 τ 为纵坐标，法向应力 σ 为横坐标，在横坐标轴以 $[(\sigma_1 + \sigma_3)/2，0]$ 为圆心，以 $(\sigma_1 - \sigma_3)/2$ 为半径，绘制破坏总应力圆，并绘制不同周围压力下诸破坏总应力圆的包线（图 2.24）。包线的倾角为内摩擦角 φ_{cu}，包线在纵轴上的截距为粘聚力 c_{cu}。对于有效内摩擦角 φ' 和有效粘聚力 c'，应以 $[(\sigma_1' + \sigma_3')/2，0]$ 为圆心，$(\sigma_1' - \sigma_3')/2$ 为半径绘制有效破坏应力圆并作诸圆包线后确定（图 2.24）。

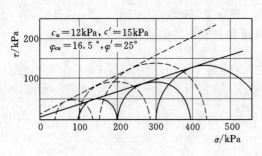

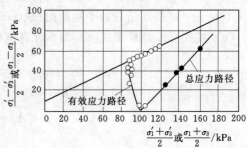

图 2.24　固结不排水剪强度包线　　　　　　图 2.25　应力路径图

（e）若各应力圆无规律，难以绘制各应力圆的强度包线，可按应力路径法取值，即以 $(\sigma_1'-\sigma_3')/2$ 为纵坐标，$(\sigma_1'+\sigma_3')/2$ 为横坐标，绘制有效应力路径曲线（图 2.25），并按式（2.43）和式（2.44）计算有效内摩擦角 φ' 和有效粘聚力 c'。

$$\varphi' = \arcsin(\tan\alpha) \tag{2.43}$$

$$c' = \frac{d}{\cos\varphi'} \tag{2.44}$$

式中　α——应力路径图上破坏点连线的倾角，(°)；

　　　d——应力路径上破坏点连线在纵轴上的截距，kPa；

　　　φ'——有效内摩擦角，(°)；

　　　c'——有效粘聚力，kPa。

　c. 试验记录。固结不排水剪三轴试验记录见表 2.9。

表 2.9　　　　　固结不排水剪三轴压缩试验记录表

工程编号：_____　　　　　　　　　　　　　　试验者：_____

试样编号：_____　　　　　　　　　　　　　　计算者：_____

试验日期：_____　　　　　　　　　　　　　　校核者：_____

（1）含水率

	试验前	试验后
盒号		
湿土质量/g		
干土质量/g		
含水率/%		
平均含水率/%		

（3）反压力饱和

周围压力/kPa	反压力/kPa	孔隙水压力/kPa	孔隙压力增量/kPa

（4）固结排水

周围压力_____ kPa　　　反压力_____ kPa

孔隙水压力_____ kPa

经过时间/(h；min；s)	孔隙水压力/kPa	量管读数/mL	排出水量/mL

（2）密度

试样高度/cm	
试样体积/cm³	
试样质量/g	
密度/g/cm³	
试样草图	
试样破坏描述	
备注	

（5）不排水剪切

钢环系数_____ N/0.01mm　　　剪切速率_____ mm/min　　　周围压力_____ kPa

反压力_____ kPa　　　初始孔隙压力_____ kPa　　　温度_____ ℃

轴向变形/0.01mm	轴向应变 ε/%	校正面积 $\dfrac{A_0}{1-\varepsilon}$ /cm²	钢环读数/0.01mm	$\sigma_1-\sigma_3$ /kPa	孔隙压力/kPa	σ_1' /kPa	σ_3' /kPa	σ_1'/σ_3'	$\dfrac{\sigma_1'-\sigma_3'}{2}$ /kPa	$\dfrac{\sigma_1'+\sigma_3'}{2}$ /kPa

（3）固结排水剪（CD）试验：

1）操作步骤：

a. 对于固结排水剪试验，试样的安装、固结、剪切按前述固结不排水剪试验的相应步骤进行，但在剪切过程中应打开排水阀。

b. 对于固结排水剪试验，一般认为试件在固结和剪切过程中不存在孔隙水压力，或者说试件在有效应力条件下达到破坏。对于砂类土或粉土的固结排水剪试验，由于土的渗透性较大，故可采用土样上端排水下端检测孔隙水压力是否在增长的方式来调整剪切速率；对于渗透性较小的黏性土，则应采用土样两端排水，剪切速率采用每分钟应变 $0.003\%\sim0.012\%$，或按式（2.45）和式（2.46）估算剪切速率。

$$t_f = \frac{20h^2}{\eta C_v} \tag{2.45}$$

$$\dot{\varepsilon} = \frac{\varepsilon_{\max}}{t_f} \tag{2.46}$$

式中 t_f——试样破坏历时，min；

$\qquad h$——排水距离，即试样高度的一半（两端排水），cm；

$\qquad C_v$——固结系数，cm^2/s；

$\qquad \eta$——与排水条件有关的系数，一端排水 $\eta=0.75$；两端排水 $\eta=3.0$；

$\qquad \dot{\varepsilon}$——轴向应变速率，%/min；

$\qquad \varepsilon_{\max}$——估计最大轴向应变，%。

2）成果整理：

a. 计算：

（a）按式（2.34）孔隙水压力系数 B。

（b）按式（2.36）和式（2.37）计算试样固结后的高度和面积。

（c）按式（2.38）计算试样剪切过程中的应变值。

（d）按式（2.47）计算试样剪切过程中的校正断面积：

$$A_a = \frac{V_c - \Delta V_i}{h_c - \Delta h_i} \tag{2.47}$$

式中 ΔV_i——剪切过程中试样的体积变化，cm^3；

$\qquad \Delta h_i$——剪切过程中试样的高度变化，cm。

（e）按式（2.48）计算剪切过程中主应力差：

$$\sigma_1 - \sigma_3 = \frac{CR}{A_a} \times 10 = \frac{CR(1-\varepsilon_1)}{A_c - \dfrac{\Delta V}{h_c}} \times 10 \tag{2.48}$$

式中 ΔV——剪应力作用下的排水量，即剪切开始时的量水管初读数与某剪应力下量水管读数之差（取绝对值），cm^3；

其余符号意义与 CU 试验相同。

（f）按式（2.42）计算有效主应力比计算。

b. 绘图：

（a）以剪应力 τ 为纵坐标，法向应力 σ 为横坐标，在横坐标轴以破坏时的 $(\sigma_1+\sigma_3)/2$

为圆心，以 $(\sigma_1-\sigma_3)/2$ 为半径，绘制破坏总应力圆，并绘制不同周围压力下诸破坏总应力圆的包线，包线的倾角为内摩擦角 φ_d，包线在纵轴上的截距为粘聚力 c_d（图 2.26）。

（b）若各应力圆无规律，难以绘制各应力圆的强度包线，可按应力路径法求解，即以 $(\sigma_1'-\sigma_3')/2$ 为纵坐标，$(\sigma_1'+\sigma_3')/2$ 为横坐标，绘制有效应力路径曲线（图 2.25），并按式（2.43）和式（2.44）计算有效内摩擦角 φ' 和有效粘聚力 c'。

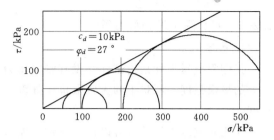

图 2.26　固结排水剪强度包线

c. 试验记录。固结排水剪三轴试验记录见表 2.10。

表 2.10　　　　　　　　　**固结排水剪三轴压缩试验记录表**

工程编号：＿＿＿＿＿　　　　　　　　　　　　　试验者：＿＿＿＿＿

试样编号：＿＿＿＿＿　　　　　　　　　　　　　计算者：＿＿＿＿＿

试验日期：＿＿＿＿＿　　　　　　　　　　　　　校核者：＿＿＿＿＿

（1）含水率

	试验前	试验后
盒号		
湿土质量/g		
干土质量/g		
含水率/%		
平均含水率/%		

（2）密度

	试验前	试验后
试样高度/cm		
试样面积/cm²		
试样体积/cm³		
试样质量/g		
密度/(g/cm³)		
试样草图		
试样破坏描述		
备注		

（3）反压力饱和

周围压力/kPa	反压力/kPa	孔隙水压力/kPa	孔隙压力增量/kPa

（4）固结排水

周围压力＿＿＿＿＿kPa　　反压力＿＿＿＿＿kPa

孔隙水压力＿＿＿＿＿kPa

经过时间/(h：min：s)	孔隙水压力/kPa	量管读数/mL	排出水量/mL

（5）排水剪切

钢环系数＿＿＿＿＿N/0.01mm　　　剪切速率＿＿＿＿＿mm/min　　　周围压力＿＿＿＿＿kPa

反压力＿＿＿＿＿kPa　　　初始孔隙压力＿＿＿＿＿kPa　　　温度＿＿＿＿＿℃

轴向变形 0.01mm	轴向应变 ε_a/%	校正面积 $\dfrac{V_c-\Delta V_i}{h_c-\Delta h_i}$ /cm²	钢环读数/ 0.01mm	主应力差 $(\sigma_1-\sigma_3)$ /kPa	比值 $\dfrac{\varepsilon_a}{\sigma_1-\sigma_3}$	量管读数 /cm³	剪切排水量 /cm³	体应变 $\varepsilon_v=\dfrac{\Delta V}{V_c}$/%	径向应变 $\varepsilon_T=\dfrac{\varepsilon_v-\varepsilon_a}{2}$/%	比值 $\dfrac{\varepsilon_T}{\varepsilon_a}$	应力比 $\dfrac{\sigma_1}{\sigma_3}$

2.2.5　无侧限抗压强度试验

1. 概述

无侧限抗压强度是指试样在没有侧向压力（侧面不受任何限制）的条件下，抵抗轴向压力的极限强度。原状土的无侧限抗压强度与重塑后土的无侧限抗压强度之比称为土的灵敏度。

无侧限抗压强度试验可以视为三轴压缩试验的一个特殊情况，即周围压力 $\sigma_3 = 0$ 的三轴压缩试验，所以又称单轴压缩试验。通过无侧限抗压强度试验，可以快速取得土样天然强度的近似定量值和灵敏度。

2. 适用范围

无侧限抗压强度试验适用于测定饱和黏土的无侧限抗压强度及灵敏度。但试验土样同时需具有两个条件：一个是在不排水条件下，要求试验时有一定的应变速率，在较短的时间内完成试验；另一个是试样在自重作用下能自立不变形，对塑性指数较小的土加以限制。

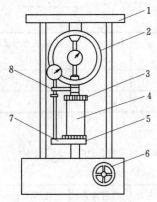

图 2.27　应变控制式无侧
限压缩仪

1—轴向加荷架；2—轴向测力计；
3—上传压板；4—试样；5—下
传压板；6—手轮；7—升降板；
8—轴向位移计

3. 仪器设备

（1）应变控制式无侧限压缩仪。由测力计、加压框架、升降设备等组成，如图 2.27 所示。无侧限抗压强度试验也可在应变控制式三轴仪上进行。

（2）轴向位移计。量程 10mm，分度值 0.01mm 的百分表或准确度为全量程 0.2% 的位移传感器。

（3）切土器。

（4）重塑筒。筒身可以拆成两半，内径 39.1mm，高 80mm。

（5）天平。称量 1000g，最小分度值 0.1g。

（6）其他。秒表、钢丝锯、卡尺、切土刀、塑料薄膜及凡士林等。

4. 操作步骤

（1）将原状土样按天然土层的方向置于切土器中，用切土刀或钢丝锯细心削切，边转边削，直至切成所需的直径（一般情况直径为 39.1mm）为止。

（2）从切土器中取出试样在成模筒中削去两端多余土样，原则上按直径为 39.1mm、高为 80mm 控制。

（3）将切好的试样立即称量，并量测试样的上、中、下直径和高度，取余土测定含水率。

（4）将试样的两端抹一薄层凡士林（减小压缩过程中试样与加压板之间的摩擦力约束，避免试样侧向变形不均匀引起的试样内应力分布不均匀），在气候干燥时，试样周围亦需抹一薄层凡士林，以防止水分蒸发。将试样小心地置于无侧限压缩仪底座上的加压板上，转动手轮使底座缓慢上升，使土样上下两端加压板恰好与土样接触为止，调整测力计和位移计的起始零点，根据试样的软硬程度选用不同量程的测力计。

（5）以每分钟轴向应变为 1%～3% 的速度转动手轮，使升降设备上升进行试验。在轴向应变小于 3% 时，每隔 0.5% 应变（或 0.4mm）读数一次；轴向应变不小于 3% 时，每隔 1% 应变（或 0.8mm）读数一次。试验宜在 8～10min 内完成。

（6）当测力计读数出现峰值时，继续进行 3%～5% 的应变后停止试验；当读数无峰值时，试验应进行到应变达 20% 为止。

（7）试验结束后反转手轮，取下试样，描述破坏后形状及滑动面的夹角。

（8）若需要测定灵敏度，应立即将破坏后的试样除去涂有凡士林的表面，再添少许余土，然后放在塑料袋或薄膜塑料布上用手搓捏充分扰动，破坏其结构，再重塑成圆柱形，放在重塑筒中，用金属垫板将试样挤成与原状试件尺寸、密度相等的试样，并按上述第（4）至第（7）步骤进行试验。需要注意的是，虽然天然结构土经重塑后结构粘聚力已全部消失，但当放置时间较久后还可以恢复一部分，所以，重塑土制备完毕后，应立即进行试验。

5. 成果整理

（1）计算：

1）按式（2.49）计算试件的平均直径 D_0：

$$D_0 = \frac{D_1 + 2D_2 + D_3}{4} \tag{2.49}$$

式中　D_1、D_2、D_3——试样上、中、下各部位的直径，cm。

2）按式（2.50）计算试样的轴向应变：

$$\varepsilon_1 = \frac{\Delta h}{h_0} \tag{2.50}$$

$$\Delta h = n\Delta L - R \tag{2.51}$$

式中　ε_1——试样的轴向应变，%；

　　h_0——试验前试样的高度，mm；

　　Δh——试样的轴向变形，mm；

　　n——手轮转数；

　　ΔL——手轮每转一周，下加压板升高的高度，mm；

　　R——量力环的量表读数，mm。

3）按式（2.52）校正试验过程中试样的断面积：

$$A_a = \frac{A_0}{1 - \varepsilon_1} \tag{2.52}$$

式中　A_a——校正后的试样平均断面积，cm^2；

　　A_0——试验前试样面积，cm^2。

4）按式（2.53）计算轴向应力：

$$\sigma_1 = \frac{CR}{A_a} \times 10 \tag{2.53}$$

式中　σ_1——试样的轴向应力，kPa；

　　C——量力环系数，N/0.01mm；

10——单位换算系数。

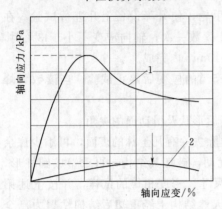

图2.28　轴向应力与轴向应变关系曲线
1—原状试样；2—重塑试样

5）按式（2.54）计算试样的灵敏度：

$$s_t = \frac{q_u}{q_u'} \tag{2.54}$$

式中　s_t——试样的灵敏度；

　　　q_u——原状土的无侧限抗压强度，kPa；

　　　q_u'——重塑土的无侧限抗压强度，kPa。

（2）绘图。以轴向应力 σ 为纵坐标，轴向应变 ε 为横坐标，绘制轴向应力与轴向应变关系曲线，如图2.28所示。取曲线上最大轴向应力作为无侧限抗压强度 q_u，如最大轴向应力不明显，则可取轴向应变为15％处的轴向应力为无侧限抗压强度 q_u。

（3）试验记录。无侧限抗压强度试验记录见表2.11。

表 2.11　　　　　无侧限抗压强度试验记录

工程名称：_____　　　　　　　　　　试验者：_____

试样编号：_____　　　　　　　　　　计算者：_____

试验日期：_____　　　　　　　　　　校核者：_____

	试样破坏描述
试验前试样高度 $h_0=$　　　mm 试验前试样直径 $D_0=$　　　cm 试验前试样面积 $A_0=$　　　cm^2 试样质量 $m=$　　　g 试样密度 $\rho=$　　　g/cm^3 手轮每转一周螺杆上升高度 $\Delta L=$　　　mm 量力环率定系数 $C=$　　　N/0.01mm 原状试样无侧限抗压强度 $q_u=$　　　kPa 重塑试样无侧限抗压强度 $q_u'=$　　　kPa 灵敏 $S_t=$	

手轮转数 n	量力环量表读数 R /0.01mm	轴向变形 Δh /mm	轴向应变 ε_1 /%	校正后面积 A_a /cm^2	轴向荷重 P /N	轴向应力 σ /kPa
(1)	(2)	(3)	(4)	(5)	(6)	(7)
		$(1)\times\Delta L-(2)$	$\frac{(3)}{h_0}$	$\frac{A_0}{1-(4)}$	$C\times(2)\times10$	$\frac{(6)}{(5)}$

任务 2.3　静止侧压力系数试验

【任务描述】

土的静止侧压力系数 K_0 是指土体在无侧向变形条件下，侧向有效应力与竖向有效应

力之比，即

$$K_0 = \frac{\sigma_3'}{\sigma_1'} \tag{2.55}$$

静止侧压力系数 K_0 试验的目的是为了确定土的静止侧压力系数 K_0 值。实际建筑物地基土的应力场应是处于 K_0 状态，因此在计算土体变形、挡土墙静止土压力、地下建筑物墙体土压力、桩的侧向摩阻力时，需要用 K_0 值来计算。

【任务分析】

本任务首先了解土的静止侧压力系数 K_0 方法、适用范围、仪器配备、步骤、数据的记录整理。

【任务实施】

2.3.1　静止侧压力系数 K_0 试验

1. 仪器设备

K_0 试验装置由如下几个部分组成：

（1）刚性密封式容器（图 2.29）。由一个整体不锈钢圆钢锻压切削而成。容器的刚度大，密封性能好，传力介质采用纯水或甘油与水配置而成的液体。同时为了便于使容器液

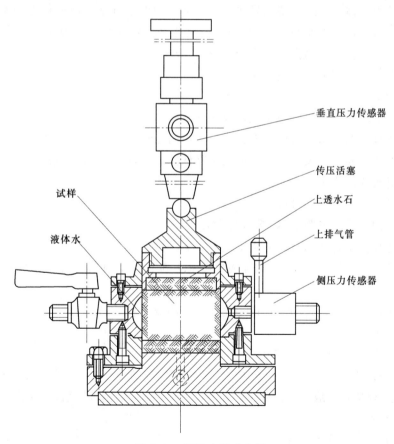

图 2.29　刚性密封式容器

腔中的气泡排净，内壁采用弧形断面，消除了矩形断面所造成的滞留气泡的死角，从而满足试样在试验过程中无侧向应变的条件。

（2）竖向压力传递装置。对于应变控制试验可用三轴仪加荷传动装置，若采用分级加荷的应力控制法，则可将刚性密封式容器置于固结仪的加荷装置上进行试验。

（3）量测系统。采用量程为 $0\sim5kN$ 的拉压力传感器，$0\sim1000kPa$ 的液压传感器以及 $0\sim10mm$ 的位移计等，分别量测土中的竖向应力 σ_1、竖向位移 ε_1、侧向应力 σ_3 和孔隙压力 u 等物理量。

（4）其他。切土环刀（内径 $\phi61.8$，高 40mm）、钢丝锯、切土刀、纯水、滴定管、吸气球、乳胶薄膜（厚度 0.4mm）、滤纸以及硅油等。

2. K_0 容器的标定

K_0 容器主要用以安装试样，使试样在竖向应力 σ_1 作用下不产生侧向变形，并且在测试过程中能连续而无滞后地反映土中竖向应力 σ_1、侧向应力 σ_3、竖向应变 ε_1 以及孔隙水压力 u 等相互关系及其各自的变化情况。要满足这一条件，K_0 容器则不得漏水，并且其压力腔的水在压力作用下不会产生体积变化。因此，K_0 容器各阀门接头、压紧螺丝、传感器接头、排气孔盖帽等各处不得漏水，水必须是煮沸后经真空抽气的纯水。另外，在注水过程中应注意气体的排除，特别是注意乳胶薄膜内的小气泡，应采用循环水加以排除。最后将一块与试样一样大小的校正钢块，放入 K_0 容器内，以额定的最大压力（约 500kPa）输入压力腔，检查是否有漏水现象，若压力表读数不下降，则表示压力腔及各管路系统不漏水，如有漏水，应及时处理。

3. 操作步骤

（1）用切土环刀细心切取原状试样或扰动试样。

（2）在试样的两端贴上与试样直径一样大小的滤纸。

（3）打开进水阀门，采用负压法或水头降低法，使 K_0 容器的乳胶膜向内壁凹进，以减少试样与乳胶膜的摩擦。

（4）在乳胶膜表面抹上薄层硅油。

（5）刀口向上将环刀置于 K_0 容器定位器内。

（6）用传压活塞将试样从环刀中推入 K_0 容器中。

（7）消除负压并提高到正压 1kPa 或提高水头到 10cm，使乳胶膜贴紧试样，然后关闭进水阀门。

（8）若采用三轴仪，转动三轴仪手轮使传压活塞与荷重传感器接触；若利用固结仪，则施加 1kPa 的预压力。

（9）根据不同试样性质确定压缩速率，开动电动机，合上传动离合器，进行 K_0 试验。

（10）当竖向应力 σ_1 达到约 400kPa 或是达到所需要的最大竖向应力 σ_1 时，停止试验。

（11）试验结束后，取出试样称量，并测定含水率，然后清洗容器，关闭各种电器开关。

4. 成果整理

（1）计算：

1）正常固结状态下的 K_{0n}：

$$K_{0n} = \frac{\sigma_3}{\sigma_1} \tag{2.56}$$

2）应力历史对 K_0 系数的影响：

$$K_0 = K_{0n}(R_{\alpha})^m \tag{2.57}$$

上二式中 K_{0n}——正常固结状态下的 K_0 值；

       R_{α}——超固结比；

       m——指数幂（一般取 $m \leqslant 0.41$，上海黏土可取 $0.52 \sim 0.57$）。

3）K_0 系数与孔隙水压力消散的关系。对于饱和土的 K_0 系数与土的固结的关系，由于所采用的侧压仪的结构如同"柔性环刀"的固结仪，仍保持着径向应变为"零"的静止条件，因此，可以引用太沙基一维固结理论的有关原理进行分析。

设 u_m 为试样的平均孔隙水压力，U_m 为试样的平均固结度，K_0' 为有效应力条件下的 K_0 系数。取平均孔隙水压力比 $R_{um} = u_m / \sigma_1$，则可写出如下各个关系式：

$$K_0' = \frac{\sigma_3'}{\sigma_1'} = \frac{\sigma_3 - u_m}{\sigma_1 - u_m} = \frac{K_{0(u)} - R_{um}}{1 - R_{um}} \tag{2.58}$$

$$R_{um} = \frac{u_m}{\sigma_1} = 1 - U_m \tag{2.59}$$

$$K_0' = \frac{K_{0(u)} - (1 - U_m)}{U_m} \tag{2.60}$$

以上式中 $K_{0(u)}$——随孔隙水压力变化的总应力 K_0 系数；

       σ_1'、σ_3'——分别为有效大主应力和有效小主应力。

在等应变控制连续加荷以及试样底部孔隙水压力设为 u_b 的情况下，根据太沙基固结理论有关假定，可得到如下关系式：

$$K_0' = \frac{K_{0(u)} - \alpha R_{ub}}{1 - \alpha R_{ub}} \tag{2.61}$$

$$K_{0(u)} = K_0' + \alpha R_{ub}(1 - K_0') \tag{2.62}$$

（试样底部孔隙水压力比）$R_{ub} = u_b / \sigma_1$

而令 $\alpha = \dfrac{u_m}{u_b} = \dfrac{R_{um}}{R_{ub}}$（在此 α 取 0.7） $\quad$ (2.63)

为简便起见，可将式（2.58）改为

$$K_0' = \frac{\sigma_3 - au_b}{\sigma_1 - au_b} = \frac{\sigma_3 - 0.7u_b}{\sigma_1 - 0.7u_b} \tag{2.64}$$

（2）绘图。以竖向有效应力 σ_1' 为横坐标，侧向有效应力 σ_3' 为纵坐标，绘制 $\sigma_1' - \sigma_3'$ 关系曲线，如图 2.30 所示。

（3）试验记录。静止侧压力系数 K_0 试验记录见表 2.12。

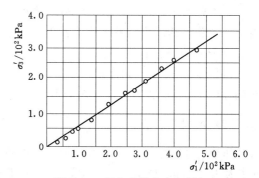

图 2.30 竖向有效应力与侧向
有效应力关系曲线

表 2.12　　　　　　　　　　　静止侧压力系数 K_0 试验

试样编号：_____						试验者：_____			
试验方法：_____						计算者：_____			
试验日期：_____						校核者：_____			

K_0 试验方式：	应力控制式		应变控制式			荷重传感器系数：			
轴向应变速率：				(mm/min)		液压传感器系数：			．
轴向应力 σ_1/kPa									
侧向应力 σ_3/kPa									
孔隙水压力 u/kPa									
K_0 系数									
备注									

侧向压力 σ_3/kPa	
	轴向应力 σ_1/kPa

【项目案例分析1】

1. 工程概况

某工程位于成都市双流县华阳镇广福桥社区。一组团总规划用地面积 150154m²，规划总建筑面积 684981.87m²，地上建筑面积 467860.24m²，地下建筑面积 215388m²。拟建物包括 22 幢高层建筑，其中 1～6 号楼为 11 层，设一层地下室；7～14 号楼为 18 层、15～19 号楼为 33 层、20～22 号楼为 39 层，均设二层地下室。

场地上覆第四系人工填土（Q_4^{ml}），其下由第四系全新统河流冲洪积（Q_4^{al+pl}）成因的粉质黏土、粉土、砂及卵石组成，下伏白垩系夹关组（K_2j）泥质砂岩。

2. 试验成果

为了查明土的物理力学性质本次勘察共取原状样土样 49 件，扰动样土样 32 件进行室内土工试验，其试验结果统计见表 2.13。

3. 试验成果分析

（1）表 2.13 中分别计算平均值、标准差、变异系数和标准值，计算方法同项目 1 中案例分析 1，土的物理指标运用同项目 1。

（2）根据压缩系数 α（$\alpha = \dfrac{e_1 - e_2}{p_2 - p_1}$，MPa^{-1}）值可判断地基土的压缩性高低：$\alpha_{1-2} < 0.1$ 属低压缩性土；$0.1 \leqslant \alpha_{1-2} < 0.5$ 属中压缩性土；$\alpha_{1-2} \geqslant 0.5$ 属高压缩性土。根据表中的结果粉质黏土（可塑）$\alpha_{1-2} = 0.31$，属于中压缩性土；粉质黏土（软塑）$\alpha_{1-2} = 0.68$，属于高压缩性土；粉土 $\alpha_{1-2} = 0.31$，属于中压缩性土；淤泥质粉土 $\alpha_{1-2} = 1.09$，属于高压缩性土。

表 2.13　土的物理力学指标统计表

土名	统计值	含水量 ω_0/%	密度 ρ_0/(g/cm³)	比重 G_s	饱和度 S_r/%	孔隙率 n/%	孔隙比 e_0	液限 ω_L/%	塑限 ω_P/%	塑性指数 I_P	液性指数 I_w	黏粒含量/%	压缩模量 E_{s1-2}/MPa	压缩系数 α_{v1-2}/MPa⁻¹	粘聚力 c/kPa	修正系数 ψ_c	标准值 c_k/kPa	内摩擦角 φ/(°)	修正系数 Φ_φ	标准值 φ_k/度	基本值 f_0/kPa	修正系数 ψ_f	特征值 f_{ak}/kPa
粉质黏土①（可塑）	试样数	21	21	21	21	21	21	21	21	21	21	—	21	21	21			21			21		
	最大值	26.3	2.00	2.74	93	45	0.802	35.9	20.5	15.40	0.38	—	6.51	0.35	55			15.3			248		
	最小值	22.7	1.91	2.72	82	41	0.692	32.2	18.5	13.30	0.29	—	5.15	0.26	40			13.3			221		
	平均值	24.0	1.95	2.73	89	43	0.737	33.5	19.4	14.1	0.33	—	5.84	0.30	47	0.934	44	14.2	0.976	13.8	234	0.800	176
	标准差	1.128	0.031	0.007	3.367	1.350	0.036	1.159	0.603	0.697	0.028	—	0.425	0.026	5.280			0.581			9.624		
	δ	0.047	0.016	0.002	0.038	0.032	0.048	0.035	0.031	0.049	0.087	—	0.073	0.086	0.113			0.041			0.041		
	标准值	24.7	1.93	2.73	87	42	0.758	32.8	19.1	13.7	0.34	—	5.59	0.31	—			—			—		
粉质黏土②（软塑）	试样数	7	7	7	7	7	7	7	7	7	7	—	7	7	7			7			7		
	最大值	34.8	1.82	2.73	89	52	1.079	36.9	24.0	15.50	0.92	—	4.17	0.73	30			13.6			144		
	最小值	30.5	1.77	2.72	87	49	0.958	33.8	19.0	11.70	0.78	—	2.85	0.47	24			10.3			111		
	平均值	33.2	1.79	2.72	88	51	1.030	35.2	21.7	13.5	0.86	—	3.39	0.61	27	0.933	25	12.2	0.926	11.3	123	0.868	107
	标准差	1.527	0.020	0.005	0.983	1.033	0.043	1.170	1.602	1.440	0.052	—	0.457	0.089	2.191			1.086			11.618		
	δ	0.046	0.011	0.002	0.011	0.020	0.042	0.033	0.074	0.106	0.061	—	0.135	0.147	0.081			0.089			0.095		
	标准值	34.4	1.77	2.72	87	50	1.066	34.2	20.3	12.3	0.90	—	3.01	0.68	—			—			—		
粉土	试样数	15	15	15	15	15	15	15	15	15		15	15	15	15			15			15		
	最大值	27.3	1.88	2.72	87	47	0.885	33.2	24.1	9.5		18.8	6.50	0.40	28			23.5			146		
	最小值	23.80	1.83	2.70	78	44	0.800	29.1	20.9	8.1		15.3	4.57	0.28	15			19.2			122		
	平均值	25.5	1.85	2.71	82.9	45.5	0.835	31.4	22.6	8.8		17.0	5.27	0.35	21	0.910	19	21.5	0.963	20.7	132	0.893	118
	标准差	1.099	0.019	0.008	2.900	0.776	0.026	1.167	1.060	0.378		1.122	0.497	0.032	3.786			1.582			10.053		
	δ	0.043	0.010	0.003	0.035	0.017	0.032	0.037	0.047	0.043		0.066	0.094	0.091	0.180			0.074			0.076		
	标准值	25.0	1.85	2.71	81	45	0.821	30.8	22.0	8.6		16.5	5.02	0.33	—			—			—		
淤泥质粉土	试样数	6	6	6	6	6	6	6	6	6	6	—	6	6	6			6			6		
	最大值	44.8	1.79	2.72	97	56	1.264	41.4	33.0	9.20	1.32	—	2.30	1.13	3			4.2			75		
	最小值	39.5	1.74	2.71	96	53	1.120	39.0	30.0	7.90	1.09	—	2.00	0.92	1.2			2			64		
	平均值	42.2	1.76	2.71	96	54	1.188	40.4	31.8	8.7	1.18	—	2.15	1.02	2	0.760	2	3.3	0.809	2.6	70	0.937	66
	标准差	1.889	0.019	0.005	0.516	1.211	0.051	0.900	1.111	0.463	0.074	—	0.128	0.084	0.634			0.755			3.566		
	δ	0.045	0.011	0.002	0.005	0.022	0.043	0.022	0.035	0.053	0.063	—	0.060	0.082	0.290			0.231			0.051		
	标准值	43.7	1.75	2.71	96	53	1.231	39.7	30.8	8.3	1.30	—	2.04	1.09	—			—			—		

通过压缩系数可换算压缩模量 E_s（$E_s = \dfrac{1+e_1}{\alpha}$，MPa），同样可通过压缩模量判断地基土的压缩性高低，$E_s < 4$，高压缩性土；$4 \leqslant E_s \leqslant 15$，中压缩性土；$E_s > 15$，低压缩性土。由压缩模量判断地基土的压缩性结果同压缩系数的判断结果。

（3）试验测得的抗剪强度指标 c、φ 值一般要进行修正，修正系数一般小于 1，从表可以得出粉质黏土的粘聚力和内摩擦角值稍大，淤泥质粉土粘聚力和内摩擦角值最小，抗剪强度指标 c、φ 值可用于地基土土压力的计算、地基承载力特征值的确定等（建筑地基基础设计规范查找 c、φ 修正）。

（4）根据土工试验结果可知：场地分布的粉质黏土①呈可塑状，力学性质一般，承载力低，属中压缩性土，粉质黏土②呈软塑状，力学性质差，承载力低，属中高压缩性土；场地分布的粉土力学性质较差，承载力低，粉土黏粒含量为 15.3%～18.8%，均大于 10%，属中压缩性土；场地分布的淤泥质粉土主要呈流塑状态，力学性质差，承载力低，为场地的不良地基土。

【项目案例分析 2】

1. 工程概况

工程概况见项目 2 中的项目分析。滑坡体由新老滑坡体构成：

老油坊沟滑坡体：该滑坡体平面上呈"长舌"状，长 720m，宽 200～380m，滑体为块石土夹粉土及粉质黏土，平均厚 40m，体积 860 万 m³，滑动面为土体与基岩接触面，滑坡主滑方向 76°，该滑坡规模较大，虽经后期人类工程活动改造，但滑坡各平面要素均较清楚。

新油坊沟滑坡体：该滑坡体平面上相对呈"圈椅"状，长 130m，宽 150m，滑体为块石土夹粉土，厚 9～40m，平均厚 20m，滑体总方量 42 万 m³，滑动面为块石土间一薄层黏土，滑坡主滑方向 65°，该滑坡为老滑坡前缘一变形体，其上人类工程活动剧烈，滑坡总体上西南高，北东低，坡度角 15°～25°。后部相对较缓，前部较陡。

2. 试验成果

重度指标的选择：滑体土结构不均，块石的多少对重度影响很大，故本次计算参考大体积重度试验值见表 2.14。

表 2.14　　　　　　　　　　大 体 积 天 然 重 度 表

滑坡地名	探井号	取样井深 /m	取出土体质量 /kg	取出土体积 /dm³	天然重度 /(kN/m³)	平均值
油坊沟	TJ1	5.0～6.0	13516.7	5600	24.1	22.96
	TJ1	7.0～8.0	13120.9	5600	23.4	
	TJ2	4.0～5.0	13164.3	5600	23.5	
	TJ3	7.4～8.4	6676.7	3200	20.8	
	TJ3	8.4～9.4	7408.6	3200	23.1	
	TJ5	1.55～2.55	7269.6	3200	22.7	
	TC1	4.5～5.5	1155	500	23.1	

抗剪强度指标的选择：野外大剪试验见表2.15，室内试验成果见表2.16、表2.17。

3. 试验成果分析

（1）根据前述大剪试验值、室内试验值（室内采用快剪，原因在于快剪适用于渗透系数小于 10^{-6} cm/s 的细粒土，多用于测定饱和黏性土的天然强度）结合现状分析及滑坡的定性分析，并根据前人工作经验综合确定滑坡计算时各项参数见表2.18。

表 2.15　　　　　　　　　　　　　大 剪 试 验 值 成 果 表

滑 坡 位 置		抗 剪 强 度	
		c/kPa	φ/(°)
新滑坡	TJ1	65	18.5
	TJ5	27	16.7
平均值		46	17.6
老滑坡	TJ4	20	12
	TC2	40	17.2
平均值		30	13.6

表 2.16　　　　　　　　　　　　滑带土室内试验抗剪强度成果统计表

块体编号或名称	试样编号	快 剪 峰 值				快 剪 残 值			
		粘聚力/kPa		内摩擦角/(°)		粘聚力/kPa		内摩擦角/(°)	
		天然	饱和	天然	饱和	天然	饱和	天然	饱和
油坊沟老滑坡	ZK17	35.00	28.00	13.40	10.80	28.50	22.00	10.50	8.80
	ZK26	73.00	65.00	16.30	14.30	58.00	49.00	13.30	11.10
	ZK27	41.67	35.83	13.40	11.90	31.50	27.00	11.00	8.93
	ZK28	54.50	45.20	11.60	9.10	45.00	32.00	9.30	7.10
	ZK29	50.00	42.00	12.30	10.70	41.00	30.00	10.40	7.80
	ZK30	47.00	37.50	16.50	13.70	34.50	24.50	14.50	10.65
	ZK32	79.50	56.50	16.10	13.20	62.50	43.00	13.25	10.35
	TC2	65.00	48.00	14.30	11.60	48.00	34.00	11.00	8.40
	TJ3	54.50	43.00	14.10	11.40	38.00	30.00	11.70	8.50
	TJ4	43.00	35.00	12.10	10.80	31.00	23.00	10.10	7.00
样本数 n		10	10	10	10	10	10	10	10
平均值 f_m		54.32	43.60	14.01	11.75	41.80	31.45	11.51	8.86
标准差 δ_f		14.26	10.87	1.80	1.58	11.58	8.70	1.66	1.43
变异系数 δ		0.26	0.25	0.13	0.13	0.28	0.28	0.14	0.16

表 2.17 滑带土室内试验抗剪强度成果统计表

块体编号或名称	试样编号	快 剪 峰 值				快 剪 残 值			
		粘聚力/kPa		内摩擦角/(°)		粘聚力/kPa		内摩擦角/(°)	
		天然	饱和	天然	饱和	天然	饱和	天然	饱和
油坊沟新滑坡	ZK1	27.2	20.0	10.2	7.4	17.5	13.0	8.4	6.5
	ZK2-1	33.0	26.0	13.7	10.5	25.0	18.0	10.1	7.2
	ZK2-2	81.0	58.0	17.7	13.9	60.0	41.0	13.4	10.6
	ZK4	32.0	25.0	13.8	9.6	24.0	19.0	10.1	7.6
	ZK5	25.0	19.0	10.6	8.5	20.0	15.0	8.1	6.1
	ZK6	33.0	26.5	16.0	13.6	26.1	19.0	13.8	10.5
	ZK9	28.5	22.5	12.5	10.6	23.0	17.6	11.0	6.7
	ZK10	22.0	18.0	16.4	14.4	17.0	13.0	13.3	10.3
样本数 n		8	8	8	8	8	8	8	8
平均值 f_m		35.21	26.88	13.86	11.06	26.58	19.45	11.02	8.19
标准差 δ_f		18.92	12.99	2.72	2.63	13.92	9.05	2.26	1.94
变异系数 δ		0.54	0.48	0.20	0.24	0.52	0.47	0.20	0.24
标准值		22.43	18.10	12.03	9.29	17.17	13.34	9.49	6.88

表 2.18 稳 定 性 计 算 参 数

项目 计算位置	c/kPa		$\varphi/(°)$		$\gamma/(kN/m^3)$	
	天然	饱和	天然	饱和	天然	饱和
新滑坡	35.2	26.8	13.13	11.06	20.59	20.6
老滑坡	36.3	28.3	12.7	11.6	19.8	20.5

（2）计算断面选择。根据目前滑坡变形的总体方向及地面调查，选择如下计算剖面：

油坊沟老滑坡：采用 7—7′剖面为稳定性计算主剖面，6—6′、8—8′剖面为稳定性验算辅助剖面，稳定性评价时，以主剖面进行评价。

油坊沟新滑坡：采用 1—1′剖面为稳定性计算主剖面，2—2′、3—3′剖面为稳定性验算辅助剖面，稳定性评价时以主剖面进行评价，见稳定性计算剖面图。

（3）计算公式。按《工程地质手册》第五版的规定，结合滑坡特征，滑面为折线，按式（2.65）计算稳定系数：

$$F_s = \frac{\sum_{i=1}^{n-1}(R_i \prod_{j=i}^{n-1} \psi_i) + R_n}{\sum_{i=1}^{n-1}(T_i \prod_{j=i}^{n-1} \psi_j) + T_n} \tag{2.65}$$

$$\psi_i = \cos(\theta_i - \theta_{i+1}) - \sin(\theta_i - \theta_{i+1})\tan\varphi_{i+1}$$

$$\prod_{j=1}^{n-1} \psi_j = \psi_i \psi_{i+1} \psi_{i+2} \cdots \psi_{n-1}$$

$$R_i = N_i \tan\varphi_i + c_i L_i$$

$$N_i = W_i \cos\theta_i \quad T_i = W_i \sin\theta_i$$

式中　F_s——稳定系数；

　　　R_i——作用于第 i 块段的抗滑力，kN/m；

　　　R_n——作用于第 n 块段的抗滑力，kN/m；

　　　N_i——第 i 块段滑动面的法向分力矢量，kN/m；

　　　θ_i——第 i 块段滑动面倾角，与滑动面相反时为负值，(°)；

　　　φ_i——第 i 块段滑动面的内摩擦角，(°)；

　　　c_i——第 i 块段滑动面的粘聚力，kPa；

　　　L_i——第 i 块段滑动面的长度，m；

　　　W_i——第 i 块段滑体所受的重力，kN/m；

　　　T_i——作用于第 i 块滑动面上的滑动分力矢量，kN/m；

　　　T_n——作用于第 n 块滑动面上的滑动分力矢量，kN/m；

　　　ψ_i——第 i 块段的剩余下滑力传递至 $i+1$ 块段的传递系数。

（4）计算方案。根据本滑坡特征及所处的地理位置，选择两种计算方案，分别代表该滑坡在所处最佳环境和最恶劣环境下的稳定状态，分别为：

1）当地无雨或少雨滑体处于天然状态：天然自重＋现有荷载。

2）当地连降暴雨或持续大雨，滑体处于完全饱水状态：饱和自重＋现有荷载。

（5）计算结果。滑坡的稳定性及滑坡推力计算结果详见表 2.19、表 2.20。

表 2.19　　　　　　　　　　　　　滑坡的稳定性验算结果

计算位置		稳定系数		稳 定 性
		少雨	暴雨	
新滑坡	1－1′	1.22	0.99	不稳定
	2－2′	1.12	0.90	
	3－3′	1.09	0.87	
老滑坡	6－6′	1.23	1.09	稳定
	7－7′	1.15	1.01	
	8－8′	1.33	1.16	

注　评价标准，潜在不稳定的 $F_s \leqslant 1.02$，稳定性较差的 $1.02 < F_s < 1.05$，基本稳定的 $1.05 \leqslant F_s < 1.1$，稳定的 $F_s > 1.1$。

表 2.20　　　　　　　　　　　　滑 坡 推 力 统 计 表　　　　　　　　　　单位：kN

滑坡位置		滑坡推力	
		少　雨	暴　雨
新滑坡	1－1′	－1296.51	1524.94
	2－2′	84.82	4095.99
	3－3′	65.38	1716.26

续表

滑坡位置		滑坡推力	
		少 雨	暴 雨
老滑坡	6 - 6'	-13340.72	898.05
	7 - 7'	-3767.32	7314
	8 - 8'	-8807.86	-1159.78

根据计算结果分析如下：

油坊沟新滑坡：现状少雨或无雨情况下处于稳定状态，在连续暴雨或持续大雨，土体处于饱水状态时，滑坡处于不稳定状态。当安全系数 $F_s = 1.15$ 时，滑坡推力见表 2.20，这与前述分析实际情况相吻合，新滑坡在连续暴雨时处于不稳定状态，发生在 1988 年及 2008 年两次持续大雨或连续暴雨季节的蠕动变形就是明证。

老滑坡：现状少雨或无雨情况下是稳定的，在连续暴雨或持续大雨，土体处于饱水状态时，仍基本处于稳定状态，但 6 - 6' 稳定系数为 1.09，稳定性较差，7 - 7' 剖面稳定系数为 1.01，处于潜在不稳定状态。当安全系数为 1.15 时，滑坡推力见表 2.20。

（6）稳定性评价：

1）油坊沟新滑坡。少雨或无雨滑体处于天然状态下是稳定的，持续大雨滑体完全处于饱水状态下，滑坡处于不稳定状态，有滑移变形的可能，必须加以治理。

2）油坊沟老滑坡。无雨或少雨，滑体处于天然状态下是稳定的，连续暴雨，滑体处于完全饱水状态时，基本是稳定的，但稳定性较差，局部在外界因素影响下，滑坡有再次滑动可能。

3）滑床稳定性。滑床岩性为砂岩及石灰岩，裂隙发育，基岩顶面较陡（倾角 20°～25°），但基岩下插入油坊沟底，不易再发生滑动，故滑床基本稳定。

【项目小结】

本项目主要介绍土的固结试验、抗剪强度试验、静止侧压力系数 K_0 试验。掌握常见土的力学性质指标的测定方法、试验仪器、试验步骤和数据成果整理分析。最后通过具体的项目实例成果让学生学会初步判断土的压缩性高低、强度、变形等特性，土的力学性质指标是地基的稳定性评价、沉降量计算和边坡的稳定性计算等的基本参数和重要依据，在工程计算中常被直接应用。重点掌握土的固结试验、抗剪强度试验。

【能力测试】

1. 通过标准固结试验可以求哪些参数？

2. 固结试验的沉降稳定时间对试验结果有何影响？为什么标准固结试验中取每级压力下固结 24h 作为该级荷载的稳定标准？

3. 在进行应变控制连续加荷固结试验时，如何合理选择施加轴向压力的应变速率？其依据是什么？

4. 在对黏性土进行快剪、固结快剪、慢剪试验时，为什么要采用不同的剪切速率？其依据是什么？进行固结快剪，采用慢剪的剪切速率对试验结果会产生什么样的影响？

5. 在进行直接剪切试验时，为什么一定要尽量使手轮转速保持恒定？

6. 在直接剪切试验和三轴压缩试验中，如何判断试样已固结稳定，如何判断试样已剪切破坏？

7. 根据直接剪切试验和三轴压缩试验结果，如何确定试样的抗剪强度值？

8. 采用直接剪切试验能否测定土的有效应力抗剪强度指标？为什么？

9. 三轴压缩试验为什么又要分为不固结不排水剪试验、固结不排水剪试验和固结排水剪试验？试举例说明它们的适用范围及选择依据。

10. 在整理三轴压缩试验成果时，为什么要对固结和剪切后的试样面积进行修正？如何修正？

11. 简述三轴压缩试验中饱和试样的制备方法。

12. 在进行无侧限抗压强度试验时，为什么要在试样两端涂一薄层凡士林？

13. 在利用无侧限抗压强度试验确定试样的灵敏度时，重塑试样的试验应该在制样后立即进行还是要静置一段时间后再进行？为什么？

项目3 岩石的物理力学性质指标测定

【项目分析】

某水电站是大渡河流域水电梯级近期开发的大型水电工程之一。规划设计阶段，分别拟定了上、下两个坝址，上、下两个坝址河段长约3km，河段顺直，经设计单位勘察最终坝型为土质心墙堆石坝。修建这个大坝必须查明工程地质条件，了解坝址区各类岩石变形、强度性质，以及坝区岩体应力状况，充分论证坝址建高坝的工程地质条件和适应性，在坝区布置了岩石物理力学试验。

岩石的物理指标与力学指标有着密切的联系，岩石的含水量和密度直接影响其抗压、抗拉和抗剪强度。在荷载作用下岩石发生变形，随着荷载的增加变形加剧，岩石开始局部破坏出现微裂隙，外荷继续增加，达到或超过某一数值时，微裂隙扩展并逐渐互相连通发展成破裂面，于是岩石变形就转化为岩石破坏。岩石的强度究竟有多大？这与岩石的物理力学指标有关，本项目就介绍如何测岩石的物理力学指标。

本项目主要参考中华人民共和国国家标准《工程岩体试验方法标准》（GB/T 50266—2013）和《工程地质手册》第五版。

【教学目标】

本项目主要介绍岩石的密度含水率试验、吸水性试验、单轴抗压强度试验、点荷载强度试验、抗剪强度试验测定方法、仪器配备、步骤、数据的记录整理。根据试验结果学会初步判断岩石的湿度，强度，变形等特性，最后通过具体的工程实例成果让学生掌握岩石物理力学指标在工程中的应用。重点掌握岩石单轴抗压强度试验、点荷载强度试验、抗剪强度试验测定方法。

任务3.1 岩石的颗粒密度试验

【任务描述】

岩石的颗粒密度 ρ_s ［式（3.1）］是指岩石固体矿物颗粒部分的单位体积内的质量：

$$\rho_s = \frac{m_s}{v_s} (\mathrm{g/cm^3}) \tag{3.1}$$

岩石的固体部分的质量（m_s），采用烘干岩石的粉碎试样，用精密天平测得，相应的固体体积（V_s），一般采用排开与试样同体积之液体的方法测得，通常用比重瓶法测得岩石固体颗粒的体积。

【任务分析】

本任务首先学习岩石的颗粒密度测试方法、适用范围、仪器配备、步骤、数据的记录整理。掌握了岩石的颗粒密度测试方法，再结合具体的工程实例进行实践操作和数据的分析整理，最后把成果运用于项目工程当中。

岩石颗粒密度试验方法主要有比重瓶法，适用于各种岩石。

【任务实施】

3.1.1　岩石的颗粒密度测定

1. 试验目的

测岩石的颗粒密度（ρ_s）。

2. 仪器设备

（1）岩石粉碎设备。粉碎机、瓷钵、玛瑙研钵和孔径为 0.25mm 的筛。

（2）比重瓶。容积为 100mL 或 50mL（图 3.1）。

（3）分析天平。称量 200g，感量 0.001g。

（4）普通天平。称量 500g，感量 0.1g。

（5）真空抽气设备和煮沸设备。

（6）恒温水槽。

（7）温度计。量程 0～50℃，精确至 0.5℃。

图 3.1　比重瓶

（8）其他。烘箱、干燥器蒸馏水或中性液体、小漏斗、洗耳球等。

3. 操作步骤

（1）试样制备。取代表性岩样约 100g，粉碎成岩粉并全部通过 0.25mm 筛孔。粉碎时，若岩石不含有磁性矿物，采用高强度耐磨粉碎机，并用磁铁吸去铁屑；若含有磁性矿物，根据岩石的坚硬程度分别采用磁研钵或玛瑙研钵粉碎岩样。

（2）烘干试样。将制备好的试样与洗净的比重瓶一起置于烘箱中，使之在 100～110℃温度下烘至恒重（一般连续烘 12h 即可），取出后放于干燥器内冷却至室温备用。

（3）称干试样质量（m_s）。用四分法取两份岩粉，每份岩粉质量约 15g，将试样通过漏斗倾入已知质量的烘干的比重瓶内，然后在分析天平上称取比重瓶加试样的质量，减去比重瓶质量即得干试样的质量。

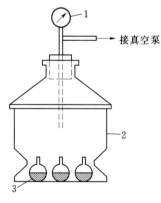

（4）注水排气。向装有试样的比重瓶内注入蒸馏水（如岩石为易溶盐岩类，需用中性液体），然后用煮沸法或真空抽气法排除气体：

1）煮沸法。此法适于用蒸馏水做实验，注蒸馏水入比重瓶至半满，将比重瓶置于砂浴上煮沸，煮沸时间在加热沸腾后不应小于 1h，以完全排除气体。

2）抽气排气法。将盛有岩样试样及半满液体的比重瓶放置在真空抽气缸内（图 3.2），接上真空泵，抽气时真空压力表读数宜为 100kPa，并经常摇动比重瓶，直至无气泡为止，抽气时间一般为 1～2h。

图 3.2　抽气装置示意图

1—压力表；2—真空缸；3—比重瓶

（5）称取瓶加试液及岩样的质量（m_2）：

1) 若用煮沸法排气时，煮沸完毕后，取出比重瓶冷却至室温，注蒸馏水入比重瓶中至近满并加盖，然后将比重瓶置于恒温水槽内，待温度稳定，取出比重瓶后将瓶外水分擦干并称重，得瓶、水加岩样质量，称完后立即测定瓶内悬液温度。

2) 若用抽气排气法时，抽气完毕后，取出比重瓶，按上述方法称取瓶加水及岩样质量。

（6）称取瓶、试液的质量（m_1）。倒掉瓶中悬液，洗静比重瓶，注入试液至满后，恒温约15min，使瓶内试液与悬液温度相同。检查瓶内有无气泡，若有需排除，塞好瓶塞，擦干瓶外水分，称瓶加试液的质量。

本试验称重应精确至0.001g。

4. 试验成果整理要求

（1）按式（3.2）计算岩石颗粒密度：

$$\rho_s = \frac{m_s}{m_1 + m_s - m_2} \cdot \rho_0 \tag{3.2}$$

式中　ρ_s——岩石的颗粒密度，g/cm^3；

　　　m_s——干岩粉的质量，g；

　　　m_1——瓶、试液总质量，g；

　　　m_2——瓶、试液和岩粉的总质量，g；

　　　ρ_0——$t℃$时液体的密度，g/cm^3。

不同温度下蒸馏水的密度可根据试验时的温度$t(℃)$，查表3.1求得。

表3.1　　　　　　　　　　　　　　**水 的 密 度 ρ_0**

$t/℃$	$\rho_0/(g/cm^3)$	$t/℃$	$\rho_0/(g/cm^3)$	$t/℃$	$\rho_0/(g/cm^3)$
4	1.000000	15	0.999127	26	0.996813
5	0.999992	16	0.998970	27	0.996542
6	0.999968	17	0.998802	28	0.996262
7	0.999930	18	0.998623	29	0.995974
8	0.999876	19	0.998433	30	0.995676
9	0.999809	20	0.998232	31	0.995369
10	0.999728	21	0.998021	32	0.995054
11	0.999633	22	0.997799	33	0.994731
12	0.999525	23	0.997567	34	0.994399
13	0.999404	24	0.997326	35	0.994059
14	0.999271	25	0.997074		

注　一般试验计算时采用小数点以后三位数，第四位四舍五入。

（2）本试验进行两次平行测定，取其平均值，两次测定的差值不得大于0.02g/cm³。

（3）计算结果精确至0.01。

（4）记录格式见表3.2。

表 3.2　　　　　　　　　　岩石颗粒密度试验记录表

工程名称：_____　　　　　　　　　　　　　试验者：_____

试样编号：_____　　　　　　　　　　　　　计算者：_____

试验日期：_____　　　　　　　　　　　　　校核者：_____

试验编号	比重瓶号	试验温度/℃	水的密度 ρ_0	瓶的质量 m_0/g	干岩粉质量 m_s/g	瓶加试液加岩粉质量 m_2/g	瓶加试液质量 m_1/g	岩石颗粒密度/(g/cm³) $\rho_s = \dfrac{m_s}{m_1 + m_s - m_2}\rho_0$	
								单值	平均值

5. 注意事项

（1）煮沸（或抽气）排气时，必须防止悬液溅出瓶外，火力要小，防止煮干，还必须将试样中气体排尽，否则影响试验结果。

（2）必须使瓶中悬液的温度与试液温度相一致。

（3）称重必须准确，测定 m_1 与 m_2 时，必须将比重瓶外壁擦干。

任务 3.2　岩石的块体密度试验

【任务描述】

岩石的块体密度 ρ，是指岩石单位体积内的质量（g/cm³）。

$$\rho = \frac{m}{V} \tag{3.3}$$

根据岩石的含水状态可将岩石的块体密度作如下划分：

（1）天然块体密度。指岩石块体在天然含水状态下的单位体积内的质量。

（2）干块体密度。指岩石块体在 105～100℃温度下烘干时单位体积内的质量。

（3）饱和块体密度。指岩石块体在饱水状态下单位体积内的质量。

一般未指明含水状态时，指的是干块体密度。我们来学习岩石的块体密度测试方法。

【任务分析】

本任务首先学习岩石的块体密度测试方法、适用范围、仪器配备、步骤、数据的记录整理。掌握了岩石的块体密度测试方法，再结合具体的工程实例进行实践操作和数据的分析整理，最后把成果运用于项目工程当中。

测定岩石的块体密度常用量积法、水中称量法与蜡封法。量积法适用于能制备成规则试样的岩石；除遇水崩解、溶解和干缩湿胀性岩石外，均可采用水中称量法；不能用量积法或水中称量法进行测定的岩石可以采用蜡封法，如软弱岩石、风化岩石及遇水易崩解、溶解的岩石等。

　　岩石的饱和块体密度，一般在测定吸水性试验的试样时同时进行测定，本任务中量积法介绍干密度的测定方法，蜡封法介绍湿密度和干密度的测定方法。

【任务实施】

3.2.1　量积法

1. 基本定义

　　由岩石的块体密度定义可知，可通过测定规则岩石试样的体积和质量来求岩石块体密度。量积法的基本原理是把岩石加工成形状规则（圆柱体、方柱体或立方体）的试样，用卡尺测量试样的尺寸，求出体积，并用天平称取试样的质量，然后根据式（3.4）计算岩石的块体密度。

2. 仪器设备

　　（1）试样制备设备。钻石机、切石机、磨石机、砂轮机等。

　　（2）烘箱、干燥器。

　　（3）天平。称量 100～500g，感量 0.01g。

　　（4）卡尺。精度精确至 0.01mm。

　　（5）测量平台。

　　（6）其他。放大镜、小刀等。

3. 操作步骤

　　（1）试样制备。试样形状，常采用圆柱体、立方体或方柱体，试样加工满足下列要求：

　　1）试样尺寸应大于岩石最大颗粒的 10 倍。

　　2）沿试样高度，直径或边长的误差不超过 0.03cm。

　　3）试样两端面不平整度误差不超过 0.005cm。

　　4）试样两端面应垂直试样轴线，最大偏差不超过 0.25°。

　　5）立方体或方柱体试样，相邻两面应互相垂直，最大偏差不超过 0.25°。

　　测干密度时，每组试样制备数量不少于 3 块，不允许缺棱掉角；测湿密度时，每组试样制备数量不少于 5 块。

　　（2）试样描述。描述内容包括：

　　1）岩石名称、颜色、矿物成分、结构、风化程度、胶结物性质等。

　　2）节理裂隙的发育程度及其分布。

　　3）试样的形态。

　　（3）量测试样尺寸：

　　1）量测试样两端和中间 3 个断面上相互垂直的 2 个直径或边长，按平均值计算截面积。

　　2）量测端面周边对称四点和中心点的 5 个高度，计算高度平均值。尺寸量测应精确至 0.001cm，尺寸量完后，按相应公式计算试样的体积（V）。

3）长度测量，精确至 0.01mm。

（4）烘干试样、称试样质量（m_s）。将试样置于烘箱内，在 $105 \sim 110℃$ 恒温下烘 24h，然后放入干燥器内冷却至室温，称试样质量（m_s），精确至 0.01g。

4. 试验成果整理要求

（1）按式（3.4）计算岩石的块体密度：

$$\rho_d = \frac{m_s}{V} \tag{3.4}$$

式中　ρ_d——岩石的干块体密度，g/cm^3；

　　　m_s——岩石试样的干质量，g；

　　　V——岩石试样的体积 $V = AH$（A 为试样底面积，H 为试样高），cm^3。

（2）试验每组平行测定 3 块试样，取其平均值作为岩石的块体密度。

（3）计算精确至 $0.01g/cm^3$。

（4）记录格式见表 3.3。

表 3.3　　　　　　　　　　**岩石块体密度和干密度量积法试验记录表**

工程名称：_____　　　　　　　　　　　　　　　　　试验者：_____

仪器编号：_____　　　　　　　　　　　　　　　　　计算者：_____

试验日期：_____　　　　　　　　　　　　　　　　　校核者：_____

试样名称	试样编号	试样尺寸/cm		天然试件质量 m/g	干试件质量 m_s/g	天然密度 /(g/cm³)	平均密度 /(g/cm³)	干密度 /(g/cm³)	平均干密度 /(g/cm³)
		直径（长、宽）	高						

3.2.2　蜡封法

1. 基本定义

蜡封法是将已知质量的小岩块浸入融化的石蜡中，使试样沾有一层蜡外壳，保持完整的外形。通过分别测得带有蜡外壳的试样在空气中和水的质量，然后根据阿基米得原理，计算试样的体积和密度。

2. 仪器设备

（1）烘箱和干燥器。

（2）石蜡及融蜡工具。

（3）天平。称量 $100 \sim 500g$，感量 0.01g。

（4）其他。烧杯、线、温度计、针、烧杯架等。

3. 操作步骤

（1）取样。蜡封法试件宜为边长 40～60mm 的浑圆状岩块、清除尖锐棱角和松动部分，需每组 3 块。

（2）试样描述内容同量积法。

（3）称试样质量。测湿密度时，应取有代表性的岩石制备试件并称量（m）；测干密度时，将试样置于烘箱中，在 105°～110℃ 温度下烘至恒重，一般需连续烘 12h，取出后放于干燥器中冷却至室温，然后在天平上称取烘干试样的质量（m_s）。

（4）封蜡。用细线将试样捆好，持线将试样徐徐浸入刚过熔点（约 60℃）的蜡中约 1～2s，待全部浸没后既将试样提出，重复操作 2～3 次，使试样表面覆盖一层蜡，其厚度 1mm 左右，注意检查蜡膜中是否有气泡，若有需用烧热的针刺破再用蜡涂平孔口，待冷却后称蜡封试件质量。

（5）求试样质量：

1）将封蜡试样放在天平上称量，得封蜡试样的质量（m_1）。

2）用细线将试样吊在天平一端，并使之浸没与盛水烧杯中（图 3.3），封蜡试样在水的质量（m_2）。

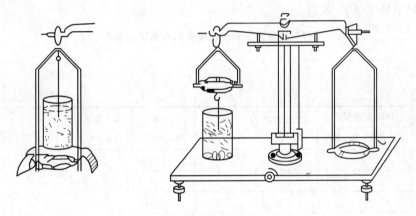

图 3.3 称封蜡试样在水中的重量

3）封蜡试样取出擦干水分后，再一次称取封蜡试样的质量，若称得的质量大于浸水前称得的封蜡试样的质量（m_1），并超过 0.03g 时，说明封蜡不好，水已进入试样中，应重做试验。

4. 试验成果整理要求

（1）按式（3.5）计算岩块干密度，按式（3.6）计算岩块湿密度。

$$\rho_d = \frac{m_s}{\dfrac{m_1 - m_2}{\rho_w} - \dfrac{m_1 - m_s}{\rho_p}} \qquad (3.5)$$

$$\rho = \frac{m}{\dfrac{m_1 - m_2}{\rho_w} - \dfrac{m_1 - m_s}{\rho_p}} \qquad (3.6)$$

式中　m——湿试件质量，g；

　　　ρ——岩石块体湿密度，g/cm³；

　　　ρ_d——岩石块体干密度，g/cm³；

m_1——封蜡试样在空气中的质量，g；

m_2——封蜡试样在水中的质量，g；

m_s——试样的干质量，g；

ρ_w——水的密度，一般取 1g/cm³；

ρ_p——蜡的密度，一般采用 0.92g/cm³。

（2）本试验每组需用 3 块试样做平行试验，取其平均值作为岩石块体密度。

（3）计算精确至 0.01g/cm³。

（4）记录格式见表 3.4。

表 3.4　　　　　　　　　　　　**岩石块体密度和干密度蜡封法记录表**

工程名称：＿＿＿＿＿＿＿　　　　　　　　　　　　　　　　试验者：＿＿＿＿＿＿

仪器编号：＿＿＿＿＿＿＿　　　　　　　　　　　　　　　　计算者：＿＿＿＿＿＿

试验日期：＿＿＿＿＿＿＿　　　　　　　　　　　　　　　　校核者：＿＿＿＿＿＿

试样名称	试样编号	湿质量 m /g	干试件质量 m_s/g	蜡封试件质量 m_1/g	蜡封试件在水中质称量 m_2/g	湿密度 /(g/cm³)	平均密度 /(g/cm³)	干密度 /(g/cm³)	平均干密度 /(g/cm³)

5. 注意事项

（1）在封蜡时应将试样徐徐浸入，并立即提起，以免在蜡膜中产生气泡。

（2）封蜡试样在水中的质量时，应注意勿使封蜡试样与烧杯壁接触，同时应排除附在试样周围的气泡。

（3）在称封蜡试样在空气中质量时，应在天平另一端放上一根与捆试样的细线同等质量的细线。

任务 3.3　岩石的吸水性试验

【任务描述】

岩石的吸水率是岩石试样在大气压力和室温条件下自由吸入的水量与试样固体质量的比值，用百分数表示。

岩石的饱和吸水率是岩石试样在强制状态下（1500 个大气压或真空）吸入的最大水量与试样固体质量的比值，也用百分数表示。

【任务分析】

本任务首先学习岩石的吸水率和饱和吸水率测试方法、适用范围、仪器配备、步骤、数据的记录整理。掌握了岩石的吸水率和饱和吸水率测试方法，再结合具体的工程实例进行实践操作和数据的分析整理，最后把成果运用于项目工程当中。

一般采用浸水法测定岩石吸水率，用煮沸法或真空抽气法测定岩石饱和吸水率。在测定岩石吸水率和饱和吸水率的同时，应用水中称重法测定岩石的饱和密度。

【任务实施】

1. 试验目的

采用浸水法测定岩石吸水率，用煮沸法或真空抽气法测定岩石饱和吸水率。在测定岩石吸水率和饱和吸水率的同时，可得岩石的饱和密度。

2. 仪器设备

（1）钻石机切石机磨石机砂轮机等。

（2）烘箱和干燥器。

（3）天平。称量100～500g，感量0.01g。

（4）煮沸设备或真空抽气设备。

（5）水槽。

（6）水中称量装置。

3. 操作步骤

（1）试样制备。可采用规则试样和不规则试样，规则试样一般用边长为5cm的立方体或直径为5cm的圆柱体，不规则试样一般用边长3～5cm的近似立方体岩块，并将凸出的边棱部分和松动部分清除，并清除表面附着物，计算体积V，每组试样需3块。

（2）试样描述。描述内容同任务3.2。

（3）试样烘干。将试样置于烘箱中，在105～110℃温度下烘干24h，取出放置于干燥器中，冷却至室温后称量（m_s）。

（4）试样浸水。当采用自由浸水法饱和试件时，将试样放于水槽内，试样之间应留有空隙，然后向水槽注水使试样逐步浸水，首先浸没至试样高度的1/4处，以后每隔2h注水一次，使水位分别抬升至试样高度的1/2、3/4、6h后全部浸没试件，试件在水中自由吸水48h，取出试样，用湿毛巾擦去表面水分，称取湿试样的质量（m_0）。

（5）强制饱和。若用煮沸法饱和试样时：将试样置于煮沸水槽内，试样之间应留有空隙，然后加水煮沸，这时应使水槽内的水位始终保持高于试样，煮沸时间应不少于6h。

当采用真空抽气法饱和试件时，饱和容器内的水面应高于试件，真空压力表读数宜为100kPa，直至无气泡逸出为止，但总抽气时间不得少于4h。经真空抽气的试件，应放置在原容器中，在大气压力下静置4h，取出并沾去表面水分称量（m_p）。

将经煮沸或真空抽气饱和的试件，置于水中称量装置上，称试件在水中的质量（m_w）。称量精确至0.01g。

4. 试验成果整理要求

（1）按下列公式计算岩石吸水率、饱和吸水率、干密度、饱和密度：

$$w_a = \frac{m_0 - m_s}{m_s} \times 100\% \tag{3.7}$$

$$w_{sa} = \frac{m_p - m_s}{m_s} \times 100\% \tag{3.8}$$

$$\rho_d = \frac{m_s}{m_p - m_w} \rho_w \tag{3.9}$$

$$\rho_{sa}=\frac{m_p}{V} \tag{3.10}$$

以上式中　　w_a——岩石的吸水率，%；

$\qquad\qquad w_{sa}$——岩石的饱和吸水率，%；

$\qquad\qquad m_s$——试样的干质量，g；

$\qquad\qquad \rho_d$——岩石块体干密度，g/cm³；

$\qquad\qquad m_0$——试样浸水 48h 后的质量，g；

$\qquad\qquad m_p$——试样强制饱和后的饱和质量，g；

$\qquad\qquad m_w$——饱和试件在水中的称量，g；

$\qquad\qquad V$——试件体积，cm³；

$\qquad\qquad \rho_{sa}$——饱和密度，g/cm³；计算精确至 0.01%；

$\qquad\qquad \rho_w$——水的密度，g/cm³。

（2）计算精确至 0.01g/cm³。

（3）记录格式见表 3.5。

表 3.5　　　　　　　　　　　吸 水 性 试 验

工程名称：＿＿＿＿＿＿　　　　　　　　　　　　　　试验者：＿＿＿＿＿＿

仪器编号：＿＿＿＿＿＿　　　　　　　　　　　　　　计算者：＿＿＿＿＿＿

试验日期：＿＿＿＿＿＿　　　　　　　　　　　　　　校核者：＿＿＿＿＿＿

试样名称	试样编号	试样尺寸/cm		干试件质量 m_s/g	自由吸水试件质量 m_0/g	饱和吸水试件质量 m_p/g	自由吸水率	饱和吸水率	饱和密度 /(g/cm³)
		直径（长、宽）	高						

5. 注意事项

（1）在取样和试样制备中，不允许发生人为裂隙，一般不允许采用爆破法取样。

（2）浸水时间及煮沸时间，应分别从试样完全淹没及开始沸腾后算起。

任务 3.4　岩石的单轴抗压强度试验

【任务描述】

岩石的单轴抗压强度是指岩石试样在单向受压至破坏时，单位面积上所承受的最大压应力为

$$\sigma_c=\frac{P}{A}(\text{MPa}) \tag{3.11}$$

一般简称抗压强度。

对工程师而言，最关心问题之一是岩石的各种应力作用下所承受的最大荷载或者允许

最大应力值为多大？如何得到岩石的所承受的荷载，我们来学习岩石的单轴抗压强度测定。

【任务分析】

本任务首先学习岩石抗压强度测试方法、适用范围、仪器配备、步骤、数据的记录整理。掌握了岩石的单轴抗强度测试方法，再结合具体的工程实例进行实践操作和数据的分析整理，最后把成果运用于项目工程当中。

根据岩石的含水状态不同，又有干燥抗压强度和饱和抗压强度之分。本试验主要测定天然状态下试样的单轴抗压强度。单轴抗强度试验适用于能制成规则试件的各类岩石。

【任务实施】

1．试验目的

（1）掌握实验室试件的制备（试件的采集、钻取、切割、打磨），以及熟悉测试岩石单轴抗压强度所使用的实验仪器设备、测试方法等。

（2）培养独立分析实验现象、处理试验数据、评价试验结果的能力。

2．仪器设备

（1）制样设备。钻石机、切石机、磨片机、车床等。

（2）测量平台、卡尺、放大镜和游标卡尺等。

（3）烘箱、干燥箱。

（4）水槽、煮沸设备或真空抽气设备。

（5）压力机。

3．操作步骤

（1）试样制备。试样规格：一般采用直径 5cm（允许范围 4.8～5.4cm）、高 10cm（允许范围 9.5～10.5cm）的圆柱体，以及断面边长为 5cm，高为 10cm 的方柱体，每组试样制备数量不得少于 3 块。试样制备精度要求满足如下要求：

1）沿试样高度，直径的误差不超过 0.03cm。

2）试样两端面不平行度误差，最大不超过 0.005cm。

3）端面应垂直于轴线，最大偏差不超过 0.25°。

4）方柱体试样的相邻两面应互相垂直，最大偏差不超过 0.25°。

（2）试样描述。描述内容包括：岩石名称、颜色、矿物成分、结构、风化程度、胶结物性质等；加荷方向与岩石试样内层理、节理、裂隙的关系及试样加工中出现的问题；含水状态及所使用的方法。

（3）测量试样尺寸。按岩石的块体密度测定量积法中的要求，量测试样断面的边长或直径，求取其断面面积（A）。

（4）试样安装及加载。将试样置于试验机承压板中心，调整球形座，使试件两端面接触均匀；然后以每秒 0.5～1.0MPa 的加载速度加荷，直至试样破坏，记下破坏荷载（P）及加载过程中出现的现象；试验结束后应描述试件的破坏形态。

（5）单轴抗压强度的影响因素：

1）承压板对单轴抗压强度的影响，主要考虑承压板与试件端面的摩擦会影响试件的破坏形态，还要考虑承压板的刚度对试件端面应力的分布状态的影响，试验机的承压板一般尽可能选与岩石刚度接近的材料。

2）岩石试件尺寸和形状对单轴抗压强度的影响，方形试件容易出现应力集中而且试件加工难度大，现在一般采有圆柱形试件，试件直径允许范围（4.8～5.4cm）、高 10cm（允许范围 9.5～10.5cm），高径比为 2～3，岩石的单轴抗压强度随高径比增加而减小。

3）加载速率对单轴抗压强度的影响，岩石的单轴抗压强度随加载速率的增加而增加。

4）环境对单轴抗压强度的影响，岩石的单轴抗压强度随着含水率增加和温度的增加而降低。

4．试验成果整理要求

（1）按任务描述中的式（3.11）计算岩石的单轴抗压强度：

$$\sigma_c = \frac{P}{A}$$

式中　σ_c——岩石的单轴抗压强度，MPa；

P——破坏荷载，N；

A——垂直于加荷方向试样断面积，mm^2。

（2）计算值取 3 位有效数字。

（3）记录格式见表 3.6。

表 3.6　　　　　　　　　　**岩石单轴抗压强度试验记录表**

工程名称：＿＿＿＿＿＿＿　　　　　　　　　　　　试验者：＿＿＿＿＿＿＿

仪器编号：＿＿＿＿＿＿＿　　　　　　　　　　　　计算者：＿＿＿＿＿＿＿

试验日期：＿＿＿＿＿＿＿　　　　　　　　　　　　校核者：＿＿＿＿＿＿＿

试样名称	试样编号	受力方向	试样尺寸/mm		横截面积 A /mm^2	破坏荷载 P /N	单轴抗压强度 σ_c/MPa	
			直径（长、宽）	高			单值	平均值

附：测定岩石的软化系数

岩石在饱水状态下的抗压强度与干燥状态下的抗压强度之比，称为岩石的软化系数。若分别测出饱水试件和干燥试件的单轴抗压强度，即可求得岩石的软化系数。

（1）饱和状态试样，如何使试件饱和，其方法见任务 3.3 岩石的吸水性试验。

（2）烘干状态的试样，在 105～110℃下烘 24h。

将试件进行上述方法处理后然后按本任务规定的步骤和方法分别测定岩石饱和及干燥状态下的单轴抗压强度，按式（3.12）计算岩石的软化系数：

$$\eta = \frac{R_{cc}}{R_{cd}} \tag{3.12}$$

式中　η——岩石的软化系数；

R_{cc}——岩石饱和状态下的单轴抗压强度；

R_{cd}——岩石干燥状态下的单轴抗压强度。

任务 3.5　岩石的抗拉强度试验

【任务描述】

岩石的抗拉强度就是岩石试件在受到轴向拉应力后其试件发生破坏时的单位面积所承受的拉力。岩石的抗拉强度是衡量岩体力学性质的一个重要指标；用来建立岩石强度判据，确定强度包络线；选择建筑石材不可缺少的参数。岩石中包含有大量的微裂隙和孔隙，岩石抗拉强度受其影响很大，直接削弱了岩石的抗拉强度。相对而言，空隙对岩石抗压强度的影响就小得多，因此，岩石的抗拉强度一般远小于其抗压强度。通常把岩石抗压强度与抗拉强度的比值称为脆性度，用以表征岩石的脆性程度。

【任务分析】

测定岩石抗拉强度的方法有两种，即直接拉伸法和间接法（劈裂法、点荷载法）。本任务主要介绍工程中常用的点荷载试验方法，简单介绍直接拉伸法和劈裂法。

本任务主要学习岩石的抗拉强度（点荷载试验）测试方法、适用范围、仪器配备、步骤、数据的记录整理。掌握了岩石的抗拉强度测试方法，再结合具体的工程实例进行实践操作和数据的分析整理，最后把成果运用于项目工程当中。

【任务实施】

3.5.1　直接拉伸法

岩石直接拉伸试验，是将试件两端固定在拉力机上，然后对试样施加轴向拉力，直至试件破坏，试件的抗拉强度计算式为

$$R_t = \frac{p}{A} \tag{3.13}$$

式中　　R_t——岩石的抗拉强度；

$\quad\quad p$——试件破坏时的最大拉力；

$\quad\quad A$——试件中部的横截面积。

此法的缺点是，试样制备困难，它不易与拉力机固定，而且在试样断裂处附近往往有应力集中现象，同时难免在试件两端面有弯矩，因此在实际的试验中很少采用。

3.5.2　劈裂法（巴西法）

劈裂法是在圆柱体试样的直径方向上，施加相对的线荷载使试样沿该直径平面破坏的试验。用劈裂法适用于能制成规则试件的各类岩石。试验采用压力机加压，采用直径 $D=5\text{cm}$ 左右、厚度 $t=(0.5\sim1)D$ 的标准圆柱体，以 $0.3\sim0.5\text{MPa/s}$ 的加载速率沿某一直径的两端施加相对的压荷载，加压前须在直径两端设置垫条，以便压力沿垫条成均布线荷载作用于试样的厚度 t 上，逐渐加大压力直到试样沿该直径平面裂开。根据弹性力学知识，可以近似地计算岩石的抗拉强度为

圆柱体试件计算公式：　　　　　　　　$$R_t = \frac{2p}{Dt\pi} \tag{3.14}$$

断面是方形的试样计算公式：
$$R_t = \frac{2p}{Da^2} \tag{3.15}$$

上二式中　R_t——试样的抗拉强度，MPa；

　　　　　p——破坏时的极限压力，N；

　　　　　D——圆柱体试样的直径，mm；

　　　　　t——圆柱体试样的厚度，mm；

　　　　　a——断面是方形的试样边长，mm。

3.5.3　点荷载试验法

点荷载试验是将岩石试样置于两个球形圆锥状压板之间，对试样施加集中荷载，直至破坏，然后根据破坏荷载求得岩石的点荷载强度，点荷载强度乘以 k（$k=0.96$）可得到岩石的抗拉强度，再利用（$R_c = 22.82 I_{s(50)}^{0.75}$）可换算岩石单轴饱和抗压强度。点荷载强度试验适用于各类岩石。

1. 实验目的

（1）掌握实验室试件的制备（试件的采集、钻取、切割、打磨），以及熟悉测试点荷载试验所使用的实验仪器设备、测试原理等。

（2）培养独立分析实验现象、处理试验数据、评价试验结果的能力。

2. 仪器设备

（1）点荷载试验仪（图 3.4）。

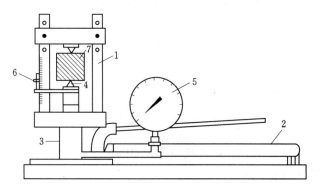

图 3.4　点荷载仪器示意图

1—框架；2—手摇卧式油泵；3—千斤顶；4—球面压头（简称压荷锥）；5—油压表；6—游标标尺；7—试样

（2）卡尺或钢卷尺。

（3）地质锤。

3. 操作步骤

（1）试样制备要求：

1）试件可用钻孔岩芯，或从岩石露头、勘探坑槽、平洞、巷道中采取的岩块。试件在采取和制备过程中应避免产生裂缝。

2）当采用岩芯试件做径向试验时，试件的长度与直径之比不应小于 1；作轴向试验时，加荷两点间距与直径之比宜为 0.3～1.0。

3）当采用方块体或不规则块体试件做试验时，加荷两点间距宜为 30～50mm；加荷两点间距与加荷处平均宽度之比宜为 0.3～1.0；试件长度不应小于加荷两点间距。

4）试件含水状态可根据需要选择天然含水状态、烘干状态、饱和状态或其他含水状态。试件烘干和饱和方法应符合任务 3.3 中的相关要求。同一含水状态下的岩芯试件数量每组应为 5～10 个，方块体或不规则块体试件数量每组应为 15～20 个。

（2）试样描述。描述内容包括：岩石名称、颜色、矿物成分、结构、风化程度、胶结物性质等；试件形状及制备方法；加荷方向与层理节理裂隙的关系；含水状态及所使用的方法。

（3）试验方法：

1）径向试验时，将岩芯试件放入球端圆锥之间，使上下锥端与试件直径两端紧密接触，量测加荷点间距。接触点距试件自由端的最小距离不应小于加荷两点间距的 0.5 倍。

2）轴向试验时，将岩芯试件放入球端圆锥之间，使上下锥端位于岩芯试件的圆心处并与试件紧密接触。量测加荷点间距及垂直于加荷方向的试件宽度。

3）方块体与不规则块体试验时，选择试件最小尺寸方向为加荷方向。将试件放入球端圆锥之间，使上下锥端位于试件中心处并与试件紧密接触。量测加荷点间距及通过两加荷点最小截面的宽度（或平均宽度）。接触点距试件自由端的距离不应小于加荷点间距的 0.5。

稳定地施加荷载，使试件在 10～60s 内破坏，记录破坏荷载。试验结束后，应描述试件的破坏形态。破坏面贯穿整个试件并通过两加荷点为有效试验。

4. 试验成果整理要求

（1）按式（3.16）计算岩石点荷载强度和式（3.17）计算岩石抗拉强度：

$$I_s = \frac{P}{D_e^2} \tag{3.16}$$

$$\sigma_t = 0.96 I_s = 0.96 \frac{P}{D_e^2} \tag{3.17}$$

上二式中　I_s——未经修正的岩石点荷载强度，MPa；

$\quad\quad\quad\quad P$——破坏荷载，N；

$\quad\quad\quad\quad D_e$——等价岩芯直径，mm；

$\quad\quad\quad\quad \sigma_t$——岩石抗拉强度，MPa。

（2）径向试验时应按下列公式计算等价岩芯直径 D_e：

$$D_e^2 = D^2 \tag{3.18}$$

$$D_e^2 = DD' \tag{3.19}$$

上二式中　D——加荷点间距，mm；

$\quad\quad\quad\quad D'$——上下锥端发生贯入后试件破坏瞬间的加荷点间距，mm。

（3）轴向、方块体或不规则块体试验时，应按下列公式计算等价岩芯直径 D_e：

$$D_e^2 = \frac{4WD}{\pi} \tag{3.20}$$

$$D_e^2 = \frac{4WD'}{\pi} \tag{3.21}$$

上二式中 W——通过两加荷点最小截面的宽度（或平均宽度），mm。

（4）当加荷两点间距不等于 50mm 时，应对计算值进行修正。当其试验数据较多，且同一组试件中的等价岩芯直径具有多种尺寸，而加荷两点间距不等于 50mm 时，应根据试验结果，绘制 D_e^2 与破坏荷载 P 的关系曲线并在曲线上查找对应 $D_e^2 = 2500\text{mm}^2$ 对应的 P_{50} 值，按下式计算岩石点荷载强度：

$$I_{s(50)} = \frac{P_{50}}{2500} \tag{3.22}$$

式中 $I_{s(50)}$——经尺寸修正后的岩石点荷载强度，MPa；

       P_{50}——根据 $D_e^2 - P$ 关系曲线 $D_e^2 = 2500\text{mm}^2$ 时 P 值。

（5）当加荷两点间距不等于 50mm，且其试验数据较少，不宜采用上述方法修正时，应按下列公式计算岩石点荷载强度：

$$I_{s(50)} = FI_s \tag{3.23}$$

$$F = \left(\frac{D_e}{50}\right)^m \tag{3.24}$$

上二式中 F——修正系数；

       m——修正指数，由同类岩石的经验值确定。

（6）记录格式见表 3.7。

表 3.7   岩石点载荷强度试验记录表

工程名称：_____   试验者：_____

仪器编号：_____   计算者：_____

试验日期：_____   校核者：_____

试样名称	试样编号	加载点间距 D_e/cm	极限载荷/kN	强度指数 $I_s = \frac{p}{D_e^2}$	抗拉强度/MPa $\sigma_t = 0.96\frac{p}{D_e^2}$	估算抗压强度/MPa $\sigma_c = c\sigma_t (c=8\sim20)$

（7）计算值精确至 0.01。

5. 注意事项

（1）由于岩石点荷载强度一般都比较低，因此在试验中一定要控制好加荷速度，慢慢加压，使压力表指针缓慢而均匀地前进。

（2）安装试样时，上、下加荷点应注意对准试样的中心，并使其加荷面垂直于加荷点的连线。

任务 3.6　岩石的抗剪强度试验

【任务描述】

岩石的抗剪强度是在一定的应力条件下（主要是压应力）所能抵抗的最大剪应力，通常用 τ 表示。抗剪强度是反映岩石力学性质的重要指标，用来估算岩石力学参数及建立强度判据。

根据试验时的应力状态和试验条件，又可将岩石剪切强度分为如下三种：

（1）抗剪断强度。指岩石在一定法向应力下沿某一剪切面能抵抗的最大剪应力。试验证明，岩石的抗剪断强度与法向应力近似服从于库仑定律，即：

$$\tau = \sigma \tan\varphi + c \tag{3.25}$$

式中 σ 为破坏面上的正应力（MPa），τ 为破坏面上的剪应力（MPa），φ 为岩石内摩擦角（°），c 为岩石的粘聚力（MPa）。内摩擦角和粘聚力是反映岩石剪切强度的参数，本次试验的目的就是求这两个参数。

（2）抗切强度。指岩石在法向应力为零时能抵抗的最大应力，根据式（3.25），由于法向应力为零，所以抗切强度等于内聚力（$\tau = c$）。

（3）抗剪强度。指岩石沿原有破坏面，在一定法向应力作用下能抵抗的最大剪应力。这时的岩石剪切强度主要取决于内摩擦阻力，而粘聚力则很小甚至趋于零，$\tau = \sigma\tan\varphi' + c'$，式中 φ' 为结构面的内摩擦角（°），c' 为结构面的粘聚力（MPa）。

三种抗剪强度试验在工程中运用较多的是抗剪断强度，本任务主要介绍抗剪断强度中的直剪试验、变角板剪切试验。

【任务分析】

本任务首先学习岩石的抗剪断强度测试方法、适用范围、仪器配备、步骤、数据的记录整理。掌握岩石的抗剪断强度测试方法，再结合具体的工程实例进行实践操作和数据的分析整理，最后把成果运用于项目工程当中。

【任务实施】

3.6.1　岩石的直剪

直剪试验适用于岩石本身、岩石结构面以及混凝土与岩石胶结面的剪切，本试验测定天然状态下岩石的抗剪强度。

1. 试验目的

（1）掌握实验室试件的制备（试件的采集、钻取、切割、打磨），以及熟悉测试岩石直剪试验所使用的实验仪器设备、测试原理等。

（2）培养独立分析实验现象、处理试验数据、评价试验结果的能力。

2. 仪器设备

（1）制样设备。切石机、钻石机及磨石机等。

（2）直剪试验仪。

（3）测量平台、卡尺、放大镜等。

3. 操作步骤

（1）试样制备要求：

1）应在现场采取试件，在采取、运输和制备过程中，应防止产生裂缝和扰动。

2）岩块直剪试验试件的直径或边长不得小于 5cm，试件高度应与直径或边长相等。

3）岩石结构面直剪试验试件的直径或边长不得小于 5cm，试件高度与直径或边长相等。结构面应位于试件中部。

4）混凝土与岩石胶结面直剪试验试件应为方块体，其边长不宜小于 15cm。胶结面应位于试件中部，岩石起伏差应为边长的 1%～2%。混凝土骨料的最大粒径不得大于边长的 1/6。

5）含水状态可根据需要采用天然含水状态、饱和状态或其他含水状态。每组试验试件的数量不应少于 5 个。

（2）试样描述。岩石名称、颜色、矿物成分、结构、风化程度、胶结物性质等；层理、片理、节理、裂隙的发育程度及其与剪切方向的关系；结构面的充填物性质、充填程度以及试件在采取和制备过程中受扰动的情况；混凝土与岩石胶结面的试件，应测定岩石表面的起伏差，并绘制其沿剪切方向的高度变化曲线。混凝土的配合比胶结质量及实测标号。

（3）试件安装：

1）将试件置于金属剪切盒内，试件与剪切盒内壁之间的间隙以填料填实，使试件与剪切盒成为一个整体。预定剪切面应位于剪切缝中部。

2）安装试件时，法向荷载和剪切荷载应通过预定剪切面的几何中心。法向位移测表和水平位移测表应对称布置，各测表数量不宜少于 2 只。

（4）荷载施加。法向荷载的施加：①在每个试件上，分别施加不同的法向应力，所施加的最大法向应力，不宜小于预定的法向应力；②对于岩石结构面中具有充填物的试件，最大法向应力应以不挤出充填物为宜；③不需要固结的试件，法向荷载一次施加完毕，即测读法向位移，5min 后再测读一次，即可施加剪切荷载；④需固结的试件，在法向荷载施加完毕后的第一小时内，每隔 15min 读数 1 次，然后每半小时读数 1 次，当每小时法向位移不超过 0.05mm 时，即认为固结稳定，可施加剪切荷载；⑤在剪切过程中应使法向荷载始终保持为常数。

剪切荷载的施加：①按预估最大剪切荷载分 8～12 级施加。每级荷载施加后，即测读剪切位移和法向位移后，5min 再测读一次即施加下一级剪切荷载直至破坏。当剪切位移量变大时，可适当加密剪切荷载分级。②将剪切荷载退至零，根据需要，待试件充分回弹后。调整测表，按上述步骤，进行摩擦试验。

（5）描述试样破坏后的形态，并记录有关数据。

4. 试验成果整理要求

（1）按下式计算岩石试件剪切破坏时破坏面上的正应力和剪应力：

$$\sigma=\frac{P}{A} \tag{3.26}$$

$$\tau=\frac{Q}{A} \tag{3.27}$$

式中　σ——破坏面上的法向应力，MPa；

　　　τ——破坏面上的剪应力，MPa；

　　　P——剪切破坏面上的总法向载荷，N；

　　　Q——剪切破坏面上的剪荷载，N；

　　　A——剪切破坏面的面积，mm^2。

（2）重复以上的操作过程得到的不同的 σ、τ 值，在坐标系 σ-τ 中以剪应力（τ）为纵坐标，法向应力（σ）为横坐标，将每一试样的 σ、τ 标在坐标系中表示出来，以最佳方法拟合一直线（强度包络线），并在图中求得岩石的内摩擦角（φ）和粘聚力（c）（图3.5）。

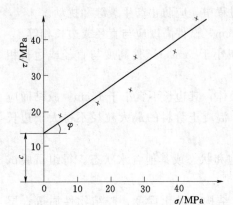

图 3.5　σ-τ 关系曲线

（3）记录格式见表 3.8。

表 3.8　　　　　　　　　　　　岩石抗剪强度试验记录表

工程名称：_____　　　　　　　　　　　　　　试验者：_____

仪器编号：_____　　　　　　　　　　　　　　计算者：_____

试验日期：_____　　　　　　　　　　　　　　校核者：_____

试样名称	试样编号	试件尺寸/cm		剪切面积/mm²	法向载荷/N	正应力/MPa	剪荷载/N	剪应力/MPa	备注
		直径	高						

3.6.2　变角板法

1. 试验目的

变角板法是利用压力机施加垂直荷载，通过一套特制的夹具使试样沿某一剪切面产生剪切破坏，然后通过静力平衡条件解析剪切面上的法向压应力和剪应力，从而绘制法向压应力（σ）与剪应力（τ）之关系曲线，求得岩石的粘聚力（c）和内摩擦角（φ）。

2. 仪器设备

（1）制样设备。钻石机、切石机、磨石机。

（2）压力机。

（3）变角板剪切夹具一套，要求在 $45°\sim70°$ 范围内有 $4\sim5$ 个角度可供调整，如图 3.6 所示。

（4）卡尺。精度为 0.002cm。

3. 操作步骤

（1）试样制备。本试验采用边长为 5cm 的立方体试样，每组加工 $4\sim8$ 块，试样加工精度要求：相邻面间应互相垂直，偏差不超过 $0.25°$；相对两面须互相平行，不平行度不得大于 0.005cm。

（2）试样描述及尺寸量测。试样描述内容同3.6.1 岩石的直剪试验；描述后测量预定剪切面的边长，求出剪切面面积，并做好标记。根据试验要求对试样进行烘干或饱水处理，处理方法与要求同 3.3 岩石的吸水率试验中相关规定。

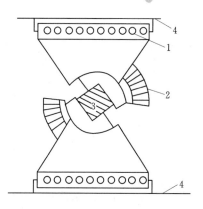

图 3.6   变角板仪器
1—滚轴；2—变角板；
3—试样；4—承压板

（3）安装试样。将变角板剪切夹具用绳子拴在压力机承压板间，应注意使夹具的中心与压力机的中心线相重合，然后调整夹具上的夹板螺丝，使刻度达到所要求的角度，将试样安装于变角板内。

（4）加荷。开动压力机，同时降下压力机横梁，使剪切夹具与压力机承压板接触，然后调整压力表指针到零点，以每秒 $0.5\sim0.8$MPa 的加荷速度加荷，直至试样破坏，记录破坏荷载（P）。

（5）破坏试样描述。升起压力机横梁，取出被剪破的试样进行描述，内容包括破坏面的形态及破坏情况等。

（6）重复试验。变换变角板夹具的角度（α），一般在 $45°\sim70°$ 内选择，以 $5°$ 为间隔如 $45°$、$50°$、$55°$、$60°$、$65°$、$70°$，重复步骤（3）～（6）进行试验，取得不同角度下的破坏荷载。

4. 试验成果整理要求

（1）按式（3.28）和式（3.29）计算作用在剪切面上的剪应力和正应力：

$$\tau = \frac{P}{A}(\sin\alpha - f\cos\alpha) \tag{3.28}$$

$$\sigma = \frac{P}{A}(\cos\alpha + f\sin\alpha) \tag{3.29}$$

以上式中 τ ——剪应力，MPa；

σ ——正应力，MPa；

P ——试样破坏荷载，N；

A ——试样剪切面面积，mm^2；

α ——试样放置角度（变角板角度），（°）；

f ——滚轴摩擦系数。

（2）按式（3.30）和式（3.31）计算岩石的抗剪断强度参数：

$$\varphi = \tan^{-1} \frac{n \sum_{i=1}^{n} \sigma_i \tau_i - \sum_{i=1}^{n} \sigma_i \sum_{i=1}^{n} \tau_i}{n \sum_{i=1}^{n} \sigma_i^2 - \left[\sum_{i=1}^{n} \sigma_i \right]^2} \qquad (3.30)$$

$$c = \frac{\sum_{i=1}^{n} \sigma_i^2 \sum_{i=1}^{n} \tau_i - \sum_{i=1}^{n} \sigma_i \sum_{i=1}^{n} \sigma_i \tau_i}{n \sum_{i=1}^{n} \sigma_i^2 - \left[\sum_{i=1}^{n} \sigma_i \right]^2} \qquad (3.31)$$

式中　φ ——岩石内摩擦角，(°)；

c ——岩石的粘聚力，MPa；

σ ——第 i 块试样的破坏正应力，MPa；

τ ——第 i 块试样的破坏剪应力，MPa；

n ——试样块数。

计算结果精确至小数点后两位。

【项目案例分析 1】

1. 工程概况

某水电站位于甘孜藏族自治州康定县境内，地处大渡河上游金汤河口以下约 4～7km 河段。坝址距上游丹巴县城约 85km，距下游康定县城和泸定县城分别约 51km 和 50km，库坝区有省道 S211 公路相通，并在瓦斯沟口与国道 318 线相接，对外交通十分便利。

为查明工程地质条件，了解坝址区各类岩石变形、强度性质，以及坝区岩体应力状况，充分论证坝址建高坝的工程地质条件和适应性，在坝区和厂房分别布置了岩石物理力学试验。

2. 岩石物理力学试验成果

岩样加工之前，首先按送样清单对岩样进行仔细核对和清理，并根据核对情况对岩样逐一编号，然后进行试件加工。其中：抗压强度、弹性模量试验试件高径比为 2 : 1，抗拉强度试验试件高径比为 1 : 1，加工后的试件尺寸为 φ5cm×10cm 和 φ5cm×5cm。试件上、下两端面的平行度和垂直度按照《工程岩体试验方法标准》(GB/T 50266—2013) 要求控制。

密度试验采用体积法和水中称量法；比重试验采用水中称量法和比重瓶法；自由吸水率试验采用试件自由浸水 48h 方法；饱和吸水率试验采用煮沸法。

干抗压强度、干抗拉强度试验采用烘干试件；湿抗压强度、湿抗拉强度试验采用饱和试件。试验在 2000kN、800kN、100kN 压力机上进行。

表 3.9 是部分岩石的试验结果。

3. 试验成果分析

采用统计方法试验成果按岩性、风化、卸荷情况分别进行汇总统计整理，按照统计学原理，汇总整理中去掉明显不具备代表性的数据后，再计算最大值、最小值和平均值。汇总整理成果见表 3.9。

表 3.9　　　　　　　　　　　　　　　　　　　岩石物理力学试验成果

岩性	风化、卸荷情况	组数		烘干密度/(g/cm³)	比重	自由吸水率/%	饱和吸水率/%	弹性模量/GPa	泊松比	干抗压强度/MPa	湿抗压强度/MPa	干抗拉强度/MPa	湿抗拉强度/MPa	软化系数
辉长岩	微新	2	最大值	2.99	3.00	0.16	0.17	57.5	0.19	191	163	18.8	15.5	0.85
			最小值	2.89	2.92	0.05	0.06	52.9	0.19	158	129	15.0	11.50	0.82
			平均值	2.94	2.96	0.09	0.11	55.55	0.19	178.5	145.8	17.42	13.67	0.82
花岗岩	弱风化下段、弱卸荷	8	最大值	2.76	2.77	0.40	0.58	64.5	0.22	250	190	24.5	19	0.76
			最小值	2.68	2.71	0.15	0.16	40.0	0.17	101	79.8	7.72	6.85	0.79
			平均值	2.71	2.73	0.24	0.27	52.77	0.198	169.54	126.47	14.25	11.72	0.75
闪长岩	弱风化上段、强卸荷	3	最大值	2.99	3.00	0.19	0.24	51.5	0.21	164	129	16.8	12.5	0.79
			最小值	2.97	3.00	0.11	0.12	43.5	0.20	116	77.3	11.6	8.15	0.67
			平均值	2.98	3.00	0.15	0.17	47.66	0.21	142.11	100.81	14.17	10.06	0.71

（1）辉长岩力学指标。微新：

$E = 55.5\text{GPa}$　　$R_{cd} = 178.5\text{MPa}$　　$R_{cc} = 145.8\text{MPa}$　　$\eta = 0.82$

（2）花岗岩力学指标。弱风化下段、弱卸荷：

$E = 52.77\text{GPa}$　　$R_{cd} = 169.54\text{MPa}$　　$R_{cc} = 126.47\text{MPa}$　　$\eta = 0.75$

（3）闪长岩力学指标。弱风化上段、强卸荷：

$E = 47.66\text{GPa}$　　$R_{cd} = 142.11\text{MPa}$　　$R_{cc} = 100.81\text{MPa}$　　$\eta = 0.71$

从表 3.9 可以得出：岩石各项物理、力学性质指标间规律性良好，岩石的密度、比重、泊松比适中；试验成果值反映出岩石矿物成分、节理裂隙、风化卸荷、遇水软化等均对其力学性质有一定的影响。从试验指标结果比较可以得出三种岩石物理力学性质从好到差顺序为：辉长岩＞花岗岩＞闪长岩。总的说来岩石强度可以，可作为良好的地基基础，也是良好的天然建筑材料。

【项目小结】

本项目主要介绍常见的岩石的颗粒密度试验、块体密度试验、吸水性试验、单轴抗压试验、抗拉强度试验、抗剪强度试验的测定方法、仪器、步骤和成果整理，根据试验成果初步学会判断岩石的湿度、吸水性、软化性、强度、变形等特性，最后通过具体的项目实例成果让学生掌握岩石物理力学性质指标在工程中的应用。重点是掌握岩石的单轴抗压试验、抗拉强度试验、抗剪强度试验。

【能力测试】

1. 岩石的颗粒密度值取决于哪些因素，它与空隙度的关系如何？

2. 量积法与封蜡法各适用于什么岩石？两种方法有何本质区别？

3. 如何测得岩石的吸水率（ω_a），饱和吸水率（ω_p），干块体密度（ρ_d）以及该种岩石的颗粒密度（ρ_s）？

4. 影响岩石单轴抗压强度的试验条件有哪些？试样形态、高径比、加荷速度等是怎样影响岩石单轴抗压强度的？

5. 测定岩石的抗拉强度有哪些方法？

6. 岩石抗拉强度与抗压强度大小关系怎样？二者如何换算？

7. 简述岩石抗剪强度的概念及分类。

8. 简述岩石直剪试验方法及步骤。

9. 点荷载试验是在怎样的应力状态下进行的？

10. 简述变角板试验步骤。

项目 4　土体的原位测试

【项目分析】

拟建某建筑场地地貌单元单一，属于岷江水系 I 级阶地，勘察期间测得勘探点孔口标高为 486.16～488.43m，高差 2.27m，场地地势整体比较平整，局部地段堆积建筑弃渣，地形略有起伏。场地上覆第四系人工填土（Q_4^{ml}），其下由第四系全新统河流冲洪积（Q_4^{al+pl}）成因的粉土、砂层及卵石组成，下伏白垩系灌口组泥岩（K_2g）。对场地分布的细砂进行现场标准贯入试验，以判定地基土的密实度、承载力及砂土的地震效应。

原位测试一般是指在现场基本保持土体的天然结构、天然含水量、天然应力状态的情况下测定地基土的物理-力学性质指标的试验方法。通过这些方法测定地基土的物理力学指标，进而依据理论分析或经验公式评定岩土的工程性能和状态。原位测试不仅是岩土工程勘察与评价中获得岩土体实际参数的最重要手段，也是岩土工程监测与检测的主要方法。

本项目介绍土体常见的原位试验，主要参考《岩土工程勘察规范》（GB 50021—2001）（2009 版）规范和《工程地质手册》第五版。

【教学目标】

本项目主要介绍土体载荷试验、静力触探试验、标准贯入试验与圆锥动力触探试验、旁压试验、十字板剪切试验的测定方法、仪器配备、步骤、数据的记录整理，通过现场测试获取土体物理力学参数，介绍每种测试方法后都有相应的工程案例，通过案例成果的分析让学生掌握试验成果在工程中的应用。重点掌握静力触探试验、标准贯入试验与圆锥动力触探试验方法及成果应用。

任务 4.1　载　荷　试　验

【任务描述】

载荷试验是在现场用一个刚性承压板逐级加荷，测定天然地基或复合地基的沉降随荷载的变化，借以确定天然地基或复合地基承载能力的现场试验。地基土载荷试验是一种最古老的地基土原位测试技术，它基本上能够模拟建筑物地基的实际受荷条件，比较准确地反映地基土受力状况和变形特征，是直接确定地基土或复合地基承载力以及地基土和复合地基变形模量等参数的最可靠方法，也是其他原位测试方法测得的地基土力学参数建立经验关系的主要依据。

【任务分析】

本任务首先学习土体载荷试验方法、适用范围、仪器配备、步骤、数据的记录整理。掌握了土体载荷试验方法后，再结合具体的工程实例成果进一步理解土体载荷方法在工程中的应用。

本任务主要介绍浅层平板载荷试验方法及其在工程中的应用，简单介绍深层平板载荷试验和螺旋板载荷试验的方法及特点。

【任务实施】

4.1.1　载荷试验目的

根据承压板的形式和设置深度的不同，载荷试验可分为平板载荷试验和螺旋板载荷试验。其中平板载荷试验又可分为浅层平板载荷试验和深层平板载荷试验，浅层平板载荷试验适用于浅层地基土；深层平板载荷试验适用于埋深等于或大于 3.0m 和地下水位以上的地基土；螺旋板载荷试验适用于深层地基或地下水位以下的土层。

浅层平板载荷试验是在现场用一定面积的刚性承压板逐级加荷，测定天然埋藏条件下浅层地基沉降随荷载而变化的规律，用以评价承压板下应力影响范围内岩土的强度和变形特性。实际上是模拟建筑物地基在受垂直荷载条件下工程性能的一种现场模型试验。深层平板载荷试验可用于确定深部地基土层及大直径桩桩端土层在承压板应力主要影响范围内的承载力。

载荷试验可用于以下目的：

（1）确定地基土的比例界限压力、极限压力，为评定地基上的承载力提供依据。

（2）确定地基土的变形模量。

（3）估算地基土的不排水抗剪强度。

（4）确定地基土的基床系数。

（5）估算地基土的固结系数。

浅层平板载荷试验适用地表浅层地基土，包括各种填土、含碎石的土。

4.1.2　试验原理与仪器设备

1. 试验的基本原理

在拟建建筑场地上，将一定尺寸和几何形状（方形或圆形）的刚性板，放置在被测的地基持力层上，逐级增加荷载，并测得相应的稳定沉降，直至达到地基破坏标准，由此可得到荷载（p）-沉降（s）曲线，然后根据 p-s 曲线推求相应的地基土参数。典型的平板载荷试验 p-s 曲线可以划分为三个阶段，如图 4.1 所示。

（1）直线变形阶段。为弹性变形阶段。主要是承压板下土体压实，其 p-s 呈线性关系，对应于此线性段的最大压力 p_0 称为比例界限压力。

（2）剪切变形阶段。为弹塑性变形阶段。当荷载大于 p_0，而小于极限压力 p_u，p-s 关系由直线变为曲线关系，曲线的斜率逐渐变大，该阶段除了土体的压实外，还有局部剪切破坏发生。

（3）破坏阶段。为塑性变形阶段。当荷载大于极限压力 p_u，即使荷载维持不变，沉降也会持续发展或

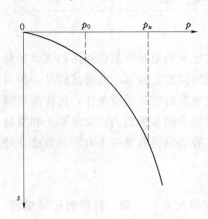

图 4.1　平板载荷试验 p-s 曲线

急剧增大，始终达不到稳定标准，该阶段土体中形成连续的剪切破坏滑动面，在地表出现隆起及环状或放射状裂隙，此时在滑动土体的剪切面上各点的剪应力均达到或超过土体的抗剪强度。

2. 试验的仪器设备

浅层平板载荷试验的试验设备由三部分组成：加荷系统、反力系统和量测系统。

（1）加荷系统。加荷系统是指通过承压板对地基土施加额定荷载的装置，包括承压板和加荷装置。承压板的功能类似于建筑物的基础，所施加的荷载通过承压板传递给地基土。承压板一般采用圆形或方形的刚性板，也有根据试验的具体要求采用矩形承压板。

加荷装置可分为千斤顶加荷装置和重物加荷装置两种，图 4.2（a）～（d）为千斤顶加载方式，图 4.2（e）和（f）为重物加载方式。重物加荷装置是将具有已知重量的标准钢锭、钢轨或混凝土块等重物按试验加载计划依次地放置在加载台上，达到对地基土分级施加荷载的目的，这种加载方式目前已经很少采用。千斤顶加荷装置是在反力装置的配合下

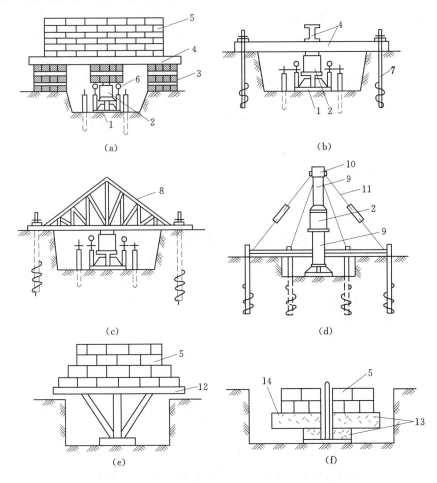

图 4.2　常见的载荷试验反力与加载布置方式

1—承压板；2—千斤顶；3—木垛；4—钢梁；5—钢锭；6—百分表；7—地锚；8—桁架；
9—立柱；10—分力帽；11—拉杆；12—载荷台；13—混凝土板；14—测点

对承压板施加荷载，根据使用的千斤顶类型，又分为机械式或油压式；根据使用千斤顶数量的不同，又分为单个千斤顶加荷装置和多个千斤顶联合加荷装置。

经过标定的带有油压表的千斤顶可以直接读取施加荷载的大小，如果采用不带油压表的千斤顶或机械式千斤顶，则需要配置压力传感器，以确定施加荷载的大小，并在试验之前对压力传感器进行标定。

（2）反力系统。载荷试验常见的反力系统布置形式如图 4.2（a）～（d）所示，其反力可以由重物［图 4.2（a）］、地锚［图 4.2（b）～（d）］或地锚与重物联合提供，然后再与梁架组合成稳定的反力系统。当在岩体内（如探坑或探槽）进行载荷试验时，可以利用周围稳定的岩体提供所需要的反力，如图 4.3 所示。

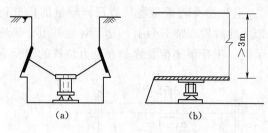

图 4.3 坚硬岩土体内载荷试验反力系统示意图

（3）量测系统。量测系统主要是指沉降量测系统，承压板的沉降量测系统包括基准梁、基准桩、位移测量仪器和其他附件。根据载荷试验的技术要求，将基准桩打设在试坑内适当的位置，基准桩与承压板之间的距离必须要满足有关规范的要求，将基准梁架设在基准桩上，采用万向磁性表座将位移量测仪器固定在基准梁上，组成完整的沉降量测系统。位移量测仪器可以采用精度不应低于 0.01mm 的百分表或位移传感器。

4.1.3 试验技术要求和操作步骤

1. 试验的技术要求

对于浅层平板载荷试验，应当满足下列技术要求：

（1）试坑的尺寸及要求。浅层平板载荷试验的试坑宽度或直径不应小于承压板宽度或直径的 3 倍，以满足半空间表面受荷边界条件。试坑底部的岩土应避免扰动，保持其原状结构和天然含水率，在承压板下铺设不超过 20mm 的砂垫层找平，并尽快安装设备。

（2）承压板的尺寸。浅层平板载荷试验宜采用圆形刚性承压板，其承压板面积可取 0.25～0.5m²，但在工程实践中，承压板的尺寸还根据地基土的类型和试验要求有所不同，一般情况下，可参照下面的经验值选取：

对于一般黏性土地基，常用面积为 0.5m² 的圆形或方形承压板；

对于碎石类土，承压板直径（或宽度）应为最大碎石直径的 10～20 倍；

对于岩石类土或均质密实土，如 Q₃ 老黏土或密实砂土，承压板的面积以 0.10m² 为宜；

对于软土和粒径较大的填土上，承压板尺寸不应小于 0.5m²；

对于强夯处理后场地的地基，有时要求承压板的尺寸应大于 1.0m×1.0m。

（3）位移量测系统的安装。支撑基准梁的基准桩或其他类型的支点应离承压板和地锚（如果采用地锚提供反力）一定的距离，以避免在试验过程中地表变形对基准梁的影响。与承压板中心的距离应大于 1.5d（d 为承压板边长或直径），与地锚的距离应不小于 0.8m。

基准梁架设在基准桩上时，两端不能固定，以避免由于基准梁热胀冷缩引起沉降观测的误差。沉降测量仪器应对称地布置在承压板上，百分表或位移传感器的测头应垂直于承压板设置。

（4）加载方式。载荷试验的加载方式一般采用分级维持荷载沉降相对稳定法（通常称为慢速法）；有地区经验时，也可采用分级加荷沉降非稳定法（通常称为快速法）或等沉降速率法。加荷等级的划分，一般取 10～12 级，并不应小于 8 级；卸载时，其卸载值一般取每级加载值的两倍，并逐级卸载。最大加载量不应小于地基土承载力设计值的 2 倍，荷载的量测精度应控制在最大加载量的 ±1% 以内。

（5）沉降观测。当采用慢速法时，对于土体，每级荷载施加后，间隔 5min、5min、10min、10min、15min、15min 测读一次沉降，以后间隔 30min 测读一次沉降，当连续 2h、且每小时沉降量不大于 0.1mm 时，可以认为沉降已达到相对稳定标准，可施加下一级荷载；当试验对象是岩体时，间隔 1min、2min、2min、5min 测读一次沉降，以后每隔 10min 测读一次，当连续三次读数差不大于 0.01mm 时，认为沉降已达到相对稳定标准，可施加下一级荷载。

采用快速法时，每加一级荷载按间隔 15min 观测一次沉降。每级荷载维持 2h，即可施加下一级荷载。最后一级荷载可观测至沉降达到上述沉降相对稳定标准或仍维持 2h。

当采用等沉降速率法时，控制承压板以一定的沉降速率沉降，测读与沉降相应的所施加的荷载，直至试验达到破坏阶段。

（6）试验终止加载条件。载荷试验一般应尽可能进行到试验土层达到破坏阶段，然后终止加载。当出现下列情况之一时，可认为地基已达破坏阶段，并可终止加载：

1）承压板周边的土体出现明显侧向挤出，周边岩土出现明显隆起或径向裂缝持续发展。

2）本级荷载的沉降量大于前级荷载沉降量的 5 倍，或沉降量急剧增大，$p-s$ 曲线出现明显陡降。

3）在某级荷载下 24h 沉降速率不能达到相对稳定标准。

4）总沉降量与承压板直径（或边长）之比超过 0.06。

对于深层平板载荷试验，承压板采用直径为 0.8m 的刚性板，紧靠承压板周围外侧的土层高度不应小于 80cm。关于试验终止加载条件，深层平板载荷试验也略有不同，表述如下：

1）沉降量急剧增大，$p-s$ 曲线出现可判定极限承载力的陡降段，且总沉降量超过 0.04d（d 为承压板的直径）。

2）在某级荷载下 24h 沉降速率不能达到稳定标准。

3）本级荷载下的沉降量大于前一级荷载下沉降量的 5 倍。

4）当承压板下持力层坚硬，沉降量较小时，最大加载量已达到或超过地基土承载力设计值的 2 倍。

2. 试验的操作步骤

（1）试验设备的安装。试验设备安装时应遵循先下后上、先中心后两侧的原则，即首先放置承压板，然后放置千斤顶于其上，再安装反力系统，最后安装观测系统。这里以地锚反力系统为例加以叙述。

1）下地锚。在确定试坑位置后，根据最大加载量要求使用地锚的数量（4只、6只或更多），以试坑中心为中心点对称布置地锚。各个地锚的埋设深度应当一致，一般地锚的螺旋叶片应全部进入较硬地层为好，可以提供较大的反力。

2）挖试坑。根据固定好的地锚位置来复测试坑位置，根据试验技术要求开挖试坑至试验深度。

3）放置承压板。在试坑的中心位置，根据承压板的大小铺设不超过20mm厚度的砂垫层并找平。然后小心平放承压板，防止承压板倾斜着地。

4）千斤顶和测力计的安装。以承压板为中心，从下到上在承压板上依次放置千斤顶、测力计和分力帽，并使其重心保持在一条垂直直线上。

5）横梁和连接件的安装。通过连接件将次梁安装在地锚上，以承压板为中心将主梁通过连接件安装在次梁下，形成完整的反力系统。

6）沉降测量元件的安装。打设基准桩，安装测量横杆（基准梁），通过磁性表座固定位移百分表（或位移传感器），形成完整的沉降量测系统。

如果采用测力计来量测荷载的大小，在试验之前还需要安装测力计的百分表。如果采用位移传感器量测地基沉降，传感器的电缆线应连接到位移记录仪上，并进行必要的设置。

（2）试验操作步骤：

1）加载操作。加载等级一般分10～12级，并不应小于8级。最大加载量不应小于地基土承载力设计值的2倍，荷载的量测精度控制在最大加载量的±1%以内。加载必须按照预先规定的级别进行，第一级荷载需要考虑设备的重量和挖掉土的自重。所加荷载是通过事先标定好的油压表读数或测力计百分表的读数反映出来的，因此，必须预先根据标定曲线或表格计算出预定的荷载所对应的油压表读数或测力计百分表读数。

2）稳压操作。每级荷重下都必须保持稳压，由于加压后地基土沉降、设备变形和地锚受力拔起等原因，都会引起荷载的减小，必须随时观察油压表的读数或测力计百分表指针的变动，并通过千斤顶不断补压，使所施加的荷载保持相对稳定。

3）沉降观测。采用慢速法时，每级荷载施加后，间隔5min、5min、10min、10min、15min、15min测读一次沉降，以后间隔30min测读一次沉降，当连续2h每小时沉降量不大于0.1mm时，可以认为沉降已达到相对稳定标准，可施加下一级荷载。直至达到前述试验终止加载条件。

4）试验观测与记录。当采用百分表观测沉降时，在试验过程中必须始终按规定将观测数据记录在载荷试验记录表中。试验记录是载荷试验中最重要的第一手资料，必须正确记录，并严格校对。确保试验记录的可靠性。

4.1.4　试验资料整理与成果应用

1.资料的整理

载荷试验的最后成果是通过对现场原始试验数据进行整理，并依据现有的规范或规程进行分析得出。其中载荷试验沉降观测记录是最重要的原始资料，不仅记录沉降，还记录了荷载等级和其他与载荷试验相关的信息，如承压板形状、尺寸、载荷点的试验深度、试验深度处的土性特征，以及沉降观测百分表或传感器在承压板上的位置等（一般以图示的方式标注在记录表上）。

载荷试验资料整理分以下几个步骤：

（1）绘制 p-s 曲线。根据载荷试验沉降观测原始记录，将荷载 p 与沉降 s 数据点在坐标纸上，绘制 p-s 曲线。

（2）p-s 曲线的修正。如果原始 p-s 曲线的直线段延长线不通过原点（0，0），则需要对 p-s 曲线进行修正。可采用以下两种方法进行修正：

1）图解法。先以一般坐标纸绘制 p-s 曲线，如果开始的一些观测点（p，s）基本上在一条直线上，则可直接用图解法进行修正。即将 p-s 曲线上的各点同时沿 s（沉降）坐标平移 S_0 使 p-s 曲线的直线段通过原点，如图 4.4 所示。

2）最小二乘修正法。对于已知 p-s 曲线开始一段近似为一直线（即 p-s 曲线具有明显的直线段和拐点），可用最小二乘法求出最佳回归直线的方程式。假设 p-s 曲线的直线段可以用式（4.1）来表示：

$$s = s_0 + c_0 p \qquad (4.1)$$

需要确定两个系数 s_0 和 c_0。如果 s_0 等于零，则表明该直线通过原点，否则不通过原点。求得 s_0 后，$s' = s - s_0$ 即为修正后的沉降数据。

对于圆滑型或不规则型的 p-s 曲线（即不具有明显的直线段和拐点），可假设其为抛物线或高阶多项式表示的曲线，通过曲线拟合求得常数项，即 s_0，然后按 $s' = s - s_0$ 对原始数据进行修正。

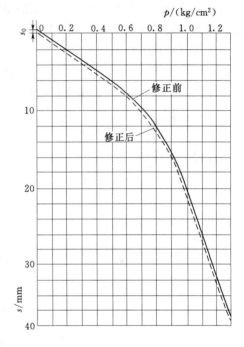

图 4.4 p-s 曲线修正的图解法

（3）绘制 s-$\lg t$ 曲线和 $\lg p$-$\lg s$ 曲线。在单对数坐标纸上绘制每级荷载下的 s-$\lg t$ 曲线，同时需要标明每根曲线的荷载等级，荷载单位为 kPa。

在有必要时，可在双对数坐标纸上绘制 $\lg p$-$\lg s$ 曲线，注意标明坐标名称和单位。

2. 试验成果的应用

（1）确定地基土的承载力。在资料整理的基础上，应根据 p-s 曲线拐点，必要时结合 s-$\lg t$ 曲线或 $\lg p$-$\lg s$ 曲线的特征，确定比例界限压力 p_0；无论深层还是浅层平板载荷试验，当满足前三个试验终止条件之一时，则对应的前一级荷载即可判定为极限压力 p_u。

1）拐点法。如果拐点明显，直接从 p-s 曲线上确定拐点作为比例界限压力 p_0，并取该比例界限压力 p_0 所对应的荷载值作为地基土的承载力特征值。

2）极限荷载法。先确定极限压力 p_u，当极限压力 p_u 小于对应的比例界限压力的荷载值的 2 倍时，取极限压力的一半作为地基承载力特征值。

3）相对沉降法。若 $p-s$ 关系呈缓变曲线时，可取对应于某一相对沉降值（即 s/b，b 为承压板直径或边长）的压力作为地基土承载力的估计。即在 $p-s$ 曲线上取 s/b 为一定值所对应的荷载为地基承载力特征值。

当承压板面积为 $0.25 \sim 0.50 \text{m}^2$，可根据土类及其状态，取 $s/b = 0.01 \sim 0.015$ 所对应的荷载作为地基承载力特征值。但其值不应大于最大加载量的一半。当承压板的面积大于 0.5m^2 时，应结合结构物沉降变形的控制要求、基础宽度和不大于最大加载量之半的原则，综合确定地基承载力特征值。

确定地基土的承载力时，同一土层参加统计的试验点数不应小于 3 个，当各试验点实测的承载力的极差（即最大值与最小值之差）不超过其平均值的 30% 时，取其平均值作为该土层的承载力特征值。

（2）确定地基土的变形模量。对于各向同性地基土，当地表无超载时（相当于承压板置于地表），土的变形模量按下式计算：

浅层平板载荷试验：
$$E_0 = I_0(1 - \mu^2)\frac{pd}{s} \tag{4.2a}$$

深层平板载荷试验：
$$E_0 = \omega \frac{pd}{s} \tag{4.2b}$$

式中　E_0——土体变形模量，MPa；

　　　I_0——刚性承压板的形状系数；对于圆形刚性板，$I_0 = 0.785$；对于方形承压板，$I_0 = 0.886$；

　　　μ——土的泊松比，碎石土取 0.27，砂土取 0.30，粉土取 0.35，粉质黏土取 0.38，黏土取 0.42；

　　　d——承压板直径或方形承压板边长，m；

　　　p——$p-s$ 曲线线性段的压力，kPa；

　　　s——与 p 对应的沉降量；

　　　ω——与试验深度和土类有关的系数，见表 4.1。

表 4.1　　　　　　　　　　　　深层载荷试验计算系数 ω

d/z	土　类				
	碎石土	砂土	粉土	粉质黏土	黏土
0.30	0.477	0.489	0.491	0.515	0.524
0.25	0.469	0.480	0.482	0.506	0.514
0.20	0.460	0.471	0.474	0.497	0.505
0.15	0.444	0.454	0.457	0.479	0.487
0.10	0.435	0.446	0.448	0.470	0.478
0.05	0.427	0.437	0.439	0.461	0.468
0.01	0.418	0.429	0.431	0.452	0.459

注　d/z 为承压板直径和承压板面深度之比。

（3）确定地基土的基床反力系数。依据平板载荷试验 p-s 曲线直线段的斜率，可以直接确定基准基床系数 K_v。依据《岩土工程勘察规范》（GB 50021—2001）（2009 版），当采用边长为 30cm 的平板载荷试验，可根据式（4.3）确定地基的基准基床系数 K_v（kN/m³）：

$$K_v = \frac{p}{s} \tag{4.3}$$

p/s 为 p-s 曲线直线段的斜率，如果 p-s 曲线无直线段，则 p 可取临塑荷载的一半（kPa），s 为相应于该 p 值的沉降量。

《工程地质手册》第五版规定：若平板荷载试验的承压板尺寸不是标准的 $b = 30$cm，则可以通过式（4.4）和式（4.5）求得基准基床系数 K_{v1}（kN/m³）：

对于黏性土

$$K_{v1} = \frac{b}{0.3} K_v \tag{4.4a}$$

对于砂土

$$K_{v1} = \frac{4b^2}{b + 0.305} K_v \tag{4.4b}$$

式中　b——承压板的直径或边长，m。

（4）平板载荷试验的其他应用。如评价地基不排水抗剪强度，预估地基最终沉降量和检验地基处理效果，是否达到地基承载力的设计值。

4.1.5　螺旋板载荷试验简介

螺旋板载荷试验是将一螺旋型承压板旋入地下试验深度，通过传力杆对螺旋板施加荷载，观测螺旋板的沉降，以获得荷载-沉降-时间关系，然后根据理论公式或经验关系式获得地基土参数的一种现场测试技术。通过螺旋板试验可以确定地基土的承载力、变形模量、基床系数和固结系数等参数。

螺旋板载荷试验适用于地下水位以下一定深度处的砂土、软黏性土、一般黏性土和硬黏性土层。螺旋板旋入土中会引起一定的土体扰动，但如适当选择轴径、板径、螺距等参数，并保持螺旋板板头的旋入进尺与螺距一致，及保持与土接触面光滑，可使对土体的扰动减小到合理的程度。

螺旋板载荷试验的试验设备同样包括加载系统、反力系统和量测系统，图 4.5 为螺旋板载荷试验装置简图。承压板是旋入地下的螺旋板，要求螺旋承压板应有足够的刚度，板头面积可以根据地基土的性质选择 100cm²、200cm² 和 500cm²（板头直径分别为 113mm、160mm 和 252mm）。

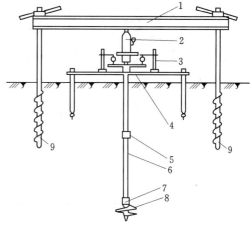

图 4.5　YDL 型螺旋板载荷试验装置
1—反力装置；2—油压千斤顶；3—百分表及表座；4—基准梁；5—传力杆接头；6—传力杆；7—测力传感器；8—螺旋形承压板；9—地锚

螺旋板载荷试验的加荷方式、加荷等级以及试验结束条件均与平板载荷试验一样。试验方法同样有慢速法、快速法和等沉降速率法。

【项目案例分析1】

1. 工程概况

某拟建民宅为五层钢筋混凝土框架结构，采用天然地基，设计要求地基承载力特征值为160kPa。场区场地上覆50cm厚杂填土，其下为厚度3～6m夹有中砂透镜体的黏土层，平均厚度为5m。黏土层主要物理力学指标为：含水率$w=28.3\%$，孔隙比$e=0.877$，液性指数$I_L=0.17$，压缩系数$\alpha_{1-2}=0.38\text{MPa}^{-1}$，压缩模量$E_{s1-2}=4.85\text{MPa}$，标准贯入试验锤击数$N_{63.5}=8.2$击。勘察报告提供该层地基土承载力特征值建议值为160kPa。为验证该场地黏土层能否作为该拟建物的天然地基持力层，对场地进行了三组有代表性的浅层平板载荷试验。

2. 载荷试验方法简介

载荷试验使用平板结构反力架，用平板上堆载提供反力，采用千斤顶分级加载进行试验，承压板采用1.0m^2（1m×1m）加筋钢板。试验确定最大加载荷载为360kN，共分八级并采用逐级加载方式，各级加载为试验最大荷载的1/8，即45kN。当在连续2h内每1h的沉降量小于0.1mm时，则认为已趋稳定，可加下一级荷载。最后一级荷载仍以此为稳定标准。

3. 静载荷试验成果与评价

其载荷试验结果$p-s$曲线如图4.6所示。

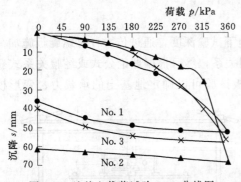

图4.6 地基土载荷试验$p-s$曲线图

从试验所得数据看，在最大加载为360kPa压力范围内，除No.2载荷试验外，地基土仍未出现极限荷载点；No.1载荷试验各级沉降较均匀，但总沉降量较大，地基土承载力极限值取360kPa，相应的承载力特征值取180kPa；No.3载荷试验曲线不够圆滑，虽然在第7级荷载315kPa和第8级荷载360kPa下的沉降量相对较大，但总沉降量仍在允许范围内，地基土承载力极限值取360kPa，相应的承载力特征值取180kPa；No.2载荷试验曲线在第8级荷载360kPa作用下出现陡降段，因此，地基土承载力极限值取前1级荷载315kPa，特征值为157kPa。由于该三组载荷试验实测值的极差不超过其平均值的30%，可取其平均值172kPa作为该场地黏土层地基承载力特征值。

任务4.2 静力触探试验

【任务描述】

静力触探试验，是利用准静力以恒定的贯入速率将一定规格和形状的圆锥探头通过一系列探杆压入土中，同时测记贯入过程中探头所受到的阻力，根据测得的贯入阻力大小来间接判定土的物理力学性质的现场试验方法。

【任务分析】

本任务首先学习静力触探试验方法、适用范围、仪器配备、步骤、数据的记录整理。掌握了静力触探试验方法后，再结合具体的工程实例进行实践操作和数据的分析整理，最后把成果运用于项目工程当中。

【任务实施】

4.2.1　静力触探试验目的

静力触探技术始于 1917 年，但直到 1932 年，荷兰工程师巴伦岑（Barentsen）才成为世界上第一个进行静力触探试验的人，故静力触探试验有时又称为荷兰锥（Dutch Cone）试验。由于静力触探试验具有连续、快速、精确，可以在现场通过贯入阻力变化了解地层变化及其物理力学性质等特点，静力触探技术无论在仪器设备、测试方法，还是成果的解释与应用方面都取得了很大的进展。尤其 20 世纪 90 年代以来，静力触探探头的研制朝着多功能化发展，在探头上增加了许多新功能，如测温、测斜和地磁、土壤电阻或地下水 pH 值等物理量的量测，以及采用静探探杆传递量测数据的无绳静力触探仪的问世，都开拓了静力触探技术新的应用领域。

根据静力触探试验结果，并结合地区经验，有以下几个目的：

（1）可用于土类定名，并划分土层的界面。

（2）评定地基土的物理、力学、渗透性质的相关参数。

（3）确定地基承载力。

（4）确定单桩极限承载力。

（5）判定地基土液化的可能性。

静力触探试验适应于软土、一般黏性土、粉土、砂土和含有少量碎石的土，但不适用于含较多碎石、砾石的土层和密实的砂层。

4.2.2　试验原理与仪器设备

1. 试验的基本原理

静力触探的基本原理就是用准静力（相对于动力触探而言，没有或很少有冲击荷载）将一个内部装有应力传感器的探头以匀速压入土中。由于地层中各层土的强度不同，探头在贯入过程中所受的阻力也就不同，传感器将这种大小不同的阻力转换成电信号输入到记录仪记录下来，再通过贯入阻力与土的工程性质之间的相关关系，来实现划分土层、提供地基承载力、判别场地土液化、选择桩端持力层和预估单桩承载力等目的；而孔隙水压力静力触探原理是将量测孔隙水压力的传感元件与标准的静力触探探头组合在一起，在测定贯入阻力的同时量测土的孔隙水压力；当贯入停止以后，还可以量测超孔隙水压力的消散，直至达到稳定的静水压力，以此可以估算地基土层的固结系数。

2. 试验的仪器设备

静力触探试验设备包括标定设备和触探贯入设备。前者包括测力计或力传感器和加、卸荷用的装置（标定架或压力罐）及辅助设备等，主要是在室内通过率定设备和率定探头求出地层阻力和仪表读数之间的关系，以得到探头率定系数，要求新探头或使用一个月后的探头都应及时进行率定；后者由贯入系统和量测系统两部分组成，下面对触探贯入设备进行介绍。

（1）贯入系统。贯入系统主要由贯入装置、探杆和反力装置三部分组成。

1）贯入装置。贯入装置按加压方式不同可划分为液压式、手摇链条式和电动机械式三种。液压式，如图 4.7（a）、（b）所示，是利用汽油机或电动机带动油泵，通过液压传动使油缸活塞下压或提升，国内使用油缸总推力达 100～200kN。手摇链条式，如图 4.7（c）所示，是以手摇方式带动齿轮传动，通过两个 ϕ60mm 的链轮带动链条循环往复移动，将探杆压入土内。手摇链条式设备有结构轻巧、操作简单、不用交流电、易于安装和搬运等特点，但贯入能力较小，只有20～30kN。电动机械式，如图 4.7（d），是以电动机为动力，通过齿条（或齿轮）传动及减速，使螺杆下压或提升，当无电源时，也可用人力旋转手轮加压或提升。将这种设备固定在卡车上就是静力触探车，因其具有搬运、操作方便和工作环境好之特点而受到用户欢迎。

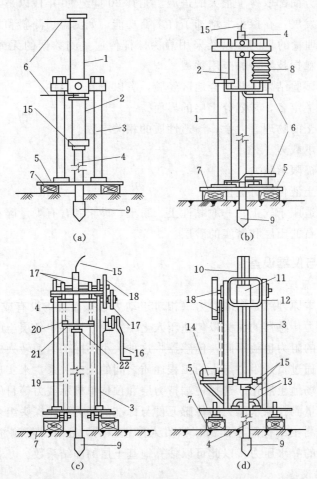

图 4.7 静力触探试验贯入装置

1—液压杆；2—液压缸；3—支架；4—触探杆；5—底座；6—高压油管；7—垫木；8—防尘罩；9—探头；
10—滚珠丝杆；11—滚珠螺母；12—变速箱；13—导向杆；14—电动机；15—电缆线；16—摇把；
17—链条；18—齿轮带轮；19—加压链条；20—长轴销；21—山形压板；22—垫压块

2）探杆。探杆是传递贯入力给探头的媒介。为了保证触探孔的垂直，探杆应采用高强度的无缝合金钢管制造。同时对其加工质量和每次使用前的平直度、磨损状态进行严格的检查。

3）反力装置。当把探头压入土层时，若无反力装置，整个触探仪要上抬。所以反力装置的作用是不使其上抬。一般采用的方法有三种：一是地锚反作用，二是压重物，三是地锚与重物联合使用。如将触探仪装在汽车上，利用汽车的重量作反力，实际上还是属于压重物的方法，车载静力触探也可以同时使用2～4个地锚，增加部分反力。

（2）量测系统。量测系统主要包括探头和记录设备两部分。

1）探头。目前在工程实践中常用的探头有单桥、双桥和多功能探头（如孔压探头），如图4.8所示。

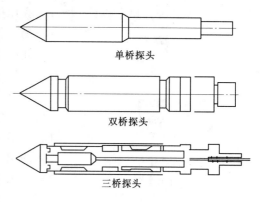

图4.8 常用探头结构示意图

a. 单桥探头。单桥探头只能量测比贯入阻力 p_s 一个参数。单桥探头主要由外套筒、顶柱、空心柱等组成，常用的单桥探头规格见表4.2。

表4.2   测定比贯入阻力 p_s 的单桥探头规格

类型	探头直径/mm	探头截面积/cm²	有效侧壁长度/mm	锥角/(°)	触探杆直径/mm
I	35.7	10	57	60	33.5
II	43.7	15	70	60	42.0
III	50.4	20	81	60	42.0

b. 双桥探头。双桥探头将锥尖与摩擦筒分开，由锥尖阻力量测部分和侧壁摩擦阻力量测部分组成，可以同时测量锥尖阻力 q_c 和侧壁摩阻力 f_s 两个参数的探头，分辨率较高。锥尖阻力量测部分由锥头、空心柱下半段、加强筒组成；侧壁摩擦阻力部分由摩擦筒、空心柱上半段及加强筒组成。常用双桥探头规格见表4.3。

表4.3   测定锥尖阻力 q_c 和侧壁摩擦力 f_s 的双桥探头规格

类型	探头直径/mm	探头截面积/cm²	摩擦筒表面积/cm²	有效侧壁长度/mm	锥角/(°)	探杆直径/mm
I	35.7	10	200	179	60	33.5
II	43.7	15	300	219	60	42.0
III	50.4	20	300	189	60	42.0

c. 孔压探头。孔压探头除了能够测定锥尖阻力和侧壁摩阻力外，还可以同时量测指定位置的孔隙水压力。孔压探头一般是将双桥探头再安装一种可量测触探时所产生超孔隙水压力的装置——透水过滤器和孔隙水压力传感器而构成的多功能探头。国内一些企业也生产在单桥探头上安装孔压量测装置的孔压探头。

孔压静探探头按滤水器的位置不同而有不同的类型。在孔压静力触探技术发展历史上，孔压滤水器的位置有位于锥尖、锥面、锥肩和摩擦筒尾部等几种情况，但目前孔压探头滤水器的位置已经大致固定，一般位于锥面、锥肩和摩擦筒尾部，测得的孔隙压力分别记为 u_1、

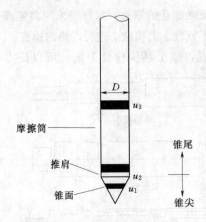

图 4.9   标准孔压探头过滤器
位置示意图

u_2 和 u_3。1989 年 ISSMFE（国际土力学与基础工程学会）建议锥肩（u_2 位置）作为量测孔压的标准位置，如图 4.9 所示。

孔压探头是一种比较新的探头类型，它不仅可以同时测定锥尖阻力 q_c、侧摩阻力 f_s 和孔隙水压力 u，而且还能在停止贯入时量测超孔隙水压力 Δu 的消散过程，直至达到稳定的静止孔隙水压力 u_0。与传统静力触探相比，孔压静力触探除了具有一般触探的功能外，还可以根据孔压消散的原理评定土的渗透性和固结特性，但是由于孔压静力触探技术所求得的水平固结系数不能用于计算地基竖向固结速率等因素限制，该技术在工程中的应用仍不是很广泛。

2）记录仪器。静力触探记录仪器有数字式电阻应变仪、电子电位差自动记录仪、微电脑数据采集仪等。微电脑数据采集仪的功能包括数据的自动采集、储存、打印、分析整理和自动成图，使用方便。

4.2.3   试验技术要求和操作步骤

1. 试验的技术要求

在静力触探试验工作之前，应注意搜集场区既有的工程地质资料，根据地质复杂程度及区域稳定性，结合建筑物平面布置、工程性质等条件确定触探孔位、深度，选择使用的探头类型和触探设备。

（1）试验前的准备工作。在现场进行静力触探试验之前，应该做好如下准备工作：

1）将电缆按探杆的连接顺序一次穿齐，所用探杆应比计划深度多 2～3 根，电缆应备有足够的长度。

2）安放触探机的地面应平整；使用的反力措施应保证静力触探达到预定的深度。

3）检查探头是否符合规定的规格，连接记录仪，检查记录仪是否工作正常，整个系统是否在标定后的有效期内，并调零试压。

（2）触探机的安装和调试：

1）机座水平校准。触探开孔前用水平尺校准机座保持水平并与反力装置锁定，是保证探杆垂直贯入地下的首要环节。如果触探孔偏斜，将使触探深度出现误差，并将会给内业资料整理与分析增加许多不必要的误差因素；严重时，不仅会使探杆弯曲、折断，而且由于土层固有的各向异性和探头内部结构弱点将会导致测试成果无效。

2）触探位置与钻孔间距。根据众多的现场压桩和室内标定腔试验结果，在 30 倍桩径或探头直径的范围以内，土体的边界条件对测试成果有一定影响。因此静力触探试验孔与先前试验孔或其他钻孔之间应该有足够的距离以防止交叉影响。

在一般静力触探试验中，应使布置的触探孔距原有钻孔的距离至少 2m；如果出于平行试验对比需要，考虑到土层在水平方向的变异性，对比孔间距不宜大于 2m，此时宜先进行静力触探试验，而后进行勘探或其他原位试验。

在孔压静探试验中，与先前孔之间的距离在正常情况下应该至少为孔直径的 25 倍。周边地区的挖掘行为也应避免。

3）探杆平直度的检查。触探主机应该以尽可能的轴向压力将探杆压入。对于前 5m 的探杆，弯曲度不得大于 0.05%，对于后续探杆的弯曲度，在触探孔深度小于 10m 时，不得大于 0.2%；深度大于 10m 时，不得大于 0.1%。

2. 静力触探试验的操作步骤

在进行贯入试验时，如果浅层遇到密实、粗颗粒或含碎石颗粒较多的土层，在试验之前应该先打预钻孔。必要时使用套筒来防止孔壁的坍塌。在软土或松散土中，预钻孔应该穿过硬壳层。静力触探试验的操作顺序如下：

（1）将探头贯入地面 0.5～1m 后，上提探头 5～10cm，观测零位漂移情况，待其稳定后，将仪表调零并压回原位即可开始正式贯入。

（2）探头应匀速垂直压入土中，贯入速率为 1.2m/min。

（3）探头在地面下 6m 深度范围内，每贯入 2～3m 应提升探头一次，并记录零漂值；当超过 6m 后，视零漂的大小可放宽归零检查的深度间隔（一般 5m）或不作归零检查。

（4）在试验过程中，应每隔 3～4m 校核一次实际深度，终孔起拔探杆时和探头拔出地面时，应记录仪器的零漂值。

（5）当遇到以下情况时，可终止静力触探试验：

1）要求的贯入长度或深度已经达到。

2）圆锥触探仪的倾斜度已经超过了量程范围。

3）反力装置失效。

4）试验记录显示异常。

5）任何对试验设备可能造成损坏的因素都可以使试验被迫终止。

3. 孔压静力触探的测试方法

保证孔压静力触探试验质量的关键是孔压量测系统（滤水器和传压空腔）的排气饱和，如饱和不彻底，则会滞缓孔隙水压力的传播速度，使部分超孔隙水压力消耗于压缩未排尽的空气上，严重影响测试成果。常用的饱和方法为真空抽气饱和法。将孔压探头置于真空的密封容器中，抽真空 3～12h，然后将饱和液体吸入传压空腔内以达到饱和。

孔压静力触探试验应注意以下事项：

（1）触探头孔压系统饱和是保证正确量测孔压的关键。如果探头孔压量测系统未饱和，含有气泡，则在量测时会有一部分孔隙水压力在传递过程中消耗在空气压缩上，引起作用在孔压传感器上的孔压下降，使测试结果失真。

（2）触探全过程不得提升探头。因为探头提升产生"抽气"作用，使应变腔中的液体逸出，导致以后的测试结果失真。

（3）过滤器更换。孔压探头在完成一孔的触探之后，应更换过滤器，并将更换下的过滤器重新进行脱气处理。

4.2.4　试验资料整理与成果应用

1. 静力触探试验资料的整理

（1）原始数据的修正：

1) 贯入深度修正。当记录深度（贯入长度）与实际深度有出入时，应将深度误差沿深度进行线性修正。在静力触探试验中同时量测探头的偏斜角 θ（相对铅垂线），若每隔 1m 测一次偏斜角，则深度修正 Δh_i 为

$$\Delta h_i = 1 - \cos\left(\frac{\theta_i + \theta_{i-1}}{2}\right) \tag{4.6}$$

式中　Δh_i——第 i 段深度修正值，m；

　　θ_i，θ_{i-1}——第 i 次及第 $i-1$ 次实测的偏斜角，(°)。

这样，深度 h_n 处总的深度修正值为 $\sum\limits_{i=1}^{n} \Delta h_i$，实际的深度为 $h_n - \sum\limits_{i=1}^{n} \Delta h_i$。

2) 零漂修正。为了估计量测参数的质量，应在触探试验之后和设备保养之前，直接读取零读数以确定零漂值。对于高零漂，还应当比较试验前零读数与试验后及保养之后的零读数，来进行分析和评价。一般按归零检查的深度间隔按线性内插法对测试值加以修正。

3) 锥尖阻力的修正。由于在孔压触探试验过程中，触探仪周围充满着水压力，这将影响锥尖阻力和侧壁摩擦力。当孔压量测过滤器位于触探仪的 u_2 位置时（图 4.10），锥尖阻力可用下面的公式来修正：

$$q_t = q_c + u_2(1-a) \tag{4.7}$$

式中　q_t——修正后的锥尖阻力；

　　q_c——量测的锥尖阻力；

　　u_2——在 u_2 位置（即锥肩位置）量测的孔隙水压力；

　　a——锥尖端面有效面积比，$a = A_a/A_c$；A_a、A_c 分别为顶柱和锥底的横截面积（图 4.10）。

仅当滤水器位置在 u_2 时，式（4.7）才使用。在孔压静探试验中，有效面积比 a 的变化值通常在 $0.3\sim0.9$ 之间。量测的侧壁摩擦力由于地下水压的存在也将受到相似的影响。

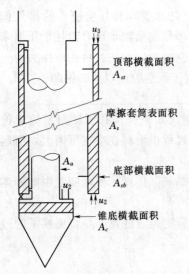

图 4.10　锥尖阻力和侧壁摩擦力面积修正

4) 侧壁摩擦力修正。当同时在探头的 u_2 和 u_3 位置安装孔压量测装置时，可以采用下式对侧壁摩擦阻力进行修正：

$$f_t = f_s - \frac{(u_2 A_{sb} - u_3 A_{st})}{A_s} \tag{4.8}$$

式中　f_t——修正后的侧壁摩擦阻力；

　　f_s——实测的侧壁摩擦阻力；

　　A_s——摩擦套筒的横截面积；

　　A_{st}，A_{sb}——分别为套筒顶部与底部的横截面积，如图 4.10 所示；

　　u_2——套筒与探头之间部位量测孔隙水压；

　　u_3——套筒尾部位置量测的孔隙水压。

该修正只能在 u_2 与 u_3 都量测了的情况下才能使用。该修正对细粒土最重要，在细粒土中超孔隙水压力的影响很显著。建议使用修正后的数据来进行土层分析和划

分类别。

（2）单孔各分层的试验数据统计计算。结合其他勘探资料（如同场地的钻孔资料），根据静力触探曲线对地基土进行分层，然后对各层的试验结果分层统计。对于单桥探头，只需统计各层的比贯入阻力 p_s；对于双桥探头，则需要统计各分层的锥尖阻力 q_c 和侧壁摩阻力 f_s，并按式（4.9）计算各测试点的摩阻比 R_f：

$$R_f = \frac{f_s}{q_c} \times 100\% \tag{4.9}$$

在进行单孔各分层的试验数据统计时，可采用算术平均法或按触探曲线采用面积积分法。计算时，应剔除个别异常值，并剔除超前滞后值。

计算整个勘察场地的分层贯入阻力时，可按各孔穿越该层的厚度加权平均法计算；或将各孔触探曲线叠加后，绘制谷值与峰值包络线和平均值线，以便确定场地分层的贯入阻力在深度上的变化规律及变化范围。

（3）绘制触探曲线。对于单桥探头，只需要绘制 p_s-h 曲线；对于双桥探头，要绘制的触探曲线包括 q_c-h 曲线、f_s-h 曲线和 R_f-h 曲线；在孔压静力触探试验中，除了双桥静力触探试验曲线外，还要绘制 u_2-h，最好采用修正后的锥尖阻力 q_t 和侧壁摩阻力 f_t 来绘制触探曲线，并结合钻探资料附上钻孔柱状图，如图 4.11 所示。由于贯入停顿间歇，曲线会出现喇叭口或尖峰，在绘制静探曲线时，应加以圆滑修正。

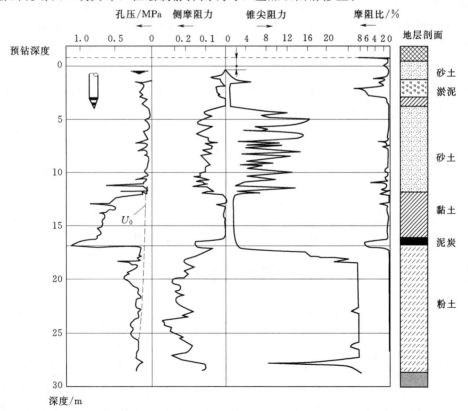

图 4.11　静力触探试验曲线与钻孔柱状图

2. 静力触探试验成果的应用

(1) 地基土的分类。双桥探头可同时获得两个触探参数 (q_c、f_s)，且不同土层的 q_c 和 R_f 值很少全然一样，这就决定了双桥探头判别土类的可能性。例如，砂的 q_c 值一般很大，R_f 通常小于或等于 1%；均质黏性土 q_c 一般较小，而 R_f 常大于 2%。在不同的地层条件下，q_c 与 R_f 的组合特征见表 4.4。

表 4.4　　　　　　　　　　　　q_c 和 f_s 各种情况的比较

q_c 值变化情况	f_s 值的变化情况		
	f_s 减小	f_s 不变	f_s 增大
q_c 减小	硬层过渡到软层时的过渡阶段（相当于超前深度与滞后深度范围）	一般不存在	被圆锥压下的小砾石挤压摩擦筒（甚而楔入其间缝隙时）
q_c 不变	直径大于圆锥的卵石或碎石被圆锥压入到软层或松散的土层	通常情况	一般不存在
q_c 增大	在中密实或密实土中，圆锥压到直径大于圆锥的卵石或砾石	探头进入到不能贯穿的软岩或坚硬土层时	阻力随深度增加的土层或尚未达极限阻力的密实砂土（即在临界深度以上）①

① 当 $R_f = 4\% \sim 6\%$ 时，土层可能是含有一些分散砾石的硬黏土；当 $R_f = 0.5\% \sim 2\%$ 时，土层将是含有一定数量砂的密实砾石土。

均质土在通常情况下，R_f 值可视为不随深度变化的常数。但因其状态可以不同，而使 R_f 有不同的值域。对成层土，当土层厚度较薄时（如 30cm）、或处在土层界面附近时，R_f 值常表现不稳定，这是土层界面效应所致，受界面上、下土层的强度与变形性质所控制。

(2) 土的原位状态参数与应力历史：

1) 土的重度。土的重度除通过室内试验得到外，还可利用单桥触探的比贯入阻力 p_s 估算一般饱和黏性土的重度 γ（kN/m³），《铁路工程地质原位测试规程》（TB 10018—2018）规定：

当 $p_s < 400$ kPa 时　　　　　　$\gamma = 8.23 p_s^{0.12}$ 　　　　　　　　(4.10)

当 $400 \leqslant p_s < 4500$ kPa 时　　$\gamma = 9.56 p_s^{0.12}$ 　　　　　　　　(4.11)

当 $p_s \geqslant 4500$ kPa 时　　　　　$\gamma = 21.2$ 　　　　　　　　　　(4.12)

2) 砂土的相对密度。我国《铁路工程地质原位测试规程》（TB 10018—2018）建议石英质砂类土的相对密度 D_r 可根据比贯入阻力 p_s 按表 4.5 判断。

表 4.5　　　　　　　　　　　　石英质砂类土的相对密度 D_r

密　实　程　度	p_s/MPa	D_r
密实	$p_s \geqslant 14$	$D_r \geqslant 0.67$
中密	$6.5 < p_s < 14$	$0.40 < D_r < 0.67$
稍密	$2 \leqslant p_s \leqslant 6.5$	$0.33 \leqslant D_r \leqslant 0.40$
松散	$p_s < 2$	$D_r < 0.33$

(3) 土的强度参数。利用静力触探资料估算不排水抗剪强度 S_u 的方法主要分为理论方法和经验公式法两类。

1）理论方法。用来计算不排水抗剪强度的理论包括经典承载力理论、孔穴扩张理论、应力路径理论等，所有的不排水抗剪强度 S_u 与锥尖阻力 q_c 之间的关系式都可归纳为如下形式：

$$q_c = N_c S_u + \sigma_0 \tag{4.13}$$

式中　N_c——理论圆锥系数；

　　　σ_0——土中原位总应力。

由于圆锥贯入是个复杂的过程，因此所有的理论解都针对土的性质、破坏机理和边界条件作出了种种假定。这些理论解不仅需要根据现场和室内试验数据进行验证，而且在模拟不同应力历史、非均质特征、灵敏度等条件下真实土体性能时具有局限性。

2）经验公式法。利用量测的锥尖阻力 q_c 按经验公式（4.14）估算 S_u：

$$S_u = \frac{q_c - \sigma_{v0}}{N_k} \tag{4.14}$$

式中　N_k——经验圆锥系数，根据已有的研究成果，取值范围：$11\sim19$；

　　　σ_{v0}——土中原位竖向总应力。

《铁路工程地质原位测试规程》（TB 10018—2018）规定，对于灵敏性（灵敏度 $S_t = 2 \sim 7$，塑性指数 $I_p = 20 \sim 40$）软黏性土，建议根据单桥触探比贯入阻力可采用下式估算其不排水抗剪强度：

$$S_u = 0.9(p_s - \sigma_{v0})/N_k \tag{4.15}$$

式中　N_k——系数，可按式（4.16）计算。

$$N_k = 25.81 - 0.75 S_t - 2.25 I_p \tag{4.16}$$

当缺乏 S_t、I_p 资料时，也可按下式粗略估计黏性土的不排水抗剪强度：

$$S_u = 0.04 p_s + 2 \tag{4.17}$$

（4）土的变形参数。利用静力触探试验可估算土的变形参数：

1）黏性土的压缩模量 E_s：

$$E_s = \alpha_m q_c \tag{4.18}$$

式中　α_m——经验系数。

桑格列拉（Sanglerat，1972）提出了对于不同土类的 α_m 与锥尖阻力 q_c 的对应关系，见表 4.6。

表 4.6　　　　　　　　　　　　黏土压缩模量估算表

土类	锥尖阻力 q_c/MPa	含水率 ω/%	压缩模量 ξ
低塑性黏土	<0.7		$3\sim8$
	$0.7\sim2.0$		$2\sim5$
	>2.0		$1\sim2.5$
低塑性粉土	>2.0		$3\sim6$
	<2.0		$1\sim3$
高塑性黏土和粉土	<2.0		$2\sim6$
有机质粉土	<1.2		$2\sim8$
		$50<\omega<100$	$1.5\sim4$

续表

土类	锥尖阻力 q_c/MPa	含水率 ω/%	压缩模量 ξ
泥炭和有机质黏性土		$100<\omega<200$	$1\sim1.5$
		$\omega>200$	$0.4\sim1$

2）有机质含量小于 10% 的黏性土变形模量 E_0：

$$E_0=7q_c \tag{4.19}$$

3）饱和黏性土不排水压缩模量 E_u：

$$E_u=11.0p_s+0.12 \quad 或 \quad E_u=11.4p_s \tag{4.20}$$

4）砂土的压缩模量 E_s 和变形模量 E_0：

$$E_s=\xi q_c \tag{4.21}$$

式中 ξ——经验系数，一般取 $1.4\sim4.0$。

实际工程中计算砂性土变形模量 E_0 的常用公式见表 4.7。

表 4.7 用 p_s 估算 E_0 的经验关系式

单　位	经 验 关 系	使 用 范 围
铁道部一院	$E_0=3.57p_s^{0.6836}$	粉、细砂
辽宁煤矿院	$E_0=2.5p_s$	中、细砂
苏联规范（CH—448—72）	$E_0=4.3q_c+13$	中密～密实砂土

注 表中单位均为 MPa。

（5）土的固结系数。孔压静力触探具有独特的可测试土层中孔隙水压力及超孔压随时间的消散过程，所以可以被用来估算土层的固结系数，这种方法对软黏性土特别有效。

在孔压静力触探试验中，当圆锥探头贯入土中之后，土体受到挤压及剪切，使孔隙压力急剧增长。在圆锥停止贯入后超静孔隙水压力即逐渐消散，利用现场测定的超孔隙水压力随时间的消散过程线，采用实测曲线与理论曲线相拟合的方法由式（4.22）可推求水平向固结系数 C_h。

$$C_h=\frac{r^2T}{t\sqrt{\dfrac{200}{I_r}}} \tag{4.22}$$

式中 r——孔压圆锥探头半径，cm；

T——某时刻消散水平的时间因数；

t——某消散水平的消散时间，s；

I_r——土刚度指数，$I_r=G/C_u$，G 为剪切模量，C_u 为不排水抗剪强度，选择的 I_r、t 值是与某一消散水平相对应的，一般选 50% 的消散水平作为设计值。

（6）地基承载力评价。梅耶霍夫（Meyerhof，1956）提出了用静力触探资料直接估算砂土地基上浅基础极限承载力的公式：

$$q_{ult}=\overline{q}_c(B/C)(1+D/B) \tag{4.23}$$

式中 C——经验常数，等于 12.2m；

B——基础宽度，m；

D——基础埋置深度，m；

$\overline{q}_c$——基底±B 范围内锥尖阻力的平均值，kPa。

用于浅基础设计时，梅耶霍夫建议取安全系数等于 3。

应用静力触探的锥尖阻力，Tand 等人（1995）也提出在轻胶结中密砂土上浅基础的极限承载力 q_{ult}（kPa）的计算公式：

$$q_{ult} = R_k q_c + \sigma_{v0} \tag{4.24}$$

式中　R_k——取值范围为 0.14～0.2，取值取决于基础的形状和基础的埋深；

σ_{v0}——基底以上的竖向压应力，kPa。

（7）单桩承载力估算。利用静力触探数据来确定桩的承载力是静力触探成果的经典应用之一，尽管桩基承载力的影响因素很多，国内外的实践经验表明采用静力触探成果估算桩基的承载力往往能够给出满意的结果。这里主要介绍《建筑桩基技术规范》（JGJ 94—2008）中用静力触探资料确定单桩承载力的方法。

当根据单桥探头静力触探成果确定混凝土预制桩单桩竖向极限承载力标准值时，可按式（4.25）计算。

$$Q_{uk} = Q_{sk} + Q_{pk} = u \sum q_{sik} l_i + \alpha p_{sk} A_p \tag{4.25}$$

式中　Q_{uk}、Q_{sk}、Q_{pk}——单桩竖向、桩侧和桩端极限承载力标准值；

u——桩身周长；

q_{sik}——用静力触探比贯入阻力值估算的桩周第 i 层土的极限侧阻力标准值；

l_i——桩穿越第 i 层土的厚度；

α——桩端阻力修正系数，见表 4.9；

p_{sk}——桩端附近的比贯入阻力标准值（平均值）；

A_p——桩端面积。

q_{sik} 值应结合土工试验资料，依据土的类别、埋藏深度、排列次序，按图 4.12 中的折线取值。

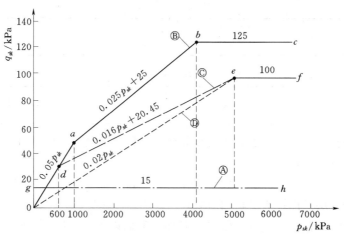

图 4.12　$q_{sk} - p_{sk}$ 曲线

图 4.12 中，直线Ⓐ（线段 gh）适用于地表下 6m 规范内的土层；折线Ⓑ（线段 $0abc$）适用于粉土及砂土土层以上（或无粉土及砂土土层地区）的黏性土；折线Ⓒ（线段 $0def$）适用于粉土及砂土土层以下的黏性土；折线Ⓓ（线段 $0ef$）适用于粉土、粉砂、细砂及中砂。

当桩端穿越粉土、粉砂、细砂及中砂层底面时，折线Ⓓ估算的 q_{sk} 值需乘以表 4.8 中系数 η_s 值；

表 4.8　　　　　　　　　　　系　数　η_s　值

p_{sk}/p_{sl}	$\leqslant 5$	7.5	$\geqslant 10$
ζ_s	1.00	0.50	0.33

注　1. p_{sk} 为桩端穿越的中密～密实砂土、粉土的比贯入阻力平均值；p_{sl} 为砂土、粉土的下卧软土层的比贯入阻力平均值。

2. 采用的单桥探头，圆锥底面积为 15cm²，底部带 7cm 高滑套，锥角 60°。

表 4.9　　　　　　　　　桩端阻力修正系数 α 值

桩入土深度/m	$l<15$	$15\leqslant l\leqslant 30$	$30<l\leqslant 60$
α	0.75	0.75～0.90	0.90

注　桩入土深度 $15\leqslant l\leqslant 30$m 时，$\alpha$ 值按 l 值直线内插；l 为桩长（不包括桩尖高度）。

当 $p_{sk1}\leqslant p_{sk2}$ 时

$$p_{sk}=\frac{1}{2}(p_{sk1}+\beta p_{sk2}) \tag{4.26}$$

当 $p_{sk1}>p_{sk2}$ 时

$$p_{sk}=p_{sk2} \tag{4.27}$$

式中　p_{sk1}——桩端全截面以上 8 倍桩径范围内的比贯入阻力平均值；

　　　p_{sk2}——桩端全截面以下 4 倍桩径范围内的比贯入阻力平均值，如桩端阻力层为密实的砂土层，其比贯入阻力平均值 p_{sk} 超过 20MPa 时，则需乘以表 4.10 中系数 C 予以折减后，再计算 p_{sk2} 及 p_{sk1} 值；

　　　β——折减系数，按 p_{sk2}/p_{sk1} 值从表 4.11 选用。

表 4.10　　　　　　　　　系　数　C　取　值

$p_{sk}/$MPa	20～30	35	>40
系数 C	5/6	2/3	1/2

表 4.11　　　　　　　　　折　减　系　数　β

p_{sk2}/p_{sk1}	$\leqslant 5$	7.5	12.5	$\geqslant 15$
β	1	5/6	2/3	1/2

当根据双桥探头静力触探资料确定混凝土预制桩单桩竖向极限承载力标准值时，对于黏性土、粉土和砂土，可按下式计算：

$$Q_{uk}=u\sum l_i\beta_i f_{si}+\alpha q_c A_p \tag{4.28}$$

式中　f_{si}——第 i 层土的探头平均侧阻力；

　　　q_c——桩端平面上、下探头阻力，取桩端平面以上 $4d$（d 为桩的直径或边长）范围内按土层厚度的探头阻力加权平均值，然后再和桩端平面以上 $1d$ 范围内的探头阻力进行平均；

α——桩端阻力修正系数，对黏性土、粉土取 2/3，饱和砂土取 1/2；

β_i——第 i 层土桩端侧阻力综合修正系数，按下式计算：

黏性土、粉土：
$$\beta_i = 10.04(f_{si})^{-0.55} \tag{4.29}$$

砂土：
$$\beta_i = 5.05(f_{si})^{-0.45} \tag{4.30}$$

双桥探头的圆锥底面积为 15cm^2，锥角 $60°$，摩擦套筒高 21.85cm，侧面积 300cm^2。

（8）砂性土地基的液化评价。静力触探是评价地基土液化势的理想原位测试方法，对地面以下 15m 深度的范围内饱和砂土或饱和粉土液化进行判别时，当实测值小于临界值时，可判为液化土，临界值由下面式（4.31a）和式（4.31b）计算。

$$p_{scr} = p_{s0}[1 - 0.05(d_u - 2)][1 - 0.065(d_w - 2)]\alpha_p \tag{4.31a}$$

$$q_{ccr} = q_{c0}[1 - 0.05(d_u - 2)][1 - 0.065(d_w - 2)]\alpha_p \tag{4.31b}$$

式中 p_{scr}、q_{ccr}——饱和土液化静力触探比贯入阻力和锥尖阻力临界值，kPa；

p_{s0}、q_{c0}——饱和土液化判别比贯入阻力和判别锥尖阻力基准值（$d_u = 2.0\text{m}$，$d_w = 2.0\text{m}$），按表 4.12 取值；

d_u——上覆非液化土层厚度，m，计算时应将淤泥和淤泥质土层厚度扣除；

d_w——地下水位深度，m；

α_p——与静力触探摩阻比有关的土性修正系数，按按表 4.13 取值。

表 4.12   液化判别 p_{s0} 和 q_{c0} 值

设防烈度	7 度	8 度	9 度
p_{s0}/MPa	5.0~6.0	11.5~13.0	18.0~20.0
q_{c0}/MPa	4.6~5.5	10.5~11.8	16.4~18.2

表 4.13   土性综合影响系数 α_p 值

土类	砂土	粉土	
静力触探摩阻比 R_f	$R_f \leqslant 0.4$	$0.4 < R_f \leqslant 0.9$	$R_f > 0.9$
α_p	1.0	0.6	0.45

当实测饱和土液化静力触探的比贯入阻力和锥尖阻力小于按式（4.31a）和式（4.31b）计算的临界值时，判为液化；反之，判为不液化。

【项目实例分析 2】

1. 工程概况

拟建某工程位于四川省东南部的富顺县境内，地处四川盆地南部，沱江下游。本项目路线经过区地形起伏，地面高程 359.2~394.8m，最大高差 35.6m，属浅切丘陵地貌区，沿线地表基岩零星出露，覆盖层分布不均，山坡地段主要为坡残积低液限黏土，厚约 0~1.2m，丘间平坝及沟谷地带主要为坡洪积、冲洪积层低液限黏土，厚约 3~7.2m。基岩为侏罗系中统上沙溪庙组（J_2s）褐红色粉砂岩或砂岩。为了划分土层，确定地基承载力采用了单桥静力触探试验。

2. 试验成果

试验成果如图 4.13 所示。

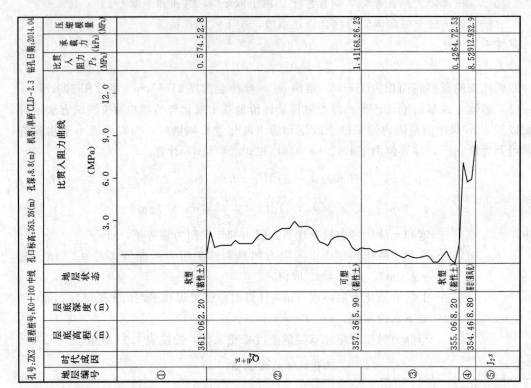

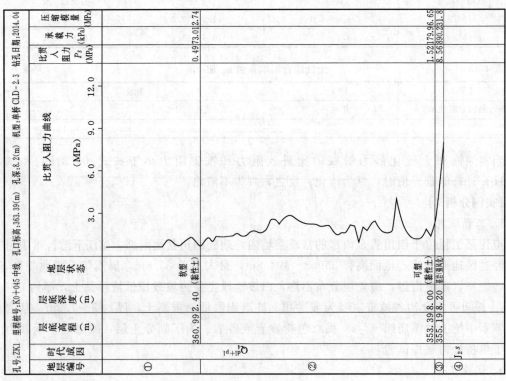

图 4.13　孔号 ZK1 和孔号 ZK2 静力触探试验成果图

3. 静力触探试验成果应用

（1）地基土的分层。从图 4.13 可知，静力触探试验可以进行精确性的土层划分，其误差小于 5cm，孔号 ZK1 的试验孔深为 8.2m，0～2.4m 是软塑（黏性土）；2.4～8m 是可塑（黏性土）；8～8.2m 强风化基岩，比贯入阻力分别为 0.49MPa、1.52MPa、8.56MPa。孔号 ZK2 的试验孔深为 8.8m，0～2.2m 是软塑（黏性土）；2.2～5.9m 是可塑（黏性土）；5.9～8.2m 是软塑（黏性土）；8.2～8.8m 强风化基岩，比贯入阻力分别为 0.5MPa、1.41MPa、0.42MPa、8.52MPa。

（2）地基土承载力确定。结合《工程地质手册》第五版的经验公式和当地的经验估算出地基承载力，孔号 ZK1 中的软塑（黏性土）、可塑（黏性土）、强风化基岩地基承载力分别 73.01（kPa）；179.9（kPa）；890.2kPa。孔号 ZK2 中的软塑（黏性土）、可塑（黏性土）、软塑（黏性土）、强风化基岩地基承载力分别为 74.5kPa；168.2kPa、64.7kPa、912.9kPa。

（3）黏性土的压缩模量 E_s 确定，由公式 $E_s = \alpha_m q_c$ 计算，α_m 为经验系数。孔号 ZK1 中的软塑（黏性土）、可塑（黏性土）、强风化基岩压缩模量 E_s 分别 2.74MPa、6.65MPa、31.8MPa。孔号 ZK2 中的软塑（黏性土）、可塑（黏性土）、软塑（黏性土）、强风化基岩压缩模量 E_s 分别 2.8MPa、6.63MPa、2.53MPa、32.9MPa。

任务 4.3　标准贯入试验与圆锥动力触探试验

【任务描述】

标准贯入试验是一种在现场用 63.5kg 的穿心锤，以 76cm 的落距自由落下，将一定规格的带有小型取土筒的标准贯入器打入土中，记录打入土中 30cm 的锤击数（即标准贯入击数 N），并以此评价土的工程性质的原位试验。圆锥动力触探试验也是利用一定的锤击能量，将一定规格的圆锥探头打入土中，根据打入土中的难易程度（贯入阻力或贯入一定深度的锤击数）来判别土的性质的一种现场测试方法。两者共同点如下：

（1）从广义上讲都属于动力触探的范畴，因为两者都是利用一定的锤击动能，将一定规格的贯入器打入土中，根据打入土中的阻抗大小判别土层的变化，对土层进行力学分层，并确定土层的物理力学性质，对地基土作出工程地质评价。

（2）两者均是快速的现场测试方法，既有勘探和测试的双重效能，又具有设备简单，操作简易，工效较高，适用范围广等优点。

【任务分析】

在工程实践中，应根据的土层类型和试验土层的坚硬与密实程度，来选择不同类型的试验设备。标准贯入试验主要适用于砂土和黏性土，不能用于碎石类土和岩层，而圆锥动力触探试验使用范围较广，超重型动力触探试验可应用于碎石类土和软弱的岩层。

本任务首先学习标准贯入试验和圆锥动力触探试验方法、适用范围、仪器配备、步骤、数据的记录整理。掌握了测试方法后，再结合具体的工程实例进行实践操作和数据的分析整理，最后把成果运用于项目工程当中。

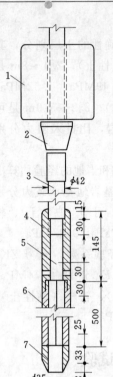

图 4.14　标准贯入
试验设备

1—穿心锤；2—锤垫；
3—触探杆；4—贯入器；
5—出水孔；6—对开管；
7—贯入器靴

【任务实施】

4.3.1　标准贯入试验

4.3.1.1　标准贯入试验的仪器设备

标准贯入试验仪器设备主要由贯入器、触探杆（钻杆）和穿心锤三部分组成，如图 4.14 所示。

1. 贯入器

标准规格的贯入器由对开管和管靴两部分组成的探头，对开管是由两个半圆管合成的圆筒型取土器；管靴是一个底端带刃口的圆筒体。两者通过丝口连接，管靴起到固定对开管的作用。贯入器的外径、内径、壁厚、刃角与长度见表 4.14。

2. 穿心锤

重 63.5kg 的铸钢件，中间有一直径 45mm 的穿心孔，此孔为放导向杆用。国际、国内的穿心锤除了重量相同外，锥型上不完全统一。有直筒型或上小下大的锤型，甚至套筒型，因此穿心锤的重心不一样，其与钻杆的摩擦也不一。落锤能量受落距控制，落锤方式有自动脱钩和非自动脱钩两种。目前国内外已十分普遍使用自动脱钩装置。国际上仍有采用手拉钢索提升落锤的方法。

3. 触探杆

国际上多用直径为 50mm 或 60mm 的无缝钢管，而我国则常用直径为 42mm 的工程地质钻杆。在与穿心锤连接处设置一锤垫。

4.3.1.2　标准贯入试验的影响因素

影响标准贯入试验的因素有很多，主要有以下两个方面。

1. 钻孔孔底土的应力状态

不同的钻进工艺（回转、水冲等）、孔内外水位的差异、钻孔直径的大小等，都会改变钻孔底土体的应力状态，因此会对标，准贯入试验结果产生重要影响。

表 4.14　　　　　　　　　　标准贯入试验设备规格

落　　锤		锤的质量/kg	63.5
		落距/mm	76
贯入器	对开管	长度/mm	＞500
		外径/mm	51
		内径/mm	35
	管靴	长度/mm	50～76
		刃口角度/(°)	18～20
		刃口单刃厚度/mm	2.5
钻杆		直径/mm	42
		相对弯曲	＜1/1000

2. 锤击能量

通过实测，即使是自动自由落锤，传输给探杆系统的锤击能量也有很大的波动，变化范围达到±（45％～50％），对于不同单位、不同机具、不同操作水平，锤击能量的变化范围更大。为了提高试验质量，可对输入探杆系统的锤击能量进行直接标定。在打头附近设置一测力计，记录探杆受锤击后的力—时间波形曲线（图

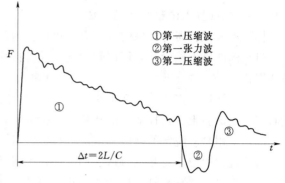

① 第一压缩波
② 第一张力波
③ 第二压缩波

$\Delta t = 2L/C$

图 4.15　$F(t)\text{-}t$ 波形曲线

4.15），用式（4.32）可计算进入探杆的第一个冲击应力波的能量 E_i：

$$E_i = \frac{ck_1k_2k_c}{AE}\int_0^{\Delta t}[F(t)]^2\mathrm{d}t \tag{4.32}$$

式中　$F(t)$——在探杆中随时间变化的动压力；

Δt——第一个应力波持续的时间，自 $t=0$ 开始；$\Delta t = L'/c$（L' 为测力点到贯入器底的长度，c 为应力波在探杆中的传播速度）；

A——探杆截面积；

E——探杆的杨氏弹性模量；

k_1——由于测力点在打头以下 ΔL 位置时的修正系数；

k_2——探杆系统长度 L 小于等代杆长 L_e 时的理论修正系数；

k_c——理论弹性波速 c 修正为实际弹性波速 c_a 的修正系数。

由理论分析可得

$$k_1 = \frac{1-\exp(-4r_m)}{1-\exp[-4r_m(1-d)]} \tag{4.33}$$

$$k_2 = \frac{1}{1-\exp(-4r_m)} \tag{4.34}$$

$$k_c = \frac{c_a}{c} \tag{4.35}$$

以上式中　r_m——探杆系统（总长 L）的质量 m 与锤质量 M 的比值；$d=\Delta L/L$。

计算得到的 E_i 与理论的锤击动能 E^*（$E^* = mgH$）的比即为实测应力波能量比 ER_i：

$$ER_i = \frac{E_i}{E^*}\times100\% \tag{4.36}$$

按标准的贯入器，用标准的锤（63.5kg）和落距（76cm）。考虑到锤击效率，标准的应力波能量比为 60％。则可用实测 ER_i 修正标准贯入击数 N_i：

$$N_{60} = \left(\frac{ER_i}{60}\right)N_i \tag{4.37}$$

式中　N_i——相应于能量比为 ER_i 的实测锤击数；

N_{60}——修正为标准应力波能量比的标准贯入击数。

4.3.1.3 标准贯入试验的试验方法

标准贯入试验需与钻探配合，以钻机设备为基础。按以下技术要求和试验步骤进行：

（1）标准贯入试验孔采用回转钻进，并保持孔内水位略高于地下水水位，以免出现涌砂和坍孔。

（2）先钻进至需要进行标准贯入试验位置的土层标高以上15cm处，然后清除残土，此时应避免试验土受到扰动。清孔后换用标准贯入器，并量得深度尺寸。

（3）采用自动脱钩的自由锤击法进行标准贯入试验，并减少导向杆与锤之间的摩擦阻力。试验过程中应避免锤击时偏心和晃动，保持贯入器、探杆、导向杆连接后的垂直度。

（4）将贯入器垂直打入试验土层中，锤击速率应小于30击/min。先打入15cm不计锤击数，继续贯入土中30cm，记录其锤击数，此击数即为标准贯入击数 N。

若遇比较厚实的砂层，贯入不足30cm的锤击数已超过50击时，应终止试验，并记录实际贯入深度 $\Delta S(cm)$ 和累计击数 n，按下式换算成贯入30cm的锤击数 N：

$$N=\frac{30n}{\Delta S} \tag{4.38}$$

（5）提出贯入器，将贯入器中土样取出进行鉴别描述，并记录，然后换以钻具继续钻进，至下一需要进行试验的深度，再重复上述操作。一般每隔1.0~2.0m进行一次试验。

（6）在不能保持孔壁稳定的钻孔中进行试验时，应下套管以保护孔壁稳定或采用泥浆进行护壁。

4.3.1.4 标准贯入试验的资料整理和试验成果的应用

1. 标准贯入试验的资料整理

（1）标准贯入试验的修正：

1）杆长修正。关于试验成果进行杆长修正问题，国内外的意见并不一致，在建立标准贯入击数 N 与其他原位测试或室内试验指标的经验关系式时，对实测值是否修正和如何修正也不统一，因此在标准贯入试验成果应用时，需要特别注意，应根据建立统计关系式时的具体情形来决定是否对实测锤击数进行修正。因此，在勘察报告中，对于所提供的标准贯入锤击数应注明是否已进行了杆长修正。

《岩土工程勘察规范》（GB 50021—2001）（2009版）规定，应用标准贯入击数 N 时是否修正和如何修正，应根据建立统计关系时的具体情况确定。

标准贯入试验的试验深度大于3m时，实测锤击数 N' 需按下式进行修正：

$$N=\alpha N' \tag{4.39}$$

式中 α——修正系数，按表4.13取值。

表4.15   福建和南京地区地基基础设计规范标准贯入试验钻杆长度修正系数 α

触探杆长度/m	≤3	6	9	12	15	18	21	25	30	40	50	75
校正系数 α	1.00	0.92	0.86	0.81	0.77	0.73	0.70	0.70	0.68	0.64	0.60	0.50

2）上覆压力修正。有些研究者认为，应考虑试验深度处土的围压对试验成果的影响，

认为随着土层中上覆压力增大，标准贯入试验锤击数相应地增大，应采用式 4-40 进行修正：

$$N_1 = c_N N \tag{4.40}$$

式中　N——实测标准贯入试验击数；

　　　N_1——修正为上覆压力 $\sigma'_{v0} = 98\text{kPa}$ 的标准贯入试验击数；

　　　c_N——上覆压力修正系数（表 4.16）。

表 4.16　　　　　　　　　　　　　上覆压力修正系数 c_N

提出者及年代	c_N
吉布斯和霍兹（Gibbs & Holtz，1957）	$c_N = 39/(0.23\sigma'_{v0} + 16)$
佩克，等（Peck，1974）	$c_N = 0.77\lg(2000/\sigma'_{v0})$
希德，等（Seed，1983）	$c_N = 1 - 1.25\lg(\sigma'_{v0}/100)$
斯开普顿（Skempton，1986）	$c_N = 55/(0.28\sigma'_{v0} + 27)$ 或 $c_N = 75/(0.27\sigma'_{v0} + 48)$

注　表内 σ'_{v0} 是有效上覆压力，以 kPa 计。

（2）绘制试验曲线。绘制标准贯入锤击数 N 与深度的关系曲线。可以在工程地质剖面图上，在进行标准贯入试验的试验点深度处标出标准贯入锤击数 N 值，也可以单独绘制标准贯入锤击数 N 与试验点深度的关系曲线（折线）。作为勘察资料提供时，对 N 值不必进行杆长修正、上覆压力等修正。

结合钻探资料及其他原位试验结果，依据 N 值在深度上的变化，对地基土进行分层，对各土层的 N 值进行统计。统计时，需要剔除个别异常值。

2. 标准贯入试验的成果应用

通过对标准贯入试验成果的统计分析，利用已经建立的关系式和当地工程经验，可对砂土、粉土、黏性土的物理状态，土的强度、变形性质指标作出定性或定量的评价。在应用标准贯入锤击数 N 的经验关系评定地基土的参数时，要注意作为统计依据的 N 值是否做过有关修正。

（1）评定砂土的相对密度 D_r 和密实状态：

1）评定砂土的密实度。根据标准贯入试验锤击数 N，可按表 4.17 评价砂土的密实度。

表 4.17　　　　　　　　　　　　　砂　土　的　密　实　度

标准贯入试验锤击数 N	砂土的密实度	标准贯入试验锤击数 N	砂土的密实度
$N \leqslant 10$	松散	$15 < N \leqslant 30$	中密
$10 < N \leqslant 15$	稍密	$N > 30$	密实

2）建设部综合勘察研究院研究提出的 $N\text{-}D_r\text{-}\sigma'_{v0}$ 关系，如图 4.16 所示，根据标准贯入试验锤击数和试验点深度，利用该图可以查得砂土的相对密度 D_r。

（2）评定黏性土的稠度状态和超固结比：

1）太沙基和佩克（Terzaghi 和 Peck，1948）提出了标准贯入试验锤击数 N 与稠度状态关系，见表 4.18。

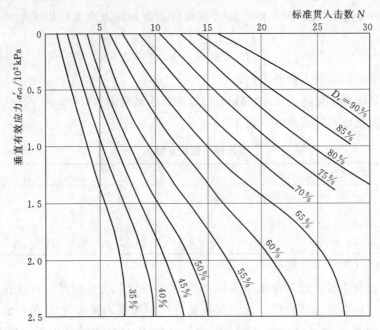

图 4.16　标准贯入击数 N 与土的相对密度 D_r 和上覆压力 σ'_{v0} 的关系

表 4.18 黏性土 N 与稠度状态关系

N	<2	2~4	4~8	8~15	15~30	>30
稠度状态	极软	软	中等	硬	很硬	坚硬
q_u/kPa	<25	25~50	50~100	100~200	200~400	>400

2）国内的研究人员根据 149 组标准贯入试验锤击数与黏性土液性指数资料，经统计分析得到二者的经验关系，见表 4.19。

表 4.19 N 与液性指数 I_L 的经验关系

N	<2	2~4	4~7	7~18	18~35	>35
I_L	>1	1~0.75	0.75~0.5	0.5~0.25	0.25~0	<0
稠度状态	流动	软塑	软可塑	硬可塑	硬塑	坚硬

3）梅纳和坎贝尔（Mayner & Kemper，1988）利用回归分析方法得到了超固结比（OCR）与标准贯入击数间关系式，见式（4.41）。

$$OCR = 0.193\left(\frac{N}{\sigma_0}\right)^{0.689} \tag{4.41}$$

式中　σ'_0——上覆有效应力，MPa。

（3）评定土的强度指标。采用标准贯入试验成果，可以评定砂土的内摩擦角 φ 和黏性土的不排水抗剪强度 c_u。国内外对此已经进行了大量的研究，得出了多种经验关系式。使用以下的经验关系式时应与当地的地区经验相结合。

1）采用标准贯入试验锤击数 N 评价砂土的内摩擦角，吉布斯和霍兹（Gibbs & Holtz，1957）的经验关系为

$$N = 4.0 + 0.015 \frac{2.4}{\tan\varphi}\left[\tan^2\left(\frac{\pi}{4} + \frac{\varphi}{2}\right)e^{\pi\tan\phi} - 1\right] + \sigma_{v0}\tan^2\left(\frac{\pi}{4} + \frac{\varphi}{2}\right)e^{\pi\tan\varphi} \pm 8.7 \quad (4.42)$$

式中　σ_{v0}——上覆压力，kPa。

2）伍尔夫（Wolff，1989）的经验关系为

$$\varphi = 27.1 + 0.3N_1 - 0.00054N_1^2 \quad (4.43)$$

式中，N_1 是用上覆压力修正后的锤击数，采用 Peck 等的修正关系，即

$$N_1 = 0.77\lg\left(\frac{2000}{\sigma_{v0}}\right)N \quad (4.44)$$

3）Peck 的经验关系为

$$\varphi = 0.3N + 27 \quad (4.45)$$

4）根据标准贯入试验锤击数 N 评定黏性土的不排水抗剪强度 c_u(kPa)，太沙基和佩克（Terzaghi & Peck）的经验关系式为

$$c_u = (6 \sim 6.5)N \quad (4.46)$$

（4）评定土的变形参数（E_0 或 E_s）：

1）德国的 E. Schultze 和 H. Menzenbach 提出的基于标准贯入试验锤击数估计压缩模量的经验关系为：

当 $N > 15$ 时

$$E_s = 4.0 + \beta(N - 6) \quad (4.47)$$

当 $N < 15$ 时

$$E_s = \beta(N + 6) \quad (4.48)$$

式中　E_s——压缩模量，MPa；

　　　β——经验系数，见表 4.20。

表 4.20　　　　　　　　　不同土类的经验系数 β 值

土类	含砂粉土	细砂	中砂	粗砂	含硬砂土	含砾砂土
β/(MPa/击)	0.3	0.35	0.45	0.7	1.0	1.2

2）国内一些勘察设计单位根据标准贯入试验成果建立的评定土的变形参数的经验关系式见表 4.21。

表 4.21　　　　　　　　　N 与 E_0、E_s（MPa）的经验关系

单　位	关　系　式	适　用　土　类
冶金部武汉勘查公司	$E_s = 1.04N + 4.89$	中南、华东地区黏性土
湖北省水利电力勘察设计院	$E_0 = 1.066N + 7.431$	黏性土、粉土
武汉城市规划设计院	$E_0 = 1.41N + 2.62$	武汉地区黏性土、粉土
西南综合勘察设计院	$E_s = 0.276N + 10.22$	唐山粉细砂

（5）地基土的液化判别。目前，国内外用于砂土液化评价的现场试验手段主要有标准贯入试验和静力触探试验两种。我国《建筑抗震设计规范》（GB 50011—2010）的规定，当饱和砂土、粉土的初步判别认为需要进一步进行液化判别时，应采用标准贯入试验判别法判别地面下 20m 范围内土的液化。当饱和土的标准贯入锤击数实测值（未经杆长修正）N 不大于液化判别标准贯入锤击数临界值 N_{cr} 时，应判为液化土。

地面下 20m 深度范围内，液化判别标准贯入锤击数临界值 N_{cr} 可按下式计算：

$$N_{cr} = N_0 \beta [\ln(0.6d_s + 1.5) - 0.1d_w] \sqrt{3/\rho_c} \qquad (4.49)$$

式中
N_{cr}——液化判别贯入液化锤击数临界值；

N_0——液化判别标准贯入锤击数基准值，按表 4.22 采用；

d_s——饱和土标准贯入点深度，m；

d_w——地下水位深度，m；

ρ_c——黏粒含量百分率，当小于 3 或为砂土时，应采用 3；

β——与设计地震分组相关的调整系数，按表 4.23 选用。

表 4.22 液化判别标准贯入锤击数基准值 N_0

抗震设防烈度	7		8		≥9
设计基本地震加速度 g	0.10	0.15	0.20	0.30	0.40
液化判别标准贯入锤击数基准值	7	10	12	16	19

表 4.23 调整系数 β_M

设计地震分组[①]	调整系数 β	设计地震分组[①]	调整系数 β
第一组	0.80	第三组	1.05
第二组	0.98		

[①] 我国主要城镇（县级及县级以上城镇）中心地区所属的设计地震分组详见《建筑抗震设计规范》（GB 50011—2010）附录 A。

（6）评定地基土的承载力：

1）我国原《建筑地基基础设计规范》（GBJ 7—89）曾规定，可利用 N 值确定砂土与黏性土的承载力标准值，见表 4.24 和表 4.25。但在《建筑地基基础设计规范》（GB 50007—2011）中，这些经验表格并未纳入。这并不是否认这些经验的使用价值，而是这些经验在全国范围内不具有普遍意义。读者在参考这些表格时应结合当地实践经验。

表 4.24 N 值与砂土承载力标准值 f_k(kPa) 的关系

N	10	15	30	50
中、粗砂	180	250	340	500
粉、细砂	140	180	250	340

表 4.25 N 值与黏性土承载力标准值 f_k(kPa) 的关系

N	3	5	7	9	11	13	15	17	19	21	23
f_k	105	145	190	235	280	325	370	430	515	600	680

注 表 4.24 及表 4.25 的 N 值为人拉锤的测试结果，人拉与自动的锤击数按 $N_{人拉} = 0.74 + 1.12 N_{自动}$ 进行换算。

2）太沙基（Terzaghi）建议的计算地基承载力（kPa，安全系数取 3）的经验关系式为：

对于条形基础

$$f_k = 12N \qquad (4.50)$$

对于独立方形基础

$$f_k = 15N \qquad (4.51)$$

（7）确定单桩承载力。国家《岩土工程勘察规范》（GB 50021—2001）和《建筑地基基础设计规范》（GB 50007—2011）都没有关于利用标准贯入试验结果确定单桩的承载力的规定，但当积累了大量的工程经验后，可以用标准贯入击数来估计单桩承载力。例如，北京市勘察设计研究院提出利用如下的经验公式估算单桩承载力：

$$Q_u = p_b A_p + (\sum p_{fc} L_c + \sum p_{fs} L_s)U + C_1 - C_2 x \qquad (4.52)$$

式中　p_b——桩尖以上和以下 $4D$ 范围内 N 平均值换算的桩极限端阻力，kPa，见表 4.26；

　　p_{fc}、p_{fs}——桩身范围内黏性土、砂土 N 值换算的极限桩侧阻力，kPa，见表 4.26；

　　L_c、L_s——黏性土层、砂土层的桩段长度，m；

　　U——桩截面周长，m；

　　A_p——桩的截面积，m²；

　　C_1——经验参数，kN，见表 4.27；

　　C_2——孔底虚土折减系数，kN/m，取 18.1；

　　x——孔底虚土厚度，预制桩取 $x = 0$；当虚土厚度大于 0.5m 时，取 $x = 0.5$。

表 4.26　　　　　　　　　　N 与 p_{fc}、p_{fs} 和 p_b（kPa）的关系表

N		1	2	4	8	12	14	20	24	26	28	30	35
预制桩	p_{fc}	7	13	26	52	78	104	130					
	p_{fs}			18	36	53	71	89	107	115	124	133	155
	p_b			440	880	1320	1760	2200	2640	2860	3080	3300	3850
钻孔灌注桩	p_{fc}	3	6	10	25	37	50	62					
	p_{fs}		7	13	26	40	53	66	79	86	92	99	14
	p_b			110	220	330	450	560	670	720	780	830	970

表 4.27　　　　　　　　　　　　　经 验 参 数 C_1

桩　型	预 制 桩		钻孔灌注桩
土层条件	桩周有新近堆积土	桩周无新近堆积土	桩周无新近堆积土
C_1/kN	340	150	180

标准贯入试验还有地基处理效果检测、水泥土桩施工质量检验和估算土层剪切波速等功能，此处不再介绍。

4.3.2　圆锥动力触探试验

4.3.2.1　圆锥动力触探试验的仪器设备

圆锥动力触探试验的类型，按贯入能力的大小不同可分为轻型、重型和超重型三种，其规格和适用土类见表 4.28。

表 4.28   **圆锥动力触探的类型及规格**

类　　型		轻　型	重　型	超　重　型
探头规格	直径/mm	40	74	74
	锥角/(°)	60	60	60
落锤	锤质量/kg	10	63.5	120
	落距/cm	50	76	100
探杆直径/mm		25	42	50~60
试验指标 N		贯入 30cm 击数 N_{10}	贯入 10cm 击数 $N_{63.5}$	贯入 10cm 击数 N_{120}
主要适用土类		浅部填土、砂土、粉土和黏性土	砂土、中密以下的碎石土和极软岩	密实和很密的碎石土、极软岩、软岩

不同类型的圆锥动力触探试验，其设备也有一定的差别，其中重型和超重型差别不大。图 4.17 为轻型圆锥动力触探试验设备，图 4.18 为重型、超重型圆锥动力触探试验探头。

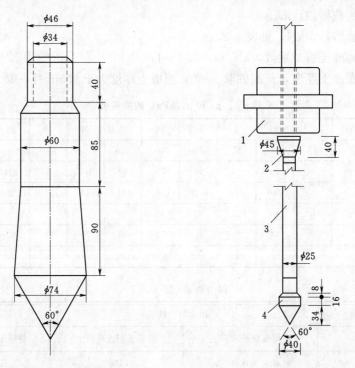

图 4.17　轻型圆锥动力触探试验设备　　图 4.18　重型、超重型圆锥动力触探试验探头
1—穿心锤；2—锤垫；3—触探杆；4—锥头

4.3.2.2　动力触探试验的技术要求和试验方法

（1）轻型动力触探的适用范围，主要是一般黏性土、素填土、粉土和粉细砂，连续贯入深度一般不超过 4m；而重型动力触探的适用范围，主要是中砂—碎石类土，其次是粉细砂及一般黏性土，触探试验深度范围，一般在 1~16m 左右。

（2）试验进行之前，必须对机具设备进行检查，确认各部分正常后才能开始工作，机具设备的安装必须稳固，试验时支架不得偏移，所有部件连接处丝扣必须紧固。

（3）试验时，应采取机械或人工的措施，使钻杆保持垂直，触探杆的偏斜度不应超过2%，重锤沿导杆自由下落，锤击频率 15～30 击/min。重锤下落时，应注意周围试验人员的人身安全，遵守操作纪律。

（4）现场记录，轻型触探以每贯入 30cm 记录其相应锤击数，作为轻型圆锥动力触探的试验指标，当遇到较硬地层，锤击数较高时，也可分段记录，以每贯入 10cm 记录一次锤击数，但资料整理时，必须按贯入 30cm 所需击数作为指标进行计算；而重型触探以每贯入 10cm 记录一次锤击数。

4.3.2.3　试验资料的整理和试验成果的应用

1. 试验资料的整理

圆锥动力触探试验资料的整理包括：绘制试验击数随深度的变化曲线、结合钻探资料进行土层划分和计算单孔和场地各土层的平均贯入击数。

（1）绘制动力触探曲线图。根据不同的国家或行业标准，目前存在对圆锥动力触探试验结果（实测锤击数）进行和不进行修正两种作法。但无论是采用实测值还是修正值，资料整理方法相同。如图 4.19 所示，以实测锤击数（N）或经杆长校正后的击数（N'）为横坐标、贯入深度为纵坐标绘制 N-h 或 N'-h 曲线图。对轻型动力触探按每贯入 30cm 的击数绘制 N_{10}-h 曲线；重型动力触探每贯入 10cm 的击数绘制 $N_{63.5}$-h 或 $N'_{63.5}$-h 曲线。

当需要对实测锤击数进行修正时，对于重型动力触探，采用式（4.53a）对实测锤击数进行修正；对于超重型动力触探，采用式（4.53b）对实测锤击数进行修正；

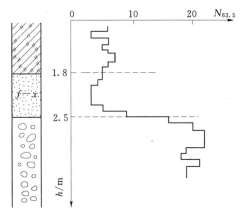

图 4.19　N-h 曲线

$$N_{63.5} = \alpha_1 \cdot N'_{63.5} \tag{4.53a}$$
$$N_{120} = \alpha_2 \cdot N'_{120} \tag{4.53b}$$

式中　$N_{63.5}$、N_{120}——经修正后的重型和超重型圆锥动力触探试验锤击数；

$\qquad N'_{63.5}$、N'_{120}——实测重型和超重型圆锥动力触探试验锤击数；

$\qquad \alpha_1$、α_2——重型和超重型圆锥动力触探试验锤击数修正系数，按表 4.29 和表4.30 取值。

表 4.29　　　　　　　　　　　重型圆锥动力触探锤击数修正系数 α_1

杆长/m	$N'_{63.5}$								
	5	10	15	20	25	30	35	40	≥50
≤2	1.0	1.0	1.0	1.0	1.0	1.0	1.0	1.0	—
4	0.96	0.95	0.93	0.92	0.90	0.89	0.87	0.85	0.84
6	0.93	0.90	0.88	0.85	0.83	0.81	0.79	0.78	0.75

续表

杆长/m	$N'_{63.5}$								
	5	10	15	20	25	30	35	40	≥50
8	0.90	0.86	0.83	0.80	0.77	0.75	0.73	0.71	0.67
10	0.88	0.83	0.79	0.75	0.72	0.69	0.67	0.64	0.61
12	0.85	0.79	0.75	0.70	0.67	0.64	0.61	0.59	0.55
14	0.82	0.76	0.71	0.66	0.62	0.58	0.56	0.53	0.50
16	0.79	0.72	0.67	0.62	0.57	0.54	0.51	0.48	0.45
18	0.77	0.70	0.63	0.57	0.53	0.49	0.46	0.43	0.40
20	0.75	0.67	0.59	0.53	0.48	0.44	0.41	0.39	0.36

表 4.30　　　　　　　　　超重型圆锥动力触探锤击数修正系数 α_2

杆长/m	N'_{120}											
	1	3	5	7	9	10	15	20	25	30	35	40
1	1.00	1.00	1.00	1.00	1.00	1.00	1.00	1.00	1.00	1.00	1.00	1.00
2	0.96	0.92	0.91	0.90	0.90	0.90	0.90	0.89	0.89	0.88	0.88	0.88
3	0.94	0.88	0.86	0.85	0.84	0.84	0.84	0.83	0.82	0.82	0.81	0.81
5	0.92	0.82	0.79	0.78	0.77	0.77	0.76	0.75	0.74	0.73	0.72	0.72
7	0.90	0.78	0.75	0.74	0.73	0.72	0.71	0.70	0.68	0.68	0.67	0.66
9	0.88	0.75	0.72	0.70	0.69	0.68	0.67	0.66	0.64	0.63	0.62	0.62
11	0.87	0.73	0.69	0.67	0.66	0.66	0.64	0.62	0.61	0.60	0.59	0.58
13	0.86	0.71	0.67	0.65	0.64	0.63	0.61	0.60	0.58	0.57	0.56	0.55
15	0.86	0.69	0.65	0.63	0.62	0.61	0.59	0.58	0.56	0.55	0.54	0.53
17	0.85	0.68	0.63	0.61	0.60	0.60	0.57	0.56	0.54	0.53	0.52	0.50
19	0.86	0.66	0.62	0.60	0.58	0.58	0.56	0.54	0.52	0.51	0.50	0.48

（2）划分土层界线。为了在工程勘察中有效地应用动探试验资料，在评价地基土的工程性质时，应结合勘察场地的地质资料对地基土进行力学分层。

土层界限的划分要考虑动贯入阻力在土层变化附近的"超前"反应。当探头从软层进入硬层或从硬层进入软层，均有"超前"反应。所谓"超前"，即探头尚未实际进入下面土层之前，动贯入阻力就已"感知"土层的变化，提前变大或变小。反应的范围约为探头直径的2～3倍。因此在划分土层时，当由软层（小击数）进入硬层（大击数）时，分层界线可选在软层最后一个小值点以下2～3倍探头直径处；由硬层进入软层时，分层界线可定在软层第一个小值点以上2～3倍探头直径处。

（3）计算各层的击数平均值。首先按单孔统计各层动贯入指标平均值，统计时，应剔除个别异常点，且不包括"超前"和"滞后"范围的测试点。然后根据各孔分层贯入指标平均值，用厚度加权平均法计算场地分层贯入指标平均值和变异系数。以每层土的贯入指标加权平均值，作为分析研究土层工程性能的依据。

2. 试验成果的应用

圆锥动力触探试验成果的工程应用包括：评定地基土密实状态、天然地基的承载力、单桩承载力等。圆锥动力触探在地基土加固效果检验中的应用与标准贯入试验的应用相似，下面着重讲述前两项应用。

（1）评定地基土的状态或密实程度。根据《建筑地基基础设计规范》（GBJ 50007—2011）和《岩土工程勘察规范》（GB 50021—2001）（2009 版），可采用重型圆锥动力触探的锤击数 $N_{63.5}$ 评定碎石土的密实度，见表 4.31、表 4.32。

表 4.31 碎 石 土 的 密 实 度 （一）

重型圆锥动力触探锤击数 $N_{63.5}$	碎石土密实度	重型圆锥动力触探锤击数 $N_{63.5}$	碎石土密实度
$N_{63.5} \leqslant 5$	松散	$10 < N_{63.5} \leqslant 20$	中密
$5 < N_{63.5} \leqslant 10$	稍密	$N_{63.5} > 20$	密实

注 1. 本表适用于平均粒径不大于 50mm 且最大粒径不超过 100mm 的卵石、碎石、圆砾、角砾。
  2. 表内 $N_{63.5}$ 为综合修正后的平均值。

表 4.32 碎 石 土 的 密 实 度 （二）

超重型动力触探锤击数 N_{120}	碎石土密实度	超重型动力触探锤击数 N_{120}	碎石土密实度
$N_{120} \leqslant 3$	松散	$11 < N_{120} \leqslant 14$	密实
$3 < N_{120} \leqslant 6$	稍密	$N_{120} > 14$	很密
$6 < N_{120} \leqslant 11$	中密	—	—

《成都地区建筑地基基础设计规范》（DB 51/T 5026—2001）按表 4.33 划分碎石土的密实度。表中锤击数经探杆长度修正。

表 4.33 成都地区碎石土的密实度的划分

密实度 触探类型	松散	稍密	中密	密实
N_{120}	$N_{120} \leqslant 4$	$4 < N_{120} \leqslant 7$	$7 < N_{120} \leqslant 10$	$N_{120} > 10$
$N_{63.5}$	$N_{63.5} \leqslant 7$	$7 < N_{63.5} \leqslant 15$	$15 < N_{63.5} \leqslant 30$	$N_{63.5} > 30$

（2）确定地基土的承载力。利用动力触探的试验成果评价地基的承载力，主要是依靠当地的经验积累，以及在经验基础建立的统计关系式（或者以表格的形式给出）。

1）用轻型动力触探 N_{10} 确定地基承载力。《铁路工程地质原位测试规范》（TB 10018—2018）规定见表 4.34。

表 4.34 用 N_{10} 评价黏性土的承载力

N_{10}	15	20	25	30
基本承载力/kPa	100	140	180	220
极限承载力/kPa	180	260	330	400

2）用重型圆锥动力触探 $N_{63.5}$ 确定地基承载力。《成都地区建筑地基基础设计规范》（DB 51/T 5026—2001）确定松散卵石、圆砾、砂土地基极限承载力标准值（表 4.35）。

表 4.35　　　　　　成都地区确定松散卵石、圆砾、砂土地基极限承载力标准值

$N_{63.5}$	2	3	4	5	6	8	10
卵石	—	—	—	400	480	640	800
圆砾	—	—	320	400	480	640	800
中、粗、砾砂	—	20	320	400	480	640	800
粉细砂	160	220	280	330	380	450	—

3）用超重型圆锥动力触探 N_{120} 确定地基承载力。《成都地区建筑地基基础设计规范》（DB 51/T 5026—2001）利用 N_{120} 确定松散卵石、圆砾、砂土卵石土的极限承载力标准值（表 4.36）。

表 4.36　　　　　　　　　成都地区卵石土极限承载力标准值

N_{120}	4	5	6	7	8	9	10	12	14	16	18	20
f_{uk}/kPa	700	860	1000	1160	1340	1500	1640	1800	1950	2040	2140	2200

注　本表的 N_{120} 值经过触杆长度修正；f_{cu} 为极限承载力标准值。

（3）确定单桩承载力标准值。沈阳市桩基础试验研究小组通过对沈阳地区 $N_{63.5}$ 与桩的载荷试验的统计分析，得以下经验关系：

$$R_k = \alpha \sqrt{\frac{Lh}{s_p s}} \tag{4.54}$$

式中　R_k——单桩竖向承载力标准值，kN；

　　　L——桩长，m；

　　　h——桩进入持力层的深度，m；

　　　s_p——桩最后 10 击的平均每击贯入深度，cm；

　　　s——在桩尖以上 10cm 深度内修正后的重型动力触探平均每击贯入度，cm；

　　　α——经验系数，按表 4.37 选用。

表 4.37　　　　　　　　　　经 验 系 数 α

桩类型	打桩机型号	持力层情况	α 值
桩管 ϕ320mm 打入式灌注桩	D_1—1200	中、粗砂	150
	D_1—1800	圆砾、卵石	200
预制混凝土打入桩 （300mm×300mm）	D_2—1800	中、粗砂	100
		圆砾、卵石	200

（4）确定地基土的变形模量：

1）铁道部第二勘测设计院的研究成果（1988）。在铁道部《动力触探规定》（TBJ 18—87）中 $N_{63.5}$ 与 E_0 的关系见表 4.38。

表 4.38　　　用重型动力触探锤击数 $N_{63.5}$ 确定圆砾、卵石土的变形模量 E_0

击数平均值 $N_{63.5}$	3	4	5	6	7	8	9	10	12	14
E_0/MPa	10	12	14	16	18.5	21	23.5	26	30	34

续表

击数平均值 $N_{63.5}$	16	18	20	22	24	26	28	30	35	40
E_0/MPa	37.5	41	44.5	48	51	54	56.5	59	62	64

2)《成都地区建筑地基基础设计规范》(DB 51/T 5026—2001) 推荐 N_{120} 和 E_0 的关系见表 4.39。

表 4.39　　　　　　　　　成都卵石土 N_{120} 与变形模量 E_0 的关系

N_{120}	4	5	6	7	8	9	10	12	14	16	18	20
E_0/MPa	21	23.5	26	28.5	31	34	37	42	47	52	57	62

【项目案例分析 3】

1. 工程概况

工程概况见项目 4 中的项目分析。

2. 标准贯入试验成果 (表 4.40、表 4.41)

表 4.40　　　　　　　　　　　标准贯入 (N) 试验结果

土　名	总数	最大值	最小值	平均值	σ_f	δ	标准值	f_{ak}/kPa
粉　土	21	6.0	4.0	5.2	0.75	0.144	5.0	125
细　砂	13	4.0	3.0	3.7	0.48	0.130	0.35	90

表 4.41　　　　　　　　　　　标准贯入 (N) 试验液化判别

孔号	土名	标贯深度 d_s/m	标贯代表土层厚度/m	地下水位 d_w/m	实测击数 N'	击数基准数 N_0	黏粒含量 ρ_0	击数临界值 N_{cr}	是否液化	液化指数 I_{le}	液化等级	备注
2	细砂	2.00	0.60	0.6	4	8	3	8.3	液化	3.1	轻微	
13	细砂	4.00	0.60	1.3	4	8	3	9.4	液化	3.4	轻微	
31	细砂	2.00	0.70	0.3	3	8	3	8.6	液化	4.5	轻微	
34	细砂	3.00	0.50	0.3	4	8	3	9.4	液化	2.9	轻微	以场地最不利条件,即地下水位按最高潜水位 465.5m 考虑
37	细砂	2.50	0.70	0.3	3	8	3	9.0	液化	4.8	轻微	
		3.50	0.85	0.3	4	8	3	9.8				
40	细砂	3.50	0.80	0.9	3	8	3	9.3	液化	5.5	中等	
		4.50	0.80	0.9	3	8	3	10.1				
53	细砂	3.50	0.65	1.1	3	8	3	9.1	液化	3.6	轻微	
147	细砂	2.00	0.70	0.7	4	8	3	8.2	液化	3.6	轻微	

3. 成果分析

对粉土和细砂共做了 34 次标准贯入试验,其统计结果见表 4.40。由试验结果可知:场地分布的粉土承载力 125kPa 和细砂承载力承载力 90kPa,结果偏低。

拟建场地位于岷江水系Ⅰ级阶地，地层年代为第四纪全新世（Q_4），根据《建筑抗震设计规范》（GB 50011—2010）（2008 年版）"第 4.3 条"和《成都地区建筑地基基础设计规范》（DB51/T 5026—2001）"附录 P 地基液化判别"，粉土黏粒含量均大于 10%，不考虑其液化影响，卵石层中的中砂不考虑其液化影响。现采用标准贯入试验判断卵石层顶板以上厚度大于 1.0m 的细砂（饱和砂土的总厚度小于 1.0m 时不考虑液化影响）的液化性，其结果见表 4.41。

试验表明：场地分布于卵石层顶板以上的细砂为可液化土，液化等级为轻微—中等。若以卵石层作持力层，砂土处于基础开挖范围以内，可不考虑其液化影响，否则应采取措施消除液化影响。

【项目案例分析 4】

1. 工程概况

拟建某站地形总体较平坦，房屋分布密集。该车站位于川西成都平原岷江水系Ⅰ级阶地，地貌上属于岷江冲洪积扇状平原Ⅰ级阶地，为侵蚀～堆积地貌，地形开阔、平坦，地面高程 538.62～539.02m。

地层顺序依次：素填土（Q_4^{ml}）、细砂（Q_4^{al}）、稍密卵石土（Q_4^{al}）、中密卵石土（Q_4^{al}）、密实卵石土（Q_4^{al}）、中砂（Q_3^{fgl+al}）、密实卵石土（Q_3^{fgl+al}）。为了判断卵石层的密实程度，计算变形模量和地基承载力，对卵石突出进行了动力触探。

2. 试验成果

超重型动力触探试验汇总统计表见表 4.42。

表 4.42   **主要岩土层超重型动力触探试验汇总统计表**

地层	实测锤击数锤击数 N'_{120}/击						DB 51/T 5026—2001 成都地区建筑地基基础设计规范（2001 版）表 4.2.3-2 修正后锤击数 N_{120}				
	n	$N'_{120min} \sim N'_{120max}$	f_m	σ_f	δ	f_k	$N_{120min} \sim N_{120Max}$	f_m	σ_f	δ	f_k
〈2-9-1〉卵石土（稍密）	164	4～9	6.53	1.51	0.23	6.32	3.2～7	5.19	1.11	0.21	5.04
〈2-9-2〉卵石土（中密）	174	10～15	12.31	1.63	0.13	12.07	6.6～10.4	8.40	1.11	0.13	8.23
〈2-9-3〉卵石土（密实）	168	14～40	25.21	6.67	0.26	24.32	10～25.6	14.83	3.42	0.23	14.37

注 n—样品统计组数；f_m—平均值；σ_f—标准差；δ—变异系数；f_k—标准值（$n \geqslant 6$ 时适用）。

3. 成果分析

（1）一般实测锤击数 N_{120} 数据要进行折减修正，修正系数与实测锤击数和杆的长度有关。修正系数见《成都地区建筑地基基础设计规范》（DB 51/T 5026—2001）的表 J.0.4-2，此处见表 4.43，由修正后锤击数可判断碎石土的密实程度，见 DB 51/T 5026—2001 的表 4.2.3-2，此处见表 4.44。

表 4.43　　　　　　　　　　　圆锥动力触探探杆长度 **L** 对应的校正系数 **α**

N'_{120}	探杆长度 L/m								
	2	4	6	8	10	12	14	16	＞20
＜2	1.0	1.0	1.0	1.0	1.0	1.0	1.0	1.0	
4	0.96	0.95	0.93	0.92	0.90	0.89	0.87	0.86	0.84
6	0.93	0.90	0.88	0.85	0.83	0.81	0.79	0.78	0.75
8	0.90	0.86	0.83	0.80	0.77	0.75	0.73	0.71	0.67
10	0.88	0.83	0.79	0.75	0.72	0.69	0.67	0.64	0.61
12	0.85	0.79	0.75	0.70	0.67	0.64	0.61	0.59	0.55
14	0.82	0.76	0.71	0.66	0.62	0.59	0.56	0.53	0.50
16	0.79	0.73	0.67	0.62	0.57	0.54	0.51	0.48	0.45
18	0.77	0.70	0.63	0.57	0.53	0.49	0.46	0.43	0.40
20	0.75	0.67	0.59	0.53	0.48	0.44	0.41	0.39	0.36

注　N'_{120}—圆锥动力触探实测锤击数击/10cm；L—探杆总长度，m；α—探杆长度击数校正系数；表可内插数值。

表 4.44　　　　　　　　　　　　　碎石土的密实度划分

触探类型密实度	松　　散	稍　　密	中　　密	密　　实
N_{120}	$N_{120} \leqslant 4$	$4 < N_{120} \leqslant 7$	$7 < N_{120} \leqslant 10$	$N_{120} > 10$
$N_{63.5}$	$N_{63.5} \leqslant 7$	$7 < N_{63.5} \leqslant 15$	$15 < N_{63.5} \leqslant 30$	$N_{63.5} > 30$

（2）从表中可以得到〈2-9-1〉卵石土、〈2-9-2〉卵石土、〈2-9-2〉卵石土的平均锤击数分别为 6.53、12.31、25.21，修正后的平均锤击数分别为 5.19、8.4、14.83，根据修正后的平均锤击数可以判断卵石土的密实程度，由修正后的平均锤击数可以计算压缩模量、变形模量值。

（3）由样品统计组数计算平均值、标准差、变异系数最后得到标准值 f_k，标准值 f_k 可用于计算抗剪强度和极限承载力标准值。

任务 4.4　旁　压　试　验

【任务描述】

旁压试验（pressuremeter test，PMT）是在 1933 年由德国工程师寇克娄（Kogler）发明的，它是利用旁压器对钻孔壁施加横向均匀应力，使孔壁土体发生径向变形直至破坏，利用量测仪器量测压力与径向变形的关系推求地基土力学参数的一种原位测试方法，亦称横压试验。

【任务分析】

本任务首先学习旁压试验的试验方法、适用范围、仪器配备、步骤、数据的记录整理。掌握了旁压试验方法后，再结合具体的工程实例成果分析，把成果运用于项目工程当中。

旁压试验按将旁压器放置在土层中的方式分为预钻式旁压试验、自钻式旁压试验和压入式旁压试验。本任务主要介绍预钻式旁压试验。预钻式旁压试验是事先在土层中预钻一竖直钻孔，再将旁压器放到孔内试验深度（标高）处进行试验。预钻式旁压试验的结果很大程度上取决于成孔的质量，常用于成孔性能较好的地层。自钻式旁压试验是在旁压器的下端装置切削钻头和环形刃具，在以静力压入土中的同时，用钻头将进入刃具的土切碎，并用循环泥浆将碎土带到地面。钻到预定试验深度后，停止钻进，进行旁压试验的各项操作。

【任务实施】

4.4.1 旁压试验目的和适用范围

结合地区经验，旁压试验成果有以下几点作用和目的：

（1）测求地基土的临塑荷载和极限荷载强度，从而估算地基土的承载力。

（2）测求地基土的变形模量，从而估算沉降量。

（3）估算桩基承载力。

（4）计算土的侧向基床系数。

（5）根据自钻式旁压试验的旁压曲线推求地基土的原位水平应力、静止侧压力系数。

旁压试验在最近的几十年来在国内外岩土工程实践中得到迅速发展并逐渐成熟，其试验方法简单、灵活、准确。适用于黏性土、粉土、砂土、碎石土、极软岩和软岩等地层的测试。

4.4.2 试验原理和仪器设备

1. 旁压试验原理

旁压试验原理是通过向圆柱形旁压器内分级充气加压，在竖直的孔内使旁压膜侧向膨胀，并由该膜（或护套）将压力传递给周围土体，使土体产生变形直至破坏，从而得到压力与扩张体积（或径向位移）之间的关系。根据这种关系对地基土的承载力（强度）、变形性质等进行评价。

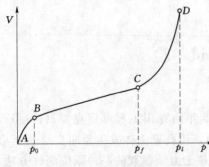

图 4.20 典型的旁压曲线

典型的旁压曲线（压力 p 一体积变化量 V）如图 4.20 所示，可划分为三段：

Ⅰ段（曲线 AB）：初始阶段，反映孔壁受扰动后土的压缩与恢复；

Ⅱ段（直线 BC）：似弹性阶段，此阶段内压力与体积变化量（测管水位下降值）大致成直线关系；

Ⅲ段（曲线 CD）：塑性阶段：随着压力的增大，体积变化量（测管水位下降值）逐渐增加，最后急剧增大，直至达到破坏。

旁压曲线Ⅰ（AB）段与Ⅱ（BC）段之间的界限压力相当于初始水平压力 p_0，Ⅱ（BC）段与Ⅲ（CD）段之间的界限压力相当于临塑压力 p_f，Ⅲ（CD）段末尾渐近线的压

力为极限压力 p_l。

2. 旁压试验的仪器设备

旁压试验所需的仪器设备主要由旁压器、变形测量系统和加压稳压装置等部分组成。目前国内普遍采用的预钻式旁压仪有两种型号：PY 型和 PM 型。现以预钻式 PM 型旁压仪为例介绍试验的主要仪器设备如下。

（1）旁压器。又称旁压仪，是旁压试验的主要部件，整体呈圆柱形状，内部为中空的优质铜管，外层为特殊的弹性膜。根据试验土层的情况，旁压器外径上可以方便地安装橡胶保护套或金属保护套，以保护弹性膜不直接与土层中的锋利物体接触，延长弹性膜的使用寿命。

旁压器为外套弹性膜的三腔式圆柱形结构，以 PM - 1 型旁压器为例，三腔总长 450mm，中腔为测试腔，长 250mm，初始体积为 491mm³（带有金属护套则为 594mm³），上、下腔为保护腔，各长 100mm，上、下腔之间有铜管相连，而与中腔隔离。PY 型旁压器与 PM 型结构相似，技术指标略有差异。图 4.21 是 PM - 1 型旁压器及其操作控制系统的结构图，PM - 1 型旁压器的主要技术指标见表 4.45。

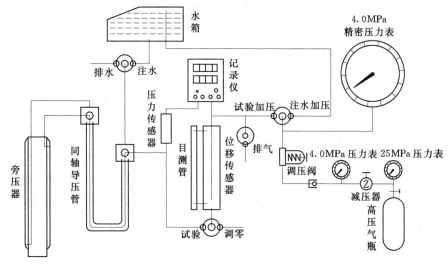

图 4.21　PM - 1 型旁压仪系统原理图

表 4.45　　　　　　　　　　　　　　**PM - 1 型 旁 压 仪 器**

序号	名　　称		指标（规格）	
			PM - 1A	PM - 1B
1	旁压器	标准外径	50mm	90mm
		带保护套外径	53mm	95mm
		测量腔有效长度	340mm	335mm
		旁压器总长	820mm	910mm
		测量腔初始体积 V_c	667.3cm³	2130cm³
		V_c 用位移值 S 表示	34.75cm	35.29cm

续表

序号	名　称		指标（规格）	
			PM－1A	PM－1B
2	精度	压力	1%	1%
		旁压器径向位移	$<0.05mm$	$<0.1mm$
3	其他	测管截面积	$19.2cm^2$	$60.36cm^2$
		最大试验压力	2.5MPa	2.5MPa
		主机外形尺寸	$23mm×36mm×85cm$	$23mm×36mm×85cm$
		主机重量	$≈25kg$	$≈26kg$

（2）变形测量系统。由不锈钢储水筒、目测管、位移和压力传感器、显示记录仪、精密压力表、同轴导压管及阀门等组成。用于向旁压器注水、加压，并测量、记录旁压器在压力作用下的径向位移，即土体的侧向变形。精密压力表和目测管是在自动记录仪有故障时应急使用。

（3）加压稳压装置。由高压储气瓶、精密调压阀、压力表及管路等组成。用来在试验中向土体分级加压，并在试验规定的时间内自动精确稳定各级压力。

4.4.3　试验技术要求和试验方法

1. 旁压试验的技术要求

（1）仪器的率定。正式试验前、更换新弹性膜、弹性膜使用次数较多，或者长期未用时，都要按操作规程进行弹性膜的约束力校正和仪器综合变形的标定。

弹性膜约束力校正方法是：将旁压器竖立地面，按试验加压步骤适当加压（0.05MPa左右即可）使其自由膨胀。先加压，当测水管水位降至接近最大值时，退压至零。如此反复 5 次以上，再进行正式校正。其具体操作、观测时间等均按下述正式试验步骤进行。压力增量采用 10kPa，按 1min 的相对稳定时间，测记压力及水位下降值，并据此绘制弹性膜约束力校正曲线图，如图 4.22 所示。

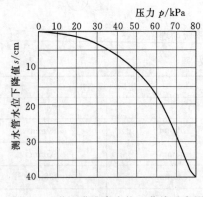

图 4.22　弹性膜约束力校正曲线示意图

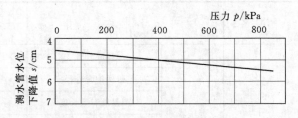

图 4.23　仪器综合变形校正曲线示意图

仪器综合变形校正方法是：连接好合适长度的导管，注水至要求高度后，将旁压器放入校正筒内，在旁压器受到刚性限制的状态下进行。按试验加压步骤对旁压器加压，压力增量为 100kPa，逐级加压至 800kPa 以上后终止校正试验。各级压力下的观测时间等均与正式试验一致。根据所测压力与水位下降值绘制其关系曲线，曲线应为一斜线，如图 4.23 所示。

曲线上直线段的斜率 $\Delta s / \Delta p$ 即为仪器综合变形校正系数 α。

（2）试验位置和成孔要求。旁压试验前，最好先进行静力触探，选取贯入阻力均匀、厚度不宜小于 1m 的层位做旁压试验，且试验最小深度、试验层间距、距取土孔或其他原位测试孔水平间距均不宜小于 1m。

成孔直径要比旁压器外径大 2～3mm，高强度土的孔径宜小，成孔深度一般要比试验深度大 50cm，钻孔的孔壁要求垂直、光滑，孔形圆整，并尽量减少对孔壁土体的扰动，并保持孔壁土层的天然含水率。

旁压试验的可靠性关键在于成孔质量的好坏，钻孔直径应与旁压器的直径相适应。孔径太小，将使放入旁压器发生困难，或因放入而扰动土体；孔径太大会因旁压器体积容量的限制而过早地结束试验。图 4.24 反映了成孔质量对旁压曲线的影响。

从图 4.24 上可以看出：a 线为正常的旁压曲线；b 线反映孔壁严重扰动，因旁压器体积容量不够而迫使试验终止；c 线反映孔径太大，旁压器的膨胀量有相当一部分消耗在空穴体积上，试验无法进行；d 线系钻孔直径太小，或有缩孔现象，试验前孔壁已受到挤压，故曲线没有前段。

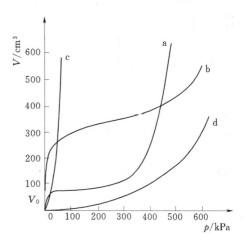

图 4.24　各种旁压曲线

（3）压力增量和观测时间。压力增量等级和相对稳定时间（观察时间）标准可根据现场情况及有关旁压试验规程选取确定，其中压力增量建议选取预估临塑压力 p_f 的 1/5～1/7，如不易预估，根据我国行业标准《PY 型预钻式旁压试验规程》（JGJ 69—90），可参考表 4.46 确定。

表 4.46　　　　　　　　　　　旁压压力增量建议值

土 的 特 性	压力增量/kPa
淤泥、淤泥质土、流塑状态的黏性土、松散的粉细砂	≤15
软塑状态的黏性土、疏松的黄土、稍密饱和粉土、稍密很湿的粉或细砂、稍密的粗砂	15～25
可塑—硬塑状态的黏性土、一般性质的黄土、中密—密实的饱和粉土、中密—密实很湿的粉或细砂、中密的粗砂	25～50
硬塑—坚硬状态的黏性土、密实的粉土、密实的中粗砂	50～100

各级压力下的观测时间，可根据土的特征等具体情况，采用 1min、2min 或 3min，按下列时间顺序测记测量管的水位下降值 s：

1）观测时间为 1min 时：15s、30s、60s。

2）观测时间为 2min 时：15s、30s、60s、120s。

3）观测时间为 3min 时：30s、60s、120s、180s。

2. 旁压试验的试验方法

（1）试验前期准备工作：

1）向水箱注满蒸馏水或干净的冷开水，旋紧水箱盖。注意，试验用水严禁使用不干净水，以防生成沉积物而影响管道的畅通。

2）连通管路：用同轴导压管将仪器主机和旁压器细心连接，并用专用扳手旋紧，连接好气源导管。

3）注水：打开高压气瓶阀门并调节其上减压器，使其输出压力为0.15MPa左右。将旁压器竖直于地面，通过调节控制面板上的阀门，给旁压器和连接的导管注水，直至水上升至（或稍高于）目测管的"0"位为止。在此过程中，应不断晃动拍打导压管和旁压器，以排出管路中滞留的空气。

4）调零：把旁压器垂直提高，使其测试腔的中点与目测管"0"刻度相齐平，然后调零，将旁压器放好待用。

5）检查传感器和记录仪的连接等是否处于正常工况，并设置好试验时间标准。

（2）预钻成孔。针对不同性质的土层及深度，可选用与其相应的提土器或与其相适应的钻机钻头。例如，对于软塑～流塑状态的土宜选用提土器；对于坚硬～可塑状态的土层可采用勺型钻；对于钻孔孔壁稳定性差的土层宜采用泥浆护壁钻进。钻孔深度应以旁压器测试腔中点处为试验深度。

（3）旁压试验。按上述技术要点成孔后，应尽快进行试验。用钻杆（或连接杆）连接好旁压器，将旁压器小心地放置于试验位置。通过高压气瓶上的减压阀调整好输出压力（减压阀上的二级压力表示值），使其压力比预估的最高试验压力高0.1～0.2MPa。对于PM-2型旁压器，则要使其输出压力比预估的最大试验压力的1/2高0.1～0.2MPa。

在加压过程中，当测管水位下降接近最大值时或水位急剧下降无法稳定时，应立即终止试验以防弹性膜胀破。可根据现场情况，采用下列方法之一终止试验：

1）尚需进行试验时：当试验深度小于2m，可迅速将调压阀按逆时针方向旋至最松位置，使所加压力为零。利用弹性膜的回弹，迫使旁压器内的水回流至测管。当水位接近"0"位时，取出旁压器。当试验深度大于2m时，打开水箱盖，利用系统内的压力，使旁压器里的水回流至水箱备用。旋松调压阀，使系统压力为零，取出旁压器。

2）试验全部结束：利用试验中当时系统内的压力将水排净后旋松调压阀。将导压管快速接头取下后，应罩上保护套，严防泥沙等杂物带入仪器管道。若准备较长时间不使用仪器时，须将仪器内部所有水排尽，并擦净外表，放置在阴凉、干燥处。

另外，在试验过程中，如由于钻孔直径过大或被测岩土体的弹性区较大时，有可能发生水量不够的情况，即岩土体仍处在弹性区域内，而施加压力远未达到仪器最大压力值，且位移量已达到32cm以上，此时，若要继续试验，则应进行补水。

4.4.4 试验资料整理与成果应用

1. 试验资料的整理

在试验资料整理时，应分别对各级压力和相应的扩张体积（或径向增量）进行弹性膜约束力和体积校正。

（1）试验资料校正：

1）约束力校正。按式（4.55）和式（4.56）进行约束力校正：

$$p = p_m + p_w - p_i \tag{4.55}$$

无地下水时：
$$p_w = \gamma_w (h_0 + z) \tag{4.56a}$$

有地下水时：
$$p_w = \gamma_w (h_0 + h_w) \tag{4.56b}$$

上二式中　p——校正后的压力，kPa；

　　　　　p_m——显示仪测记的该级压力的最后值，kPa；

　　　　　p_w——静水压力，kPa；

　　　　　p_i——弹性膜约束力，kPa，由各级总压力 $p_m + p_w$ 所对应的测管水位下降值由查弹性膜约束力校正曲线查得；

　　　　　h_0——测管原始"0"位水面至试验孔口高度，m；

　　　　　h_w——地下水位深度，m；

　　　　　z——旁压试验点的深度，m；

　　　　　γ_w——水的重力密度，kN/m³，一般可取 10kN/m³。

2）测管体积校正。按式（4.57）或式（4.58）进行体积（测管水位下降值）的校正：

$$V = V_m - \alpha (p_m + p_w) \tag{4.57}$$

$$s = s_m - \alpha (p_m + p_w) \tag{4.58}$$

上二式中　V，s——分别为校正后体积和测管水位下降值；

　　　　　V_m，s_m——$p_m + p_w$ 所对应的体积和测管水位下降值；

　　　　　α——仪器综合变形系数（由综合校正曲线查得）。

（2）绘制旁压曲线。用校正后的压力 p 和校正后的测管水位下降值 s，绘制 p-s 曲线，即旁压曲线。曲线的作图可按下列步骤进行：

1）定坐标。在直角坐标系中，以 s(cm) 为纵坐标，p 为横坐标，各坐标的比例可以根据试验数据的大小自行选定。

2）根据校正后各级压力 p 和对应的测管水位下降值 s，分别将其确定在选定的坐标上，然后先连直线段并两段延长，与纵轴相交的截距即为 s_0；再用曲线板连曲线部分，定出曲线与直线段的切点，此点为直线段的终点。

2. 试验成果的应用

通过对旁压曲线的分析，可以确定土的初始压力 p_0、临塑压力 p_f 和极限压力 p_l 各特征压力。进而评定土的静止土压力系数 K_0，确定土的旁压模量 E_m 和地基土承载力，估算土的压缩模量 E_s、剪切模量和软黏土不排水抗剪强度等。

（1）旁压试验各特征压力的确定：

1）初始压力 p_0 的确定。延长旁压曲线

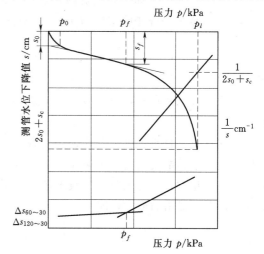

图 4.25　旁压曲线

的直线段与纵轴相交，其截距为 s_0，s_0 所对应的压力即为初始压力 p_0，如图 4.25 所示。

2）临塑压力 p_f 的确定。根据旁压曲线，有两种确定临塑压力 p_f 的方法：

a. 直线段的终点对应的压力值为临塑压力 p_f，如图 4.25 所示。

b. 按各级压力下 30s 到 60s 的体积增量 $\Delta s_{60\sim30}$ 或 30s 到 120s 的体积增量 $\Delta s_{120\sim30}$ 与压力 p 的关系曲线辅助分析确定，如图 4.25 所示。

3）极限压力 p_l 的确定。根据如图 4.25 所示旁压曲线，采用下面的方法确定极限压力 p_l。

a. 手工外推法。凭眼力将曲线用曲线板加以延伸且与实测曲线光滑自然地连接，取 $s = 2s_0 + s_c$（s_c 为旁压器中固有体积，用测管水位下降值表示，其值见仪器技术参数表）所对应的压力为极限压力 p_l。

b. 倒数曲线法。把临塑压力 p_f 以后曲线部分各点的水位下降值 s 取倒数 $\dfrac{1}{s}$，作 $p - \dfrac{1}{s}$ 关系曲线，此曲线为一近似直线。在直线上取 $\dfrac{1}{2s_0 + s_c}$ 所对应的压力为极限压力 p_l。

（2）土的强度参数分析：

1）黏性土的不排水抗剪强度：

a. 当孔壁压力达到土体临塑压力 p_f 时，孔壁土体开始进入塑性状态，此时不排水抗剪强度 c_u 由下式获得

$$c_u = p_f - p_0 \tag{4.59}$$

b. 当孔壁压力达到土体极限压力 p_l 时，旁压腔周围土体已形成一个塑性区，塑性区外围为弹性区，c_u 由式（4.60）获得

$$c_u = \frac{p_l^*}{1 + \ln\left(\dfrac{G}{c_u}\right)} \tag{4.60}$$

式中　p_l^*——土的净极限压力，$p_l^* = p_l - p_0$；

　　　G——剪切模量，可由卸荷再加荷获得。

c. 当孔壁压力介于临塑压力 p_f 与极限压力 p_l 之间时，有

$$p = p_l + c_u \ln\left(\frac{\Delta V}{V}\right) \tag{4.61}$$

式中　$\Delta V = V - V_0$。

由式（4.61）可知，压力 p 与 $\ln(\Delta V/V)$ 曲线在塑性区成直线关系，其斜率即为不排水强度 c_u。

上述计算不排水强度的公式是假定旁压试验在未扰动土体内圆柱孔穴扩张得出的，而实际上孔壁土体的扰动是不可避免的。由以上公式得出的不排水强度 c_u 存在一定的误差。除了上述理论解，研究人员在实践中还提出了许多经验公式，基本上沿用了迈纳德（Me'nard，1970）提出的形式，即

$$c_u = \frac{p_l^*}{5.5} \tag{4.62}$$

式中，p_l^* 的意义同上，以 kPa 计。

2）砂土的有效内摩擦角 φ'。在砂土中进行旁压试验属于排水条件，由于砂土的变形涉及剪胀与剪缩问题，目前还没有方法能够比较精确地评价砂土的有效内摩擦角 φ'。这里给出迈纳德（Me'nard，1970）提出的经验公式，即

$$\varphi' = 5.77\ln\left(\frac{p_l^*}{250}\right) + 24 \tag{4.63}$$

式中，p_l^* 的意义同上，以 kPa 计。

（3）土的变形参数分析：

1）旁压模量 E_m。依据旁压曲线似弹性阶段（图 4.20 中 BC 段）的斜率，由圆柱扩张轴对称平面应变的弹性理论解，可得旁压模量 E_m 和旁压剪切模量 G_m。

$$E_m = 2(1+\mu)\left(V_c + \frac{V_0 + V_f}{2}\right)\frac{\Delta p}{\Delta V} \tag{4.64}$$

$$G_m = \left(V_c + \frac{V_0 + V_f}{2}\right)\frac{\Delta p}{\Delta V} \tag{4.65}$$

上二式中　μ——土的泊松比；

$\quad\quad\quad V_c$——旁压器的固有体积；

$\quad\quad\quad V_0$——与初始压力 p_0 对应的体积；

$\quad\quad\quad V_f$——与临塑压力 p_f 对应的体积；

$\quad\quad\quad \Delta p/\Delta V$——旁压曲线直线段的斜率。

2）压缩模量 E_s、变形模量 E_0。地基土的压缩模量 E_s、变形模量 E_0 以及其变形参数可由地区经验公式确定。例如，铁路工程地基土旁压测试技术规程编制组通过与平板载荷试验对比，得出如下估算地基土变形模量的经验关系式：

对黄土　　　　　　　　$E_0 = 3.723 + 0.00532G_m$ 　　　　　　　　　　（4.66）

对一般黏性土　　　　　$E_0 = 1.836 + 0.00286G_m$ 　　　　　　　　　　（4.67）

对硬黏土　　　　　　　$E_0 = 1.026 + 0.00480G_m$ 　　　　　　　　　　（4.68）

另外，通过与室内试验成果对比，建立起了估算地基土压缩模量的经验关系式：

对黄土，当深度小于等于 3.0m 和大于 3.0m 时，可分别采用式（4.69）和式（4.70）估算压缩模量 E_s：

$$E_s = 1.797 + 0.00173G_m \quad\quad (h \leqslant 3.0\text{m}) \tag{4.69}$$

$$E_s = 1.485 + 0.00143G_m \quad\quad (h > 3.0\text{m}) \tag{4.70}$$

对黏性土，则采用

$$E_s = 2.092 + 0.00252G_m \tag{4.71}$$

上列各式中，G_m 为旁压剪切模量。

3）侧向基床系数 K_m。根据初始压力 p_0 和临塑压力 p_f，采用下式估算地基土的侧向基床系数 K_m：

$$K_m = \frac{\Delta p}{\Delta R} \tag{4.72}$$

式中　$\Delta p = p_f - p_0$，为临塑压力与初始压力之差；

$\quad\quad \Delta R = R_f - R_0$，$R_f$ 和 R_0 分别为对应于临塑压力与初始压力的旁压器径向位移。

（4）土的分类。根据对旁压试验成果的分析，可得到旁压模量 E_m 和净极限压力 p_l^*。

利用 $\dfrac{E_m}{p_l^*}$ 可进行土的分类：当 $7<\dfrac{E_m}{p_l^*}<12$，判为砂土；当 $\dfrac{E_m}{p_l^*}>12$，判为黏性土。

（5）确定地基承载力。利用旁压试验成果评定浅基础地基土承载力是比较可靠的。按临塑压力法，地基承载力标准值 f_k 为

$$f_k=p_f-p_0 \tag{4.73}$$

式中　p_f、p_0——分别为临塑压力和初始压力，kPa。

或者按极限压力法，以极限压力 p_l 为依据确定地基承载力标准值：

$$f_k=\frac{p_f-p_0}{K} \tag{4.74}$$

p_0 可根据地区经验，通过式（4.76）采用计算法确定。

$$p_0=K_0\gamma Z+u \tag{4.75}$$

式中　K_0——试验深度处静止土压力系数，其值按地区经验确定，对于正常固结和轻度超固结的土类可按：砂土和粉土取 0.5，可塑到坚硬状态黏性土取 0.6，软塑黏性土、淤泥和淤泥质土取 0.7；

　　　　K——安全系数，取 2～3。也可根据土类和当地经验取值；

　　　　γ——试验深度以上的重力密度，为土自然状态下的质量密度 ρ 与重力加速度 g 的乘积，$\gamma=\rho g$ 地下水位以下取有效重力密度，kN/m³；

　　　　u——试验深度处的孔隙水压力，kPa。

关于 u 的计算，正常情况下，u 极接近地下水位算得的静水压力，即在地下水以上 $u=0$；在地下水以下时，可由式（4.76）确定：

$$u=\gamma_w(Z-h_w) \tag{4.76}$$

式中　h_w——地面距地下水位的深度，m。

　　　　γ_w——水的重力密度，kN/m³；

　　　　Z——地面至旁压器中腔中间的距离（即旁压试验点的深度），m。

作图法确定 p_0 就是从旁压曲线直线段与纵轴的交点，作平行于横轴的直线并与旁压曲线相交，其交点所对应的压力为静止土压力 p_0（图 4.25）。

当 $p\text{-}s$ 曲线上的临塑压力 p_f 出现后，曲线很快拐弯，出现极限破坏，其极限压力 p_l 与临塑压力 p_0 之比 $\dfrac{p_l}{p_0}<1.7$ 时，地基承载力标准值 f_k 应取极限压力 p_l 的一半。

（6）其他方面的应用。可以将旁压试验成果应用与浅层地基的沉降计算和桩基的承载力与沉降估算方面。但总的来讲，该方面的研究还不够成熟。

【项目案例分析 5】

1. 工程概况

成都地铁 4 号线某站位于成洛路上，东虹路与东鸿路之间，车站主体沿成洛路南侧布置，呈东西走向。车站为地下二层单柱双跨 11m 岛式站台车站，站后设双存车线。车站起讫里程为 YCK39＋951.400～YCK40＋417.400，有效站台中心里程为 YCK40＋027.600。车站外包总长为 466.00m，车站标准段宽 19.7m，深 15.98m，顶板覆土约 1.8～2.6m。本车站拟采用明挖法施工，围护结构主要采用钻孔桩加内支撑方案。

车站范围上覆第四系全新统人工填土（Q_4^{ml}）；其下为第四系上更新统冰水沉积、冲积成因的（Q_3^{fgl+al}）黏土，中更新统冰水沉积、冲积成因的（Q_2^{fgl+al}）黏土夹卵石、卵石土、黏土；下伏白垩系上统灌口组（K_2g）泥岩。

为保证勘察提供的岩土参数准确可靠，勘查中除采用取样、标准贯入试验、圆锥动力触探外，还在各岩土层中进行了旁压试验。

2. 旁压试验结果

旁压试验结果见表 4.47。

表 4.47　　　　　　　　　　　成都地铁 4 号线某站旁压试验表

试验孔号	试验深度/m	试验地层	层号	V_c（旁压测试腔固有体积）/cm³	V_0（p_0 所对应的体积）/cm³	V_f（p_f 所对应的体积）/cm³	p_0（初始压力）/kPa	p_f（临塑压力）/kPa	G_m（旁压剪切模量）/MPa	E_m（旁压模量）/MPa	E_0（变形模量）/MPa	f_{ak}（地基承载力特征值）/kPa	K_h（水平基床系数）/(MPa/m)
M42Z2-D04-04	4	黏土	〈3-2-1〉	2165	480.0	790.0	139	590	4.07	11.24	10.62	451.00	15.85
M42Z2-D04-04	6	黏土	〈3-2-1〉	2165	450.0	890.0	149	525	2.42	6.69	6.17	376.00	60.05
M42Z2-D04-04	8	黏土	〈3-2-1〉	2165	492.0	864.0	142	464	2.46	6.79	6.35	318.00	
M42Z2-D04-04	16	黏土	〈4-1〉	2165	442.0	739.0	145	370	2.09	5.76	5.45	555.00	
M42Z2-D04-11	5	黏土	〈3-2-1〉	2165	450.0	938.0	117	540	2.48	6.84	6.26	423.00	
M42Z2-D04-11	7	黏土	〈3-2-1〉	2165	479.0	828.0	179	479	2.42	6.69	6.27	300.00	
M42Z2-D04-11	9	黏土	〈3-2-1〉	2165	354.0	760.0	84	300	1.45	4.00	3.70	116.00	
M42Z2-D04-11	11	黏土	〈3-2-1〉	2165	319.0	600.0	85	354	2.51	6.93	6.59	618.00	
〈3-2-1〉黏土统计结果	样本个数				8	8	8	8	8	8	8	8	2
	最大值				492.0	938.0	179.0	590.0	4.1	11.2	10.6	618.0	60.0
	最小值				319.0	600.0	84.0	300.0	1.5	4.0	3.7	116.0	15.9
	平均值				433.3	801.1	130.0	452.8	2.5	6.9	6.4	394.6	37.9
	标准差				62.91	105.18	32.78	101.71	0.73	2.02	1.93	156.94	
	变异系数				0.15	0.13	0.25	0.22	0.29	0.29	0.30	0.40	
	标准值				390.8	730.1	107.9	384.0	2.0	5.5	5.1	288.6	

3. 旁压试验成果分析

（1）根据表 4.47 中的 V_c（旁压测试腔固有体积）、V_0（P_0 所对应的体积）、V_f（p_f 所对应的体积）、p_0（初始压力）、p_f（临塑压力）的数据由计算公式 $E_m = 2(1+\mu)\left(V_c + \dfrac{V_0+V_f}{2}\right)\dfrac{\Delta p}{\Delta V}$ 和 $G_m = \left(V_c + \dfrac{V_0+V_f}{2}\right)\dfrac{\Delta p}{\Delta V}$ 可以分别计算旁压模量和旁压剪切模量。

（2）由黏性土的 G_m 可推算出 E_0，此表的 E_0 值为 5.1。

（3）利用旁压试验成果评定浅基础地基土承载力是比较可靠的。按临塑压力法，地基

承载力标准值 f_k 为

$$f_k = p_f - p_0$$

式中　p_f、p_0——分别为临塑压力和初始压力，kPa。

或者按极限压力法，以极限压力 p_l 为依据确定地基承载力标准值：$f_k = \dfrac{p_f - p_0}{K}$，表中标准值 f_{ak}（地基承载力特征值）为 288.6kPa，承载力比较好。

任务4.5　十字板剪切试验

【任务描述】

十字板剪切试验是一种通过对插入地基土中的规定形状和尺寸的十字板头施加扭矩，使十字板头在土体中等速扭转形成圆柱状破坏面，经过换算评定地基土不排水抗剪强度的现场试验。十字板剪切试验是 1928 年在瑞士由奥尔森（Olsson）首先提出的，我国于 1954 年开始使用，目前已成为一种地基土评价中普遍使用的原位测试方法。十字板剪切试验适用于原位测定饱和软黏土的抗剪强度，所测得的抗剪强度值，相当于试验深度处天然土层，在原位压力下固结的不排水抗剪强度。由于十字板剪切试验不需要采取土样，避免了土样扰动及天然应力状态的改变，是一种有效的现场测定土的不排水强度试验方法。

【任务分析】

根据十字板仪的不同可分为普通十字板和电测十字板，根据贯入方式的不同又可分为预钻孔十字板剪切试验和自钻式十字板剪切试验。从技术发展和使用方便的角度，自钻式电测十字板仪具有明显的优势。

十字板剪切试验在我国沿海软土地区被广泛使用。它可在现场基本保持原位应力条件下进行扭剪。适用于灵敏度 $S_t \leqslant 10$、固结系数 $C_v \leqslant 100 (\text{m}^2/\text{a})$ 的均质饱和软黏土。对于不均匀土层，特别是夹有薄层粉细砂或粉土的软黏土，十字板剪切试验会有较大的误差，使用时必须谨慎。本任务主要介绍预钻式十字板剪切试验。

本任务首先学习十字板剪切试验方法、适用范围、仪器配备、步骤、数据的记录整理。掌握了十字板剪切试验方法，再结合具体的工程实例成果进一步理解十字板剪切试验在工程中的应用。

【任务实施】

4.5.1　十字板剪切试验的目的

十字板剪切试验可用于以下目的：

（1）测定原位应力条件下饱和软黏性土的不排水抗剪强度。

（2）评定饱和软黏性土的灵敏度。

（3）计算地基的承载力。

（4）判断软黏性土的固结历史。

4.5.2　试验原理和仪器设备

1. 十字板剪切试验的原理

十字板剪切试验的原理，即在钻孔某深度的软黏土中插入规定形状和尺寸的十字板头，施加扭转力矩，将土体剪切破坏，测定土体抵抗扭损的最大力矩，通过换算得到土体不排水抗剪强度 c_u 值（假定 $\varphi \approx 0$）。十字板头旋转过程中假设在土体产生一个高度为 H（十字板头的高度）、直径为 D（十字板头的直径）的圆柱状剪损面，并假定该剪损面的侧面和上、下底面上每一点土的抗剪强度都相等。在剪损过程中土体产生的最大抵抗力矩 M 由圆柱侧表面的抵抗力矩 M_1 和圆柱上、下底面的抵抗力矩 M_2 两部分组成，即 $M = M_1 + M_2$。其中：

$$M_1 = c_u \pi DH \frac{D}{2}$$

$$M_2 = 2c_u \frac{1}{4} \pi D^2 \frac{2}{3} \frac{D}{2} = \frac{1}{6} c_u \pi D^3$$

则有

$$M = c_u \pi DH \frac{D}{2} + \frac{1}{6} c_u \pi D^3 = \frac{1}{2} c_u D^2 \left(\frac{D}{3} + H \right)$$

$$c_u = \frac{2M}{\pi D^2 \left(\dfrac{D}{3} + H \right)} \tag{4.77}$$

式中　c_u——十字板抗剪强度；

　　　D——十字板头直径；

　　　H——十字板头高度。

对于普通十字板仪，式（4.77）中的 M 值应等于试验测得的总力矩减去轴杆与土体间的摩擦力矩和仪器机械摩阻力矩，即

$$M = (p_f - f)R \tag{4.78}$$

式中　p_f——剪损土体的总作用力；

　　　f——轴杆与土体间的摩擦力和仪器机械阻力，在试验时通过使十字板仪与轴杆脱离进行测定；

　　　R——施力转盘半径。

将式（4.78）代入式（4.77）得

$$c_u = \frac{2R}{\pi D^2 \left(\dfrac{D}{3} + H \right)} (p_f - f) \tag{4.79}$$

上式右端第一个因子，对一定规格（D、H 均为十字板几何尺寸）的十字板剪力仪为一常数，称为十字板常数 k，即

$$k = \frac{2R}{\pi D^2 \left(\dfrac{D}{3} + H \right)} \tag{4.80}$$

则有

$$c_u = k(p_f - f) \tag{4.81}$$

式（4.81）即为十字板剪切试验换算土的抗剪强度的计算公式。

对于电测十字板仪，由于在十字板头和轴杆之间的扭力柱上贴有电阻应变片，扭力柱测定的只是作用在十字板头上的扭力，因此在计算土的抗剪强度时，不必进行轴杆与土体间的摩擦力和仪器机械摩阻力修正，土的不排水抗剪强度可直接按式（4.77）进行计算。

2. 十字板剪切试验的仪器设备

十字板剪切试验所需仪器设备包括：十字板头、试验用探杆、贯入主机和测力与记录等试验仪器。目前使用的十字板剪切仪主要有两种：机械式十字板剪切仪和电测式十字板剪切仪。机械式十字板剪切试验需要用钻机或其他成孔机械预先成孔，然后将十字板头压入至孔底以下一定深度进行试验；电测式十字板剪切试验可采用静力触探贯入主机将十字板头压入指定深度进行试验。

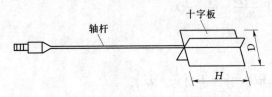

图 4.26 十字板头

（1）十字板头。常用的十字板为矩形，高径比（H/D）为 2，如图 4.26 所示。国外推荐使用的十字板尺寸与国内常用的十字板尺寸不同，见表 4.48。

表 4.48 国内外常用的十字板尺寸

十字板尺寸	H/mm	D/mm	板厚 t/mm
国外	125 ± 25	62.5 ± 12.5	2
国内	100	50	2~3
	150	75	2~3

对于不同的土类应选用不同尺寸的十字板头，一般在软黏土中，选择 75mm×150mm 的十字板仪较为合适，在稍硬土中可用 50mm×100mm 的十字板仪。

（2）轴杆。一般使用的轴杆直径为 20mm，如图 4.26 所示。对于机械式十字板仪，按轴杆与十字板头的连接方式，国内广泛使用离合式，也有采用牙嵌式的。

离合式连接方式是利用一离合器装置，使轴杆与十字板头能够离合，以便分别做十字板总剪力试验和轴杆摩擦校正试验。

套筒式轴杆是在轴杆外套上一个带有弹子盘的可以自由转动的钢管，使轴杆不与土接触，从而避免了两者的摩擦力。套筒下端 10cm 与轴杆间的间隙内涂以黄油，上端间隙灌以机油，以防泥浆进入。

（3）测力装置。对于普通十字板，一般用开口钢环测力装置；而电测十字板则采用电阻应变式测力装置，并配备相应的读数仪器。

开口钢环测力装置（图 4.27）是通过

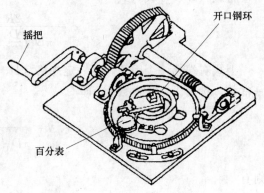

图 4.27 开口钢环测力装置

钢环的拉伸变形来反应施加扭力的大小。这种装置使用方便，但转动时有摇晃现象，影响测力的精确度。

电阻应变式测力装置是通过扭力传感器将十字板头与轴杆相连接（图 4.28）。在高强弹簧钢的扭力柱上贴有两组正交的、并与轴杆中心线成 45°的电阻应变片，组成全桥接法。扭力柱的上、下端分别与十字板头和轴杆相连接。

扭力柱的外套筒主要用以保护传感器，它的上端丝扣与扭力柱接头用环氧树脂固定，下端呈自由状态，并用润滑防水剂保持它与扭力柱的良好接触。这样，应用这种装置就可以通过电阻应变传感器直接测读十字板头所受的扭力，而不受轴杆摩擦、钻杆弯曲及坍孔等因素的影响，提高了测试精度。

4.5.3　试验技术要求和试验方法

如前所述，十字板剪切仪分机械式十字板剪切仪和电测式十字板剪切仪，本任务以机械式十字板剪切试验为主进行论述，同时兼顾电测式十字板剪切试验的特点。

1. 十字板剪切试验的技术要求

十字板剪切试验应满足以下主要技术要求：

（1）钻孔十字板剪切试验时，十字板头插入孔底以下的深度不应小于 3～5 倍钻孔直径，以保证十字板能在未扰动土中进行剪切试验。

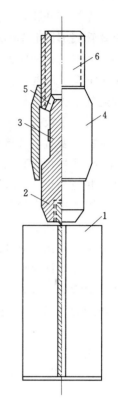

图 4.28　板头结构示意

1—十字板；2—扭力柱；3—应变片；
4—套筒；5—出线孔；6—钻杆

（2）十字板头插入土中试验深度后，应至少静止 2～3min，方可开始剪切试验。

（3）扭剪速率也应很好控制。剪切速率过慢，由于排水导致强度增长。剪切速率过快，对饱和软黏性土由于黏滞效应也使强度增长。扭剪速率宜采用（1°～2°）/10s，以此作为统一的标准速率，以便能在不排水条件下进行剪切试验。测记每扭转 1°的扭矩，当扭矩出现峰值或稳定值后，要继续测读 1min，以便确认峰值或稳定扭矩。

（4）在峰值强度或稳定值测试完毕后，如需要测试扰动土的不排水强度，或计算土的灵敏度，则需用管钳夹紧试验探杆顺时针方向连续转动 6 圈，使十字板头周围土体充分扰动，然后测定重塑土的不排水强度。

（5）对于机械式十字板剪切仪，应进行轴杆与土之间摩擦阻力影响的修正，对于电测式十字板剪切仪，不需进行此项修正。

2. 十字板剪切试验的试验方法

在试验之前，应对机械式十字板仪的开口钢环测力计或电测式十字板仪的扭力传感器进行标定。而试验点位置的确定应根据场地内地基土层钻探或静力触探试验结果，并依据工程要求进行。

当用机械式十字板剪切仪于现场测定软黏性土的不排水抗剪强度和残余强度等的基本方法和要求如下：

（1）先钻探开孔，下直径为 127mm 套管至预定试验深度以上 75cm，再用提土器逐段清孔至套管底部以上 15cm 处，并在套管内灌水，以防止软土在孔底涌起及尽可能保持试验土层的天然结构和应力状态。

关于下套管问题，已有一些勘察单位只在孔口下一套 3～5m 长套管，只要保持满水，可同样达到维护孔壁稳定的效果，而这样则可大大节省试验工作程序。

（2）将十字板头、离合器、导轮、试验钻杆等逐节拧紧接好下入孔内至十字板与孔底接触。各杆件要直，各接头必须拧紧，以减少不必要的扭力损耗。

（3）接导杆，安装底座，并使其固定在套管上。然后将十字板徐徐压入土中至预定试验深度，并应静止 2～3min。

（4）用摇把套在导杆上向右转动，使十字板离合齿啮合。

（5）安装传动部件，转动底盘使固定套锁定在底座上，再微动手柄，使特制键落入键槽内；将角位移指针对准刻度盘的零位，装上量表并调至零位。

（6）按顺时针徐徐转动扭力装置上的旋转手柄，转速约为 1°/10s。十字板头每转 1°测记钢环变形读数一次，直至读数不再增大或开始减小时，即表示土体已被剪损，此时施于钢环的作用力（以钢环变形值乘以钢环变形系数算得），就是原状土剪损的总作用力 p_f 值。

（7）拔下连接导杆与测力装置的特制键，套上摇把，连续转动导杆、轴杆和十字板头 6 转，使土完全扰动，再按步骤（6）以同样剪切速度进行试验，可得重塑土的总作用力 p'_f 值。

（8）拔下控制轴杆与十字板头连接的特制键，将十字板轴杆向上提 3～5cm，使连接轴杆与十字板头的离合器处于离开状态，然后仍按步骤（6）可测得轴杆与土间的摩擦力和仪器机械阻力值 f。

则试验深度处原状土十字板抗剪强度为

$$c_u = k(p_f - f)$$

重塑土十字板抗剪强度（或称残余强度）为

$$c'_u = k(p'_f - f)$$

土的灵敏度 S_t 为

$$S_t = c_u / c'_u \tag{4.82}$$

（9）完成上述基本试验步骤后，拔出十字板，继续钻进，进行下一深度的试验。

对于电测十字板剪切仪，可以采用静力触探的贯入机具将十字板头压入到试验深度，则不存在下套管和钻孔护壁问题。电测十字板剪切仪在进行重塑土剪切试验时也存在问题，按上述的试验技术要求，在原状土峰值强度测试完毕后，应连续转动 6 圈，使十字板头周围土体充分扰动。但由于电测法中电缆的存在，当探杆、扭力柱与十字板头一起连续转动时，电缆的缠绕，甚至接头处被扭断，使该项技术要求难以很好地执行。

试验点间距的选择，可根据工程需要及土层情况来确定，一般每隔 0.5～1m 测定一次。在极软的土层中，也可不必拔出十字板，而连续压入十字板至不同的深度进行试验。

4.5.4　试验资料整理和成果应用

1. 十字板剪切试验资料的整理

十字板剪切试验资料的整理应包括以下内容：

（1）计算各试验点原状土的不排水抗剪强度、重塑土抗剪强度和土的灵敏度。

（2）绘制各个单孔十字板剪切试验土的不排水抗剪强度、重塑土抗剪强度和土的灵敏度随深度的变化曲线，根据需要可绘制各试验点土的抗剪强度与扭转角的关系曲线。

（3）可根据需要，依据地区经验和土层条件，对实测的土的不排水抗剪强度进行必要的修正。

一般饱和软黏土的十字板抗剪强度存在随深度增长的规律，对于同一土层，可以采用统计分析的方法对试验数据进行统计，在统计中应剔除个别的异常数据。

2. 十字板剪切试验成果的应用

（1）地基土不排水抗剪强度。由于不同的试验方法（如剪切速率、十字板头贯入方式等）测得的十字板抗剪强度有差异，因此在把十字板抗剪强度用于实际工程时需要根据试验条件对试验结果进行适当的修正。如我国《铁路工程地质原位测试规程》（TB 10018—2018）建议，将现场实测土的十字板抗剪用于工程设计时，当缺乏地区经验时可按式（4.83）进行修正：

$$c_{u(使用值)} = \mu c_u \qquad (4.83)$$

式中　μ——修正系数，当 $I_P \leqslant 20$ 时，取 1；当 $20 \leqslant I_P \leqslant 40$ 时，取 0.9。

比耶鲁姆（Bjerrum，1973）就发现土的十字板抗剪强度受土的稠度的影响，提出式（4.83）中修正系数 μ 可依据图 4.29 取值。

约翰逊等（Johnson，1988）根据墨西哥海湾的深水软土十字板剪切试验的经验，式（4.83）中修正系数 μ 可用下式确定：

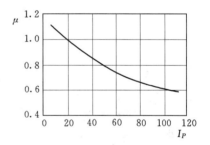

图 4.29　十字板剪强度的修正系数 μ

当 $20 \leqslant I_P \leqslant 80$ 时　　$\mu = 1.29 - 0.026 I_P + 0.00015 I_P^2$ 　　　　　(4.84)

当 $0.2 \leqslant I_L \leqslant 1.3$ 时　　　　$\mu = 10^{-(0.077 + 0.098 I_L)}$ 　　　　　(4.85)

式中　I_P——塑性指数；

　　　I_L——液性指数。

由于剪切速率对不排水抗剪强度有很大影响，假如现场十字板剪切试验的剪切破坏时间 t_f 以 1min 为准，当考虑剪切速率和土的各向异性时，有学者建议采用如下的修正公式：

$$c_{u(使用值)} = \mu_A \mu_R c_u \qquad (4.86)$$

式中　$c_{u(使用值)}$——土的不排水抗剪强度工程取值；

　　　c_u——现场十字板剪切试验测定土的不排水抗剪强度；

　　　μ_R——与剪切破坏时间有关的修正系数；

　　　μ_A——与土的各向异性有关的修正系数，介于 1.05～1.10，随 I_P 的增大而减小。

μ_R 由下式确定：

$$\mu_R = 1.05 - b(I_P)^{0.5}, \quad I_P > 5\%$$
$$b = 0.015 + 0.00751 \lg t_f$$

式中 I_P——塑性指数；

t_f——剪切破坏时间。

（2）估算土的液性指数 I_L。约翰逊（Johnson，1988）对大量试验结果进行了统计，得到如下关系式，可作为参考：

$$\frac{c_u}{\sigma_v} = 0.171 + 0.235 I_L \tag{4.87}$$

式中 c_u——原状土的十字板抗剪强度；

σ_v'——土中竖向有效应力。

（3）评价地基土的应力历史。利用十字板不排水抗剪强度与深度的关系曲线，可判断土的固结应力历史如图 4.30 所示。

梅恩和米契尔（Mayne & Mitchell，1988）通过大量试验数据得到黏土前期固结压力（σ_c'）与十字板抗剪强度关系式，见式（4.88）。

$$\sigma_c' = 7.04 (c_u)^{0.83} \tag{4.88}$$

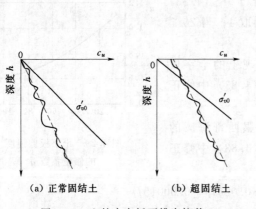

（a）正常固结土　（b）超固结土

图 4.30　土的十字板不排水抗剪
强度随深度的变化

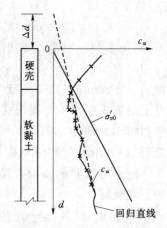

图 4.31　c_u、σ_{v0}' - d 关系曲线

对于不同固结程度的地基土，也可利用下式计算土的超固结比 OCR：

$$(c_u/\sigma_v') = 0.25 (OCR)^{0.95} \tag{4.89}$$

或

$$(OCR) = 4.3 (c_u/\sigma_v')^{1.05} \tag{4.90}$$

《铁路工程地质原位测试规程》（TB 10018—2018）建议的方法与此类似。土的应力历史可由图 4.31 中 c_u - d 关系曲线按下列方法判定：

1）土的固结状态可根据图 4.31 中回归直线交于 d 轴的截距 Δd 的正、负加以区分：$\Delta d > 0$，为欠固结土；$\Delta d = 0$，为正常固结土；$\Delta d < 0$，为超固结土。

2）土的超固结比采用梅恩（Mayne，1988）提出的经验关系式进行估算：

$$(OCR) = 22 c_u (I_p)^m / \sigma_{nc}' \tag{4.91}$$

式中　m——与土质地区特性有关的经验系数，可取-0.48；

　　　σ'_{nc}——正常固结土的有效自重应力。

（4）评定软土地基承载力（$\varphi=0$）。根据中国建筑科学研究院和华东电力设计院积累的经验，可按下式评定地基土的承载力：

$$f_k = 2c_{u(使用值)} + \gamma h \qquad (4.92)$$

式中　f_k——地基承载力标准值；

　　　γ——土的重度；

　　　h——基础埋置深度。

（5）确定地基土强度的变化。在快速堆载条件下，由于土中孔隙水压力升高，软弱地基的强度会降低，但是经过一定时间的排水，强度又会恢复，并且将随土的固结而逐渐增长。若采用十字板剪力仪测定地基强度的这种变化情况，可以很方便地为控制施工加荷速率提供依据。

（6）地基处理效果检验。在对软土地基进行预压加固（或配以砂井排水）处理时，可用十字板剪切试验探测加固过程中强度变化，用于控制施工速率和检验加固效果。此时应在 $3\sim10\mathrm{min}$ 之内将土剪损，单项工程十字板剪切试验孔不少于 2 个，竖直方向上试验点间距为 $1.0\sim1.5\mathrm{m}$，软弱薄夹层应有试验点，每层土的试验点不少于 $3\sim5$ 个。

另外，对于振冲加固饱和软黏性土的小型工程，可用桩间十字板抗剪强度来计算复合地基承载力的标准值。

$$f_{ps,k} = 3[1 + m_c(n_c - 1)]c_u \qquad (4.93)$$

式中　$f_{ps,k}$——复合地基承载力的标准值，kPa；

　　　n_c——桩土应力比，无实测资料时可取 $2\sim4$，原状土强度高时取低值，反之取高值；

　　　m_c——面积置换率；

　　　c_u——土的现场十字板强度，kPa。

（7）估算单桩极限承载力：

$$Q_{u\max} = N_c c_u A + u \sum_{i=1}^{n} c_{ui} L \qquad (4.94)$$

式中　$Q_{u\max}$——单桩最终极限承载力，kN；

　　　N_c——承载力系数，均质土取 9；

　　　c_u——桩端土的不排水抗剪强度，kPa；

　　　c_{ui}——桩周土的不排水抗剪强度，kPa；

　　　A——桩的截面积，m^2；

　　　u——桩的周长，m；

　　　L——桩的入土长度，m。

【项目案例分析6】

1. 工程概况

深圳蛇口太子湾片区改造工程施工图设计阶段补充勘察和围堤区补充勘察两个阶段共完成十字板剪切试验钻孔 13 个，试验土层主要针对该工程区域下卧的淤泥质粉质黏土层

（层号④₂）。

2. 试验成果

淤泥质粉质黏土层十字板剪切试验部分试验成果见表 4.49～表 4.51。

表 4.49 客运码头区④₂层十字板剪切试验成果统计表

统 计 项 目	原状土强度/kPa	重塑土强度/kPa	灵 敏 度
统计个数	20	20	20
最大值	97.68	60.32	1.70
最小值	41.04	32.54	1.14
平均值	63.18	45.65	1.39
标准差	12.58	6.35	0.19
变异系数	0.20	0.14	0.14
小值平均值	55.61	42.61	1.32
推荐值	33.37	25.57	0.79

表 4.50 客运码头区④₂₋₁层十字板剪切试验成果统计表

统 计 项 目	原状土强度/kPa	重塑土强度/kPa	灵 敏 度
统计个数	1	1	1
最大值	62.45	37.49	1.67
最小值	62.45	37.49	1.67
平均值	62.45	37.49	1.67
标准差			
变异系数			
推荐值	31.23	18.75	0.83

表 4.51 客运码头区④₂₋₂层十字板剪切试验成果统计表

统 计 项 目	原状土强度/kPa	重塑土强度/kPa	灵 敏 度
统计个数	15	15	15
最大值	97.68	60.32	1.70
最小值	41.04	32.54	1.14
平均值	62.10	45.71	1.36
标准差	14.38	6.95	0.20
变异系数	0.23	0.15	0.15
小值平均值	53.99	43.52	1.25
推荐值	32.39	26.11	0.75

3. 成果分析

根据《岩土工程勘察规范》（GB 50021—2001）（2009 版）10.6.4 条之规定："十字板剪切试验测得的不排水抗剪强度峰值，一般认为是偏高的，土的长期强度只有峰值强度的 60%～70%。因此在工程中，需根据土质条件和当地经验对十字板测定的值做必要的修正，以供设计采用。"表中推荐值都比最大值和最小值小得多。

从表 4.43～表 4.45 中可得扰动土的十字板剪切强度比原状土小，因为天然状态下的黏性土通常具有一定的结构性，当受到外来因素的扰动时，土粒间的胶结物质以及土粒、离子、水分子所组成的结构体受到破坏，土体的强度降低，但当扰动停止后土的强度随时间逐渐增大。土的结构性对强度的影响，一般用灵敏度表示，灵敏度是以原状土的强度与该土经过重塑后的强度之比来表示（$s_t = \dfrac{q_u}{q_u'}$），根据灵敏度可将饱和黏土分为：低灵敏度（$s_t \leqslant 2$）；中灵敏度（$2 < s_t \leqslant 4$）；高灵敏度（$s_t > 4$），从表中原状土强度推荐值和重塑土强度推荐值可得该软土的灵敏度小于 1，属于低灵敏土。土的灵敏度越高，其结构性越强，受扰动强度降低越大，所以工程施工中雨水浸泡、暴晒和人为践踏，以免破坏土的结构，降低黏性土的强度。

【项目小结】

本项目主要介绍土体载荷试验、静力触探试验、标准贯入试验与圆锥动力触探试验、旁压试验和十字板剪切试验的测定方法、仪器配备、步骤、数据的记录整理，原位测试都有对应的案例分析，通过案例成果的运用让学生初步掌握试验成果在工程中的应用。重点掌握土体载荷试验、标准贯入试验、静力触探试验、圆锥动力触探试验。

【能力测试】

1. 载荷试验有哪几种类型？并说明各自的使用对象。

2. 平板载荷试验典型的压力－沉降曲线（$p-s$ 曲线）可以分为哪几个阶段？各有什么特征？与土体的应力应变状态有什么联系？

3. 简述浅层平板载荷试验的技术要点。

4. 试述浅层平板载荷试验与深层平板载荷试验终止条件的差别。

5. 什么是标准贯入试验？

6. 运用标准贯入试验成果可以进行哪些工程应用？

7. 试说明标准贯入试验与重型圆锥动力触探的区别？又有哪些相同的地方？

8. 在应用标准贯入试验成果时，应注意哪些问题？

9. 什么是圆锥动力触探？

10. 为什么圆锥动力触探试验指标锤击数可以反映地基土的力学性能？

11. 圆锥动力触探分为哪几种类型？

12. 说明圆锥动力触探的试验成果的影响因素。

13. 什么是静力触探试验？

14. 静力触探包括哪些仪器设备？就贯入设备而言，有哪几种？

15. 单桥探头和双桥探头各可以测定哪些试验指标？

16. 为什么讲在静力触探试验过程中保持贯入的垂直度十分重要？国标《岩土工程勘察规范》（GB 50021—2001）（2009 版）规定的最大允许偏斜度是多少？

17. 贯入速率对试验结果有哪些影响？国标《岩土工程勘察规范》（GB 50021—2001）规定的贯入速率是多少？

18. 孔压静力触探试验前为什么要对探头进行脱气处理？

19. 什么是十字板剪切试验？说明其适用条件？

20. 通过十字板剪切试验，如何得到饱和土的灵敏度指标？

21. 浅谈十字板剪切试验成果的影响因素。

22. 旁压试验有哪几种类型？

23. 典型的旁压曲线分哪几个阶段？各阶段与周围土体的变化有什么关系？

24. 在典型的旁压曲线上，可以确定哪些特征点？各代表什么物理意义？如何根据旁压曲线确定各特征压力？

25. 旁压试验的仪器设备由哪几部分组成？

26. 预钻式旁压试验的成孔质量对试验结果有什么影响？有什么样的技术要求？

项目5 岩体原位测试

【项目分析】

某电站位于甘孜藏族自治州康定县境内，地处大渡河上游金汤河口以下约 4～7km 河段。坝址距上游丹巴县城约 85km，距下游康定县城和泸定县城分别约 51km 和 50km，库坝区有省道 S211 公路相通，并在瓦斯沟口与国道 318 线相接，对外交通十分便利。修建此大坝为查明工程地质条件，了解坝址区各类岩体变形、强度性质，以及坝区岩体应力状况，充分论证坝址建高坝的工程地质条件和适应性，在坝区和厂房分别布置了现场岩体原位试验。

岩体原位测试是在现场制备试件模拟工程作用对岩体施加外荷载，进而求取岩体力学参数的试验方法，是岩土工程勘察的重要手段之一。岩体原位测试的最大优点是对岩体扰动小，尽可能地保持了岩体的天然结构和环境状态，使测出的岩体力学参数直观、准确；其缺点是试验设备笨重、操作复杂、工期长、费用高。另外，原位测试的试件与工程岩体相比，其尺寸还是小得多，所测参数也只能代表一定范围内的岩体力学性质。因此，要取得整个工程岩体的力学参数，必须有一定数量试件的试验数据用统计方法求得。

本项目介绍岩体原位测试主要参考《工程岩体试验方法标准》（GB/T 50266—2013）和《工程地质手册》第五版。

【教学目标】

本项目主要介绍岩体现场的变形、强度、应力和声波的测试方法、仪器、步骤和成果的记录整理，最后通过具体的工程实例成果进一步理解成果在工程中的运用。重点了解岩体原位常见测定方法。

任务5.1 岩体变形测试

【任务描述】

岩体变形参数测试方法有静力法和动力法两种。静力法的基本原理是：在选定的岩体表面、槽壁或钻孔壁面上施加一定的荷载，并测定其变形；然后绘制出压力变形曲线，计算岩体的变形参数。据其方法不同，静力法又可分为承压板法、狭缝法、钻孔变形法及水压法等。动力法是用人工方法对岩体发射或激发弹性波，并测定弹性波在岩体中的传播速度，然后通过一定的关系式求岩体的变形参数。据弹性波的激发方式不同，又分为声波法和地震法。

【任务分析】

本任务首先了解岩体变形测试方法、适用范围、仪器配备、步骤、数据的记录整理，再结合具体的工程实例进一步理解岩体变形测试方法在工程中的应用。

岩体变形测试方法主要介绍静力法中的承压板法和钻孔变形计法。

【任务实施】

5.1.1 承压板法

1. 适用范围

承压板法是通过刚性或柔性承压板施力于半无限空间岩体表面，量测岩体变形，按弹性理论公式计算岩体变形参数。

承压板按刚度分为刚性承压板和柔性承压板两种，刚性承压板采用钢板或混凝土混凝土制成，形状通常为圆形，适用于坚硬或软弱岩体；柔性承压板多采用压力枕下垫以硬木或砂浆，形状多为环形，适用于坚硬完整岩体。

2. 主要仪器和设备

（1）液压千斤顶（刚性承压板法）。

（2）环形液压枕（柔性承压板法或中心孔法）。

（3）液压泵及高压管路。

（4）稳压装置。

（5）刚性承压板。

（6）环形钢板与环形传力箱。

（7）传力柱。

（8）垫板。

（9）楔形垫块。

（10）反力装置。

（11）测表支架。

（12）变形测表。

（13）钻孔轴向位移计。

（14）钻机及辅助设备。

3. 现场试验

（1）在岩体的预定部位加工试点，并应符合下列要求：

1）试点面积应大于承压板，其中加压面积不宜小于 2000cm²。

2）试点表面范围内受扰动的岩体，宜清除干净并修凿平整，岩面的起伏差，不宜大于承压板直径的 1%。

3）在承压板以外，试验影响范围以内的岩体表面，应平整、无松动岩块和石渣。

4）试点表面应垂直预定的受力方向。

5）试点可在天然含水状态下也可在人工浸水条件下进行试验。

（2）试点的边界条件应符合下列要求：

1）承压板的边缘至试验洞侧壁或底板的距离，应大于承压板直径的 1.5 倍；承压板的边缘至洞口或掌子面的距离，应大于承压板直径的 2.0 倍；承压板的边缘至临空面的距离，应大于承压板直径的 6.0 倍。

2）两试点承压板边缘之间的距离，应大于承压板直径的 3.0 倍。

3）试点表面以下 3.0 倍承压板直径深度范围内岩体的岩性宜相同。

4）试点的反力部位应能承受足够的反力，岩石表面应凿平。

（3）刚性承压板法加压与传力系统安装应符合下列规定：

1）清洗试点岩体表面，铺一层水泥浆，放上刚性承压板，轻击承压板，挤出多余水泥浆，并使承压板平行试点表面。水泥浆的厚度不宜大于 1cm，并应防止水泥浆内有气泡。

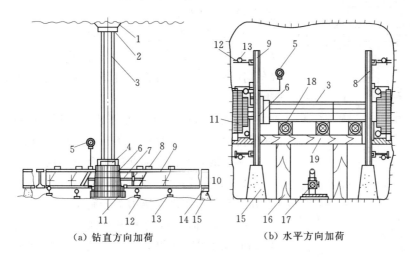

（a）钻直方向加荷　　　　　　（b）水平方向加荷

图 5.1　刚性承压板法试验安装

1—砂浆顶板；2—垫板；3—传力柱；4—圆垫板；5—标准压力表；6—液压千斤顶；
7—高压管（接油泵）；8—磁性表架；9—工字钢梁；10—钢板；11—刚性承压板；
12—标点；13—千分表；14—滚轴；15—混凝土支墩；16—木柱；
17—油泵（接千斤顶）；18—木垫；19—木梁

2）在承压板上放置千斤顶，千斤顶的加荷中心应与承压板中心重合。

3）在千斤顶上依次安装垫板、传力柱、垫板，在垫板和反力后座岩体之间浇筑混凝土或安装反力装置。（图 5.1）。

4）安装完毕后，可启动千斤顶稍加压力，也可在传力柱与垫板之间加一楔形垫块，揳进楔形垫块使整个系统结合紧密。

5）应使整个系统所有部件的中心，保持在同一轴线上并与加压方向一致。

6）应保证系统具有足够的刚度和强度。

（4）柔性承压板法加压与传力系统安装应符合下列规定：

1）进行中心孔法试验的试点，应先在钻孔内安装钻孔轴向位移计，钻孔轴向位移计的测点，可按承压板直径的 0.25、0.50、0.75、1.00、1.50、2.00、3.00 倍孔深处选择其中的若干点进行布置，但孔口及孔底应设有测点。如图 5.2 所示。

2）清洗试点岩体表面，铺一层水泥浆，放上凹槽已用水泥砂浆填平并经养护的环形液压枕，挤出多余水泥浆，并使环形液压枕平行试点表面。水泥浆的厚度不宜大于 1cm，并应防止水泥浆内有气泡。

3）在环形液压枕上放置环形钢板和环形传力箱。

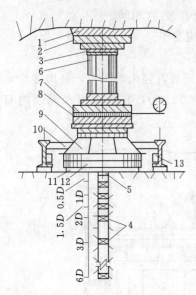

图 5.2 柔性承压板中心孔法安装

1—混凝土顶板；2—钢板；3—斜垫板；
4—多点位移计；5—锚头；6—传力柱；
7—测力枕；8—加压枕；9—环形传力
箱；10—测架；11—环形传力枕；
12—环形钢板；13—小螺旋顶

4）其他应符合（3）刚性承压板加压与传力系统安装规定中的 3）～6）规定。

（5）量测系统安装应符合以下规定：

1）在承压板两侧各安放测表支架 1 根，支承形式以简支为宜，支架的支点必须设在试点的影响范围以内，可采用浇筑在岩面上的混凝土墩作支点，防止支架在试验过程中产生沉陷。

2）在支架上通过磁性表座安装测表：对于刚性承压板，应在承压板上对称布置 4 个测表；对于柔性承压板（包括中心孔法），应在柔性承压板中心岩面上布置 1 个测表。

3）根据需要，可在承压板外的影响范围内、在通过承压板中心相互垂直的两条轴线上布置测表。

（6）试验及稳定标准应符合下列规定：

1）试验最大压力不宜小于预定压力的 1.2 倍。压力宜分为 5 级，按最大压力等分施加。

2）加压前应对测表进行初始稳定读数观测，每隔 10min 同时测读各测表 1 次，连续 3 次读数不变，方可开始加压试验，并将此读数作为各测表的初始读数值。钻孔轴向位移计各测点观测，可在表面测表稳定不变后进行初始读数。

3）加压方式宜采用逐级一次循环法，或逐级多次循环法。当采用逐级一次循环法加压时，每一循环压力应退至零。

4）每级压力加压后应立即读数，以后每隔 10min 读数 1 次，当刚性承压板上所有测表或柔性承压板中心岩面上的测表相邻两次读数差与同级压力下第一次变形读数和前一级压力下最后一次变形读数差之比小于 5％时，可认为变形稳定，并进行退压（图 5.3）。退压后的稳定标准，与加压时的稳定标准相同。

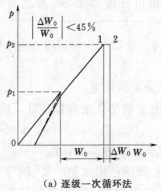

（a）逐级一次循环法

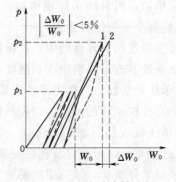

（b）逐级多次循环法

图 5.3 相对变形变化的计算

5）在加压、退压过程中，均应测读相应过程压力下测表读数一次。

6）中心孔中各测点及板外测表可在读取稳定读数后进行一次读数。

4．试验成果整理要求

（1）当采用刚性承压板法量测岩体表面变形时按式（5.1）计算变形参数。

$$E = \frac{\pi}{4} \times \frac{(1-\mu^2)PD}{W} \qquad (5.1)$$

式中　E——岩体弹性变形模量，MPa，当以总变形 W_0 代入式中计算的为变形模量 E_0；
　　　　当以弹性变形 W 代入式中计算的为弹性模量 E_0；

　　W——岩体变形，cm；

　　P——按承压板面积计算的压力，MPa；

　　D——承压板直径，cm；

　　μ——泊松比。

（2）当采用柔性承压板法量测岩体表面变形时，按式（5.2），计算变形参数。

$$E = \frac{(1-\mu^2)P}{W} \times 2(r_1 - r_2) \qquad (5.2)$$

式中　r_1、r_2——环形柔性承压板的外半径和内半径，cm；

　　W——板中心岩体表面的变形，cm。

（3）当采用柔性承压板法量测中心孔深部变形时，按式（5.3）计算变形参数。

$$E = \frac{P}{W_z} K_z \qquad (5.3)$$

$$K_z = 2(1-\mu^2)\left(\sqrt{r_1^2 + z^2} - \sqrt{r_2^2 + z^2}\right) - (1+\mu)\left(\frac{z^2}{r_1^2 + z^2} - \frac{z^2}{r_2^2 + z^2}\right)$$

式中　W_z——深度为 z 处的岩体变形，cm；

　　z——测点深度，cm；

　　K_z——与承压板尺寸测点深度和泊松比有关的系数，cm。

（4）当柔性承压板中心孔法量测到不同深度两点的岩体变形值时，两点之间岩体的视变形模量应按式（5.4）计算。

$$E = p \times \frac{K_{z1} - K_{z2}}{W_{z1} - W_{z2}} \qquad (5.4)$$

式中　W_{z1} W_{z2}——深度分别为 $z1$ 和 $z2$ 处的岩体变形，cm；

　　K_{z1} K_{z2}——深度分别为和处的相应系数。

（5）应绘制压力与变形关系曲线，压力与变形模量关系曲线，压力与弹性模量关系曲线，以及沿中心孔不同深度的压力与变形曲线。

（6）承压板法岩体变形试验记录应包括工程名称、试点编号、试点位置、试验方法、试点描述、测表布置、承压板尺寸、各级压力下的测表读数。

5.1.2　钻孔变形试验

1．适用范围

岩体钻孔变形试验是通过岩体钻孔中的压力计或膨胀计，施加径向压力于钻孔壁，量测钻孔径向岩体变形，按弹性力学平面应变问题的厚壁圆筒公式计算岩体变形参数。

钻孔变形试验适用于软岩和中坚硬岩体，试验地段开挖时应减少对岩体的扰动和破坏。

2. 主要仪器和设备

（1）钻孔压力计或钻孔膨胀计。

（2）起吊设备。

（3）扫孔器模拟管。

（4）校正仪。

3. 现场试验

（1）试点制备要求。

1）试验孔应铅直孔壁应平直光滑孔径根据仪器要求确定。

2）在受压范围内，岩性应均一、完整；钻孔直径 4 倍范围内的岩性应相同。

3）两试点加压段边缘之间的距离不应小于 1 倍加压段的长度；加压段边缘距孔口的距离不应小于 1 倍加压段的长度，加压段边缘距孔底的距离不应小于 0.5 倍加压段的长度。

（2）试验准备内容：

1）向钻孔内注水至孔口，将扫孔器放入孔内进行扫孔，直至上下连续 3 次收集不到岩块为止。将模拟管放入孔内直至孔底，如畅通无阻即可进行试验。

2）按仪器使用要求，进行钻孔压力计或钻孔膨胀计探头直径标定。

（3）变形稳定标准应符合下列规定：

1）将组装后的探头放入孔内预定深度，经定向后立即施加 0.5MPa 的初始压力，探头即自行固定，读取初始读数。

2）试验最大压力为预定压力的 1.2～1.5 倍，分 7～10 级按最大压力等分施加。

3）加载方式采用逐级一次循环或大循环法。

4）加压后立即读数，以后每隔 3～5min 读数一次。变形稳定标准为：

a. 当采用逐级一次循环法时，加压后立即读数，以后每隔 3～5min 读数 1 次，当相邻两次读数差与同级压力下第一次变形读数和前一级压力下最后一次变形读数差之比小于 1% 时，可认为变形稳定即可进行退压。

b. 当采用大循环法时，相邻两循环的读数差与第一次循环的变形稳定读数之比小于 5% 时，可认为变形稳定，即可进行退压。但大循环次数不应少于 3 次。

c. 退压后的稳定标准与加压时的稳定标准相同。

5）在每一循环过程中退压时，压力应退至初始压力。最后一次循环在退至初始压力后，进行稳定值读数，然后将全部压力退至零，并保持一段时间，再稳定探头。

4. 试验成果整理要求

（1）按式（5.5）计算变形参数：

$$E = \frac{P(1+\mu)d}{\delta} \tag{5.5}$$

式中　E——岩体弹性（变形）模量，MPa，当以总变形 δ_t 代入式中计算的为变形模量 E_0，当以弹性变形 δ_e 代入式中计算的为弹性模量 E；

P——计算压力，为试验压力与初始压力之差，MPa；

　　　　d——实测点钻孔直径，cm；

　　　　μ——岩体泊松比；

　　　　δ——岩体径向变形，cm。

　　（2）应绘制各测点的压力与变形关系曲线，各测点的压力与变形模量关系曲线、压力与弹性模量关系曲线以及与钻孔岩芯柱状图相对应的沿孔深的弹性模量、变形模量分布图。

　　（3）钻孔变形试验记录应包括工程名称、钻孔编号、钻孔位置、钻孔岩芯柱状图、测点深度、试验方法、测点方向、测点钻孔直径、初始压力、各级压力下的读数。

任务 5.2　岩 体 强 度 测 试

【任务描述】

　　岩体的强度参数是工程岩体破坏机理分析及稳定性计算不可缺少的参数，目前主要依据现场岩体力学试验求得。特别是在一些大型工程的详勘阶段，大型岩体力学试验占有很重要的地位，是主要的勘察手段。原位岩体强度试验主要有直剪试验、单轴和三轴抗压试验等。由于原位岩体试验考虑了岩体结构及其结构面的影响，因此其试验成果较室内岩块试验更符合实际。

【任务分析】

　　本任务首先了解岩体强度测试方法、适用范围、仪器配备、步骤、数据的记录整理。

　　岩体强度测试方法有现场直剪试验和现场三轴试验，此处主要介绍现场直剪试验。岩体原位直剪试验可分为岩体本身、岩体沿结构面及岩体与混凝土接触面剪切三种。本任务主要介绍岩体结构面的直剪和岩体直剪。

【任务实施】

5.2.1　岩体结构面直剪试验

　　1. 适用范围

　　结构面直剪试验适用于岩体中的各类结构面，试验地段的开挖应减少对岩体结构面产生扰动和破坏。

　　2. 主要仪器和设备

　　结构面直剪试验主要仪器和设备包括：①液压千斤顶或液压枕；②液压泵及管路；③稳压装置；④压力表；⑤垫板；⑥滚轴排；⑦传力柱；⑧传力块；⑨斜垫块；⑩反力装置；⑪测表支架；⑫磁性表座；⑬位移测表。

　　3. 现场试验

　　（1）在岩体的预定部位加工试体并应符合下列要求：

　　1）结构面剪切面积不宜小于 2500cm²，最小边长不宜小于 50cm，试体高度不宜小于最小边长的 1/2。

　　2）试体间距宜大于最小边长。

3）试体的推力方向应与预定剪切方向一致。

4）在试体的推力部位，应留有安装千斤顶的足够空间，平推法应开挖千斤顶槽。

5）试体周围结构面的充填物及浮渣应清除干净。

6）对结构面上部不需要浇筑保护套的完整岩石试体，各个面应大致修凿平整，顶面宜平行预定剪切面；对加压过程中可能出现破裂或松动的试体，应浇筑钢筋混凝土保护套或采取其他保护措施，保护套应具有足够的强度和刚度，顶面应平行预定剪切面，底部应在预定剪切面的上部边缘。

7）对剪切面倾斜的试体或有夹泥层的试体，在加工前应采取保护措施；试体可在天然含水状态下剪切也可在人工浸水条件下剪切；每组试验试体的数量不宜少于 5 个。

（2）法向荷载系统安装应符合下列规定：

1）在试体顶部铺设一层水泥砂浆，放上垫板，轻击垫板，使垫板平行预定剪切面。试体顶部也可铺设橡皮板或细砂。

2）在垫板上依次放上滚轴排、垫板、液压千斤顶或液压枕、垫板、传力柱及顶部垫板。

3）在垫板和反力座之间浇筑混凝土或安装反力装置。

4）安装完毕后可启动千斤顶稍加压力，使整个系统结合紧密。

5）应使整个系统的所有部件，保持在加压方向的同一轴线上，并垂直预定剪切面。垂直荷载的合力应通过预定剪切面中心。

6）应保证法向荷载系统具有足够的刚度和强度。当剪切面为倾斜时，对法向荷载系统应加支撑。

7）为适应剪切过程中可能出现的试体上抬现象，液压千斤顶活塞在安装前应启动部分行程。

（3）剪切荷载系统安装应符合下列规定：

1）在试体受力面用水泥砂浆粘贴一块垫板，使垫板垂直预定剪切面。在垫板后依次安放传力块（平推法）或斜垫板（斜推法）、液压千斤顶、垫板。在垫板和反力座之间浇筑混凝土。

2）应使剪切方向与预定的推力方向一致，其投影应通过预定剪切面中心。平推法剪切荷载作用轴线应平行预定剪切面，着力点与剪切面的距离不宜大于剪切方向试体长度的 5％；斜推法剪切荷载方向应按预定的角度安装，剪切荷载和法向荷载合力的作用点应在预定剪切面的中心。

（4）量测系统安装应符合下列规定：

1）安装测表支架，支架的支点应在变形影响范围以外。

2）在支架上通过磁性表座安装测表。在试体的对称部位，分别安装剪切位移和法向位移测表，每种测表数量不宜少于 2 只，量测试体的绝对位移。

3）根据需要，可在试体与基岩表面之间，布置量测试体相对位移的测表。

（5）法向荷载的施加方法应符合下列规定：

1）在每个试体上分别施加不同的法向荷载，其值为最大法向荷载的等分值，其最大法向应力不宜小于预定法向应力。

2）对具有充填物的试体，最大法向荷载的施加，以不挤出充填物为宜。

3）对每个试体，法向荷载宜分级 4~5 级施加，每隔 5min 施加一级，并测读每级荷载下的法向位移。在最后一级荷载作用下，要求法向位移值相对稳定，然后施加剪切荷载。

4）法向位移的稳定标准为：对无充填结构面，每隔 5min 读数 1 次，连续两次读数之差不超过 0.01mm；对有充填物结构面，可根据结构面的厚度和性质，按每隔 10min 或 15min 读数 1 次，连续两次读数之差不超过 0.05mm。

5）在剪切过程中，应使法向荷载始终保持为常数。

（6）剪切荷载的施加方法应符合下列规定：

1）按预估的最大剪切荷载分 8~12 级施加，当剪切位移明显增大时，可适当增加剪切荷载分级。

2）剪切荷载的施加以时间控制：对无充填结构面每隔 5min 加荷 1 次；对有充填物结构面可根据剪切位移的大小，按每隔 10min 或 15min 加荷 1 次，加荷前后均需测读各测表读数。

3）试体剪断后，应继续施加剪切荷载，直到测出大致相等的剪切荷载值为止。

4）将剪切荷载缓慢退荷至零，观测试体回弹情况。根据需要，调整设备和测表，按上述同样方法进行摩擦试验。

5）当采用斜推法分级施加斜向荷载时，应同步降低由于施加斜向荷载而产生的法向分荷载增量，保持法向荷载始终为一常数。

4. 试验成果整理

（1）平推法按下式计算各法向荷载下的法向应力和剪应力：

$$\sigma = \frac{P}{A} \tag{5.6}$$

$$\tau = \frac{Q}{A} \tag{5.7}$$

式中　σ——作用于剪切面上的法向应力，MPa；

τ——作用于剪切面上的剪应力，MPa；

P——作用于剪切面上的总法向荷载，N；

Q——作用于剪切面上的总剪切荷载，N；

A——剪切面积，mm^2。

（2）斜推法按下式计算各法向荷载下的法向应力和剪应力：

$$\sigma = \frac{P}{A} + \frac{Q}{A}\sin\alpha \tag{5.8}$$

$$\tau = \frac{Q}{A}\cos\alpha \tag{5.9}$$

式中　Q——作用于剪切面上的总斜向荷载，N；

α——斜向荷载施力方向与剪切面的夹角，（°）。

（3）绘制各法向应力下的剪应力与剪切位移及法向位移关系曲线。

（4）根据上述曲线确定各阶段特征点剪应力。

（5）绘制各阶段的剪应力和法向应力的关系曲线，确定相应的抗剪强度参数。

（6）岩体结构面直剪试验记录应包括工程名称、试体编号、试体位置、试验方法、试体描述、剪切面积、测表布置、各法向荷载下各级剪切荷载时的法向位移及剪切位移。

5.2.2　岩体直剪试验

1. 适用范围

岩体直剪试验适用于各类岩体，试验地段的开挖应减少对岩体结构面产生扰动和破坏。

2. 主要仪器和设备

岩体直剪试验主要仪器和设备同岩体结构面直剪试验。

3. 现场试验

（1）试体应符合下列要求：

1）在预定的试验部位加工成方形试体，其底部剪切面积不宜小于 $2500cm^2$，最小边长不宜小于 50cm，试体高度不宜小于最小边长的 1/2。试体周围岩面宜修凿平整。

2）需要浇筑保护套的试体，保护套底部应达到预定的剪切缝上部边缘，剪切缝的宽度，宜为推力方向试体长度的 5%。

3）试体的推力方向应与预定剪切方向一致。

4）在试体的推力部位，应留有安装千斤顶的足够空间，平推法应开挖千斤顶槽。

5）试体周围结构面的充填物及浮渣应清除干净。

6）对结构面上部不需要浇筑保护套的完整岩石试体，各个面应大致修凿平整，顶面宜平行预定剪切面；对加压过程中可能出现破裂或松动的试体，应浇筑钢筋混凝土保护套或采取其他保护措施，保护套应具有足够的强度和刚度，顶面应平行预定剪切面，底部应在预定剪切面的上部边缘。

7）试体可在天然含水状态下剪切也可在人工浸水条件下剪切；每组试验试体的数量不宜少于 5 个。

（2）设备安装应符合下列规定：

1）斜推法试验中，剪切荷载和法向荷载合力的作用点应通过预定剪切面的中心，并通过预留剪切缝宽的 1/2 处（图 5.4）。

2）法向荷载系统安装、剪切荷载系统安装和量测系统安装同岩体结构面直剪试验。

（3）试验及稳定标准应符合下列规定：

1）法向荷载一次施加完毕，加荷后立即读数，以后每隔 5min 读数 1 次，当连续两次读数之差不超过 0.01mm 时，即认为稳定，可施加剪切荷载。

2）剪切荷载按预估最大剪切荷载分 8～12 级施加，每 5min 加荷 1 次，加荷前后均需测读各测表读数。

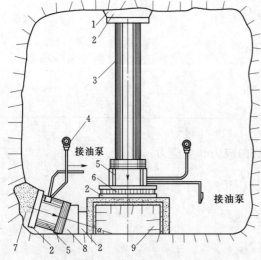

图 5.4　岩体直剪（斜推法）试验
1—砂浆顶板；2—钢板；3—传力柱；4—压力表；
5—液压千斤顶；6—滚轴排；7—混凝土后座；
8—斜垫板；9—钢筋混凝土保护罩

3）法向荷载的施加和剪切荷载的施加同岩体结构面直剪试验。

4. 试验成果整理

试验成果整理同岩体结构面直剪试验。

任务 5.3　岩 体 应 力 测 试

【任务描述】

岩体应力现场测量的目的是了解岩体中存在的应力大小和方向，从而为分析岩体工程的受力状态以及为支护及岩体加固提供依据。岩体应力测量还可以是预报岩体失稳破坏以及预报岩爆的有力工具。岩体应力测量可以分为岩体初始应力测量和地下工程应力分布测量，前者是为了测定岩体初始地应力场，后者则为测定岩体开挖后引起的应力重分布状况。从岩体应力现场测量的技术来讲，这二者并无原则区别。

【任务分析】

本任务首先了解常见岩体应力测试方法、适用范围、仪器配备、步骤、数据的记录整理。再结合具体的工程实例进一步理解岩体应力测试结果在工程中的应用。

本任务主要介绍孔壁应变法测试、孔径变形法测试和孔底应变法测试。

【任务实施】

5.3.1　孔壁应变法测试

1. 适用范围

孔壁应变测试，是采用孔壁应变计，量测套钻解除应力后钻孔孔壁的岩石应变，按弹性理论建立的应变与应力之间的关系式计算出岩体内某点的三向应力大小和方向。

孔壁应变法测试适用于无水、完整或较完整的岩体。

2. 主要仪器和设备

（1）钻机。

（2）金刚石钻头。包括小孔径钻头、大孔径钻头、扩孔器、磨平钻头和锥形钻头，规格应与应变计配套。

（3）孔壁应变计。

（4）电阻应变仪。

（5）安装器具。

（6）围压器。

3. 现场试验

（1）测试准备应包括下列内容：

1）根据测试要求，选择适当场地，并将钻机安装牢固。

2）用大孔径钻头钻至预定测试深度，取出岩芯，进行描述。

3）用磨平钻头磨平孔底，用锥形钻头打喇叭口。

4）用小孔径钻头钻测试孔，要求与大孔同轴，深 50cm，取出岩芯进行描述；当孔壁不光滑时，应采用金刚石扩孔器扩孔；当岩芯破碎时，应重复 2）、3）步骤，直至找到完整岩芯位置。

5）清洗测试孔并对孔壁进行干燥处理。

（2）仪器安装注意事项：

1）在测试孔孔壁和应变计上均匀涂上黏结胶。

2）用安装器将应变计送入测试孔，就位定向，并施加一定的预压力，保证应变计牢固地黏结在孔壁上。

3）待黏结胶充分固化后，检查系统绝缘值不应小于 100MΩ。

4）取出安装器，量测测点方位角及深度。

（3）测试及稳定的规定：

1）从钻具中引出应变计电缆，接通仪器。向钻孔内注水，每隔 10min 读数 1 次，连续 3 次读数相差不超过 $5\mu\varepsilon$ 时，即认为稳定，并将此读数作为初始值。

2）按预定分级深度钻进，进行套钻解除，每级深度宜为 2cm。每解除一级深度，停钻读数，连续读取 2 次。

3）套钻解除深度应超过孔底应力集中影响区。解除至一定深度后，应变计读数趋于稳定。但最小解除深度，即应变计中应变位置至解除孔孔底深度，不得小于岩芯外径的 1 倍。

4）向钻孔内继续注水，每隔 10min 读数一次，连续 3 次读数之差不超过 $5\mu\varepsilon$ 时，可认为稳定，不再解除。

5）在解除过程中，当发现异常情况时，应及时停机检查，并记录备案。

6）检查系统绝缘值。退出钻具，并取出岩芯，进行描述。

（4）岩芯围压试验步骤：

1）现场测试结束后，应立即将解除后的岩芯连同其中的应变计放入围压器中，进行围压率定试验，其间隔时间，不宜超过 24h。

2）当采用大循环加压时，压力宜分 5～10 级施加，最大压力应大于预估的岩体最大主应力，大循环次数不应少于 3 次。

3）当采用逐级加压时，读数稳定标准应符合上述规定的测试及稳定标准要求。

4. 测试成果整理要求

（1）按《工程岩体试验方法标准》（GB/T 50266—2013）的 A 附录的规定计算岩体空间应力。

（2）根据岩芯解除应变值和解除深度，绘制解除过程曲线。

（3）根据围压试验资料，绘制压力与应变关系曲线，计算岩石弹性模量和泊松比。

（4）孔壁应变法测试记录应包括工程名称、测点编号、测点位置、试验方法、地质描述、测试深度、相应于解除深度的各电阻片应变值、各电阻片及应变丛布置、钻孔轴向方位角、围压率定曲线。

5.3.2 孔径变形法测试

1. 适用范围

孔径变形法测试，是采用孔径变形计，量测套钻解除应力后钻孔孔径的变化，按弹性理论公式计算岩体内某点的垂直孔轴平面上的岩体应力。

孔径变形法测试适用于完整和较完整的岩体。

2. 主要仪器和设备

孔径变形计；其他设备与 5.3.1 孔壁应变法测试中主要仪器和设备中的（1）、（2）、（4）～（6）相同。

3. 现场试验

（1）测试准备应同 5.3.1 孔壁应变法测试中测试准备规定相同，并冲洗测试孔直至回水不含岩粉为止。

（2）仪器安装的注意事项：

1）将孔径变形计与应变仪连接，然后装上定位器，用安装杆送入测试孔内。孔径变形计应变钢环的预压缩量宜为 0.2～0.4mm。在将孔径变形计送入测试孔的过程中，应观测仪器读数变化情况。

2）将孔径变形计送至预定位置后，适当锤击安装杆端部，使孔径变形计锥体揳入测试孔内，与孔口牢固接触。

3）退出安装杆，从仪器端卸下孔径变形计电缆，从钻具中引出，重新接通电阻应变仪，进行调试并读数。

4）记录定向器读数，量测测点方位角及深度。

（3）测试及稳定的规定同 5.3.1 孔壁应变法测试。

（4）岩芯围压试验步骤同 5.3.1 孔壁应变法测试。

4. 测试成果整理要求

（1）按《工程岩体试验方法标准》（GB/T 50266—2013）附录 A 的规定计算岩体空间应力和平面应力。

（2）根据套钻解除时的仪器读数和解除深度，绘制解除过程曲线。

（3）根据围压试验资料，绘制压力与应变关系曲线，计算岩石弹性模量和泊松比。

（4）孔径变形法测试记录应包括工程名称、测点编号、测点位置、测试方法、地质描述、测试深度、相应于解除深度的各电阻片应变值、孔径变形计触头布置、钻孔轴向方位角、测孔直径、钢环率定系数、围压率定曲线。

5.3.3　孔底应变法测试

1. 适用范围

孔底应变法测试，是采用孔底应变计，量测套钻解除应力后钻孔孔底岩面应变，按弹性理论公式计算岩体内某点的平面应力大小和方向。

孔底应变法测试适用于无水完整或较完整的岩体。

2. 主要仪器和设备

（1）钻机。

（2）金刚石钻头，包括大孔径钻头、粗磨钻头、细磨钻头；其规格应与应变计配套。

（3）孔底应变计。

（4）电阻应变仪。

（5）安装器具。

（6）围压器。

3. 现场试验

（1）测试准备应包括下列内容：

1）根据测试要求，选择适当场地，并将钻机安装牢固。

2）钻至预定深度后，取出岩芯，进行描述。当不能满足测试要求时，应继续钻进，直至到合适部位。

3）用粗磨钻头将孔底磨平，再用细磨钻头精磨。

4）清洗孔底并进行干燥处理。

（2）仪器安装的注意事项：

1）在钻孔底面和孔底应变计底面分别均匀涂上黏结胶。用安装器将孔底应变计送入钻孔底部，定向就位，并施加一定压力，使应变计与孔底岩面紧密粘贴。

2）待胶液充分固化后，检查系统绝缘值，不应小于 $100M\Omega$。

3）取出安装器，量测测点方位角及深度。

（3）测试及稳定的规定：

1）从钻具中引出应变计电缆，接通仪器。向钻孔内注水，每隔 10min 读数 1 次，连续 3 次读数相差不超过 $5\mu\varepsilon$ 时，即认为稳定，并将此读数作为初始值。

2）按预定分级深度钻进，进行套钻解除，每级深度宜为 2cm。每解除一级深度，停钻读数，连续读取 2 次。

3）继续钻进解除至一定深度后，应变计读数将趋于稳定，但最小解除深度不得小于岩芯直径的 4/5。

4）向钻孔内继续注水，每隔 10min 读数一次，连续 3 次读数之差不超过 $5\mu\varepsilon$ 时，可认为稳定，不再解除。

5）在解除过程中，当发现异常情况时，应及时停机检查，并记录备案。

6）检查系统绝缘值。退出钻具，并取出岩芯，进行描述。

（4）岩芯围压试验步骤。围压试验时，若解除的岩芯过短，可接装岩性相同的岩芯或材料性质接近的衬筒进行。其他规定同 5.3.1 孔壁应变法测试。

4. 测试成果整理要求

（1）按《工程岩体试验方法标准》（GB/T 50266—2013）附录 A 的规定计算岩体空间应力。

（2）根据岩芯解除应变值和解除深度，绘制解除过程曲线。

（3）根据围压试验资料，绘制压力与应变关系曲线，计算岩石弹性模量和泊松比。

（4）孔底应变法测试记录应包括工程名称、测点编号、测点位置、试验方法、地质描述、测试深度、相应于解除深度的各电阻片应变值、各电阻片及应变丛布置、钻孔轴向方位角、围压率定曲线。

任务 5.4　岩体声波测试

【任务描述】

在岩体中传播的声波是机械波。由于其作用力的量级所引起的变形在线性范围，符合虎克定律，也可称其为弹性波。弹性波可分为体波和面波，此处主要介绍体波的测试。

体波也分为纵波和横波，纵波是指质点振动的方向与传播方向一致，也叫压力波或 P 波，它产生压缩和拉伸变形；横波是指质点振动的方向与传播方向垂直，也叫拉力波或 S 波，它产生剪切变形。

【任务分析】

本任务首先了解岩块、岩体声波测试的方法，再结合具体的工程实例进一步理解波速测试结果在工程中的应用。

根据检测对象和检测目的不同，有不同的声波检测方法，大类分为室内测试和现场检测。本任务主要介绍室内岩块声波测试和现场岩体声波测试。

【任务实施】

5.4.1　岩块声波速度测试

1. 适用范围

岩块声波速度测试适用于能制成规则试件的各类岩石。岩石试件尺寸与描述和岩石单轴抗压强度的要求相同。

2. 主要仪器和设备

（1）钻石机、锯石、磨石机、车床等。

（2）测量平台。

（3）岩石超声波参数测定仪。

（4）纵、横波换能器。

（5）测试架。

3. 测试要求

（1）选用换能器的发射频率应满足下列公式要求：

$$f \geqslant \frac{2V_p}{D} \tag{5.10}$$

式中　f——换能器发射频率，Hz；

　　V_p——岩石纵波速度，m/s；

　　D——试件的直径，m。

（2）测定纵波速度时，耦合剂宜采用凡士林或黄油，测定横波速度时，耦合剂宜采用铝箔或铜箔。

（3）可采用直透法或平透法布置换能器，并应量测两换能器中心的距离。

（4）对非受力状态下的测试，应将试件置于测试架上，对换能器施加约 0.05MPa 的压力，测读纵波或横波在试件中行走的时间；对受力状态下的测试，宜与单轴压缩变形试验同时进行。

（5）测试结束后，应测定超声波在标准有机玻璃棒中的传播时间，绘制时距曲线并确定仪器系统的零延时，或将发射、接收换能器对接，测读零延时。

4. 测试成果整理要求

（1）按式（5.11）～式（5.12）计算岩块的纵波速度和横波速度：

$$V_p = \frac{L}{t_p - t_0} \tag{5.11}$$

$$V_s = \frac{L}{t_s - t_0} \tag{5.12}$$

以上式中　V_p——纵波速度，m/s；

　　　　　V_s——横波速度，m/s；

　　　　　L——发射、接收换能器中心间的距离，m；

　　　　　t_s——横波在试件中行走的时间，s；

　　　　　t_p——纵波在试件中行走的时间，s；

　　　　　t_0——仪器系统的零延时，s。

（2）计算值取 3 位有效数字。

（3）岩块声波速度测试记录应包括工程名称、取样位置、测点编号、试件描述、试件尺寸、测试方法、换能器间的距离、传播时间、仪器系统的零延时。

5.4.2　岩体声波速度测试

1. 适用范围

岩体声波速度测试适用于各类岩体。

2. 主要仪器和设备

（1）岩体声波参数测定仪。

（2）孔中接收、发射换能器。

（3）一发双收单孔测试换能器。

（4）弯曲式接收换能器。

（5）夹心式发射换能器。

（6）干孔测试设备。

（7）声波激发锤。

（8）电火花振源。

3. 现场测试

（1）测点布置要求：

1）测点可选择在平洞、钻孔、风钻孔或地表露头。

2）对各向同性岩体的测线，宜按直线布置；对各向异性岩体的测线，宜分别按平行和垂直于岩体主要结构面布置。

3）相邻二测点的距离，当采用换能器激发时，距离宜为 1～3m；当采用电火花激发时，距离宜为 10～30m；当采用锤击激发时距离应大于 3m。

4）单孔测试时，源距不得小于 0.5m，换能器每次移动距离不得小于 0.2m。

5）在钻孔或风钻孔中进行孔间穿透测试时，换能器每次移动距离宜为 0.2～1.0m。

（2）岩体表面声波速度测试准备要求：

1）测点表面应大致修凿平整，并对各测点进行编号。

2）测点表面应擦净，纵波换能器应涂 1～2mm 厚的凡士林或黄油，横波换能器应垫多层铝箔或铜箔，并应将换能器放置在测点上压紧。

3）量测接收换能器与发射换能器或接收换能器与锤击点之间的距离，测距相对误差应小于 1%。

（3）钻孔或风钻孔中岩体声波速度测试准备要求：

1）钻孔或风钻孔应冲洗干净，将孔内注满水并对各孔进行编号。

2）进行孔间穿透测试时，量测两孔口中心点的距离，测距相对误差应小于 1%，当两孔轴线不平行时，应量测钻孔的倾角和方位角，计算不同深度处两测点间的距离。

3）软岩宜采用干孔测试。

（4）试验及稳定标准要求：

1）将荧光屏上的光标关门讯号调整到纵、横波初至位置，测读声波传播时间，或者利用自动关门装置测读声波传播时间。

2）每一对测点读数 3 次，读数之差不宜大于 3%。

3）测试结束前，应确定仪器与换能器系统的零延时值。

4．测试成果整理要求

（1）按式（5.13）～式（5.15）计算岩体的纵波速度和横波速度：

$$V_p = \frac{L}{t_p - t_0} \tag{5.13}$$

$$V_s = \frac{L}{t_s - t_0} \tag{5.14}$$

$$v_p = \frac{L}{t_2 - t_1} \tag{5.15}$$

以上式中　L——换能器中心间的距离，m；

　　　　　t_s——横波在岩体中行走的时间，s；

　　　　　t_p——纵波在岩体中行走的时间，s；

　　t_2、t_1——发双收单孔平透直达波法测孔时，两接收点收到的首波到达时间，s。

（2）计算值取 3 位有效数字。

（3）岩体声波速度测试记录应包括工程名称、测点编号、测点位置、测试方法、测点描述、测点布置、测点间距、传播时间、仪器系统的零延时。

【项目案例分析 1】

1．工程概况

见项目 5 中项目分析中的案例。

2．岩体变形试验

（1）试验情况介绍。某水电站岩体变形试验共完成 26 组。试验位置由地质人员会同试验人员在现场根据地质情况选定。现场岩体变形试验在天然状态下进行。在清除爆破松动影响的岩体表面后加工试点，对粘贴承压板处的岩石表面进行人工凿平。岩面起伏差一般控制在 5mm 内。承压板以外影响带的岩体表面加工至大致平整，并清除松动的岩块和碎石。

岩体变形试验采用刚性承压板法，千斤顶加载，承压板直径为 50.5cm。加载方式为逐级一次循环法，根据坝体工程设计应力确定试验最大压力为 10.0MPa。载荷分 5 级施加，每级压力分别为 2MPa、4MPa、6MPa、8MPa、10MPa。在试验过程中，根据试点岩性、风化、破碎程度等具体情况，考虑其承载力下降，对部分试验点的试验压力进行了调整，每级压力分别为 1MPa、2MPa、3MPa、4MPa、5MPa。

根据现场试验实测变形量，绘制压力-变形关系曲线，并分析岩体变形性质、特征，依据弹性理论，按半无限空间弹性体公式计算岩体变形（弹性）模量。

$$E = \frac{\pi}{4} \cdot \frac{(1-\mu^2)PD}{W}$$

式中　　E——岩体弹性（变形）模量，GPa，当以总变形 W_0 代入式中计算的为变形模量 E_0；当以弹性变形 W 代入式中计算的为弹性模量 E；

　　　　W——岩体变形，cm；

　　　　P——按承压板面积计算的压力，MPa；

　　　　D——承压板直径，cm；

　　　　μ——泊松比。

（2）试验成果。岩体变形试验成果见表 5.1。

表 5.1　　　　　　　　　　　岩 体 变 形 试 验 成 果

试验对象			试验编号	试验位置	在压力 P（MPa）下的模量 E_0、E（GPa）					
岩性	类别	卸荷风化			P	2.0	4.0	6.0	8.0	10.0
花岗岩	Ⅱ	微新	1	XPD1（0+92.4）	E_0	37.1	35.2	34.4	34.5	34.2
					E	45.2	70.0	56.1	50.6	47.6
			2	XPD11（0+112.0）	E_0	22.6	21.8	22.1	22.5	23.1
					E	89.7	68.2	46.8	48.3	47.7
			3	XPD10（0+335.5）	E_0	37.4	26.7	25.3	23.7	23.3
					E	42.6	57.7	41.6	35.4	32.5
			4	XPD10（0+368.3）	E_0	64.8	48.8	42.3	40.4	38.0
					E	76.6	92.0	86.6	79.4	71.8
	Ⅲ	微新	5	XPD11（0+207.8）	E_0	5.35	5.65	5.6	5.75	5.86
					E	5.88	6.99	7.38	7.85	8.33
		弱卸荷弱风化	6	XPD11（0+46.9）	E_0	28.8	19.1	15.3	14.3	13.2
					E	49.8	23.5	19.5	17.1	16.5
			7	XPD11（0+32.0）	E_0	10.8	9.73	8.89	9.05	9.04
					E	36.9	18.3	14.9	14.7	14.3
			8	XPD11（0+22.7）	E_0	8.82	8.20	8.12	8.17	8.31
					E	12.2	9.38	9.61	9.28	9.91

续表

试验对象			试验编号	试验位置	在压力 P（MPa）下的模量 E_0、E（GPa）					
岩性	类别	卸荷风化			P	2.0	4.0	6.0	8.0	10.0
花岗岩	Ⅳ	强卸荷弱风化	9	XPD1（0+19.2）	E_0	10.1	8.50	8.10	7.90	7.70
					E	14.4	11.8	11.7	11.5	11.2
			10	XPD11（0+9.3）	E_0	1.95	1.75	1.71	1.73	1.77
					E	3.84	2.79	2.46	2.89	3.01
			11	SPD2（0+17.4）	E_0	15.5	11.7	10.3	9.30	8.90
					E	45.5	23.0	17.6	15.1	14.6
闪长岩	Ⅱ	微新	12	XPD1（0+399.0m）	E_0	46.3	43.2	43.6	42.9	42.7
					E	96.8	58.6	56.1	60.0	60.1
			13	XPD1（0+356.0m）	E_0	59.2	87.6	53.4	55.1	57.1
					E	84.1	80.9	75.5	76.1	79.9
	Ⅲ	弱风化下段、弱卸荷	14	XPD5（0+53.6m）	E_0	10.6	7.61	7.46	7.86	8.11
					E	20.2	13.3	11.5	13.2	13.2
			15	XPD5（0+37.6m）	E_0	14.4	10.9	10.6	10.5	10.3
					E	19.5	14.4	14.4	13.0	13.3
			16	XPD1（0+457.0m）	E_0	4.64	6.63	7.79	8.81	9.64
					E	8.40	16.0	19.0	26.1	27.3
	Ⅳ	弱卸荷弱风化	17	XPD5（0+31.1）	E_0	1.61	1.23	1.26	1.32	1.38
					E	2.28	2.16	2.10	2.08	2.00
	Ⅴ	强卸荷弱风化	18	XPD5（0+21.3）	E_0	0.37	0.43	0.49	0.55	0.61
					E	0.69	0.80	1.24	1.57	1.59
辉长岩	Ⅱ	微新	19	SPD9（0+70.7）	E_0	89.6	48.4	43.9	41.9	40.3
					E	90.2	87.0	74.9	60.6	53.6
	Ⅲ	弱卸荷弱风化	20	SPD9（0+17.0）	E_0	21.3	20.6	20.9	21.3	21.1
					E	52.5	36.9	32.2	30.2	29.0

（3）试验成果分析。从表 5.1 岩体变形试验成果可以分析得出：

1）Ⅱ级岩体。Ⅱ级岩体变形试验共完成 7 组，其中花岗岩变形试验 4 组，闪长岩变形试验 2 组，辉长岩变形试验 1 组。试点岩体普遍新鲜或微风化，以块状～次块状结构为主要特征；岩体完整或较完整，裂隙不发育，辉长岩局部以次块状～镶嵌结构为主。

2）Ⅲ级岩体。Ⅲ级岩体变形试验共完成 8 组，其中花岗岩变形试验 4 组，闪长岩变形试验 3 组，辉长岩变形试验 1 组。试点岩体普遍为弱风化岩体，岩体较完整，主要为次块状结构；裂隙较发育，偶见锈染。

3）Ⅳ级岩体。Ⅳ级岩体变形试验共完成 4 组，其中花岗岩变形试验 3 组，闪长岩变形试验 1 组。试点岩体普遍为强卸荷、弱风化，块裂～碎裂结构为主，裂隙较发育、轻微

240

锈染，多数裂隙微张。

4）Ⅴ级岩体。Ⅴ级岩体变形试验仅进行 1 组，试点岩性为闪长岩。试点岩体位于强风化处，散体结构。试点面为薄层状，破碎，重度锈染、面具空响。

从分析结果可以得出：岩体的变形指标总体较高，但与风化卸荷、岩体结构以及岩体的后期强度是否松弛有关。不同岩性也存在一定差异，辉长岩高于花岗岩，花岗岩高于闪长岩。

3. 岩体及结构面抗剪（断）强度试验

岩体和结构面抗剪断强度参数，是岩体的重要力学性质之一，是水工建筑物设计重要基础参数之一。随着各阶段勘测设计工作深度不同，根据需要布置了相应岩体和结构面强度试验，主要试验工作集中在可行性研究阶段。试验布置在以岩级和岩性的基础上，重点选定在坝址两岸及坝肩抗力体部位各高程平洞的花岗岩、闪长岩以及各类结构面中进行。

（1）试验情况介绍。在选定部位开挖试验支洞（试验扩帮），经人工清除爆破松动影响的岩体上加工试体，试体一般加工为方形，试体尺寸 50cm×50cm×25cm。剪切面积一般不小于 2500cm²。岩体及结构面强度试验均采用平推法，剪力矩 2.5cm，岩体抗剪断试验剪切载荷方向水平指向下游，法向载荷铅直施加；结构面抗剪强度试验法向载荷垂直于结构面，剪切载荷直向下游且平行于结构面施加。岩体及结构面强度试验最大法向压力根据其实际情况做了不同程度的调整。

（2）试验成果。每个试体在第一次试验剪断后，再沿剪切面进行抗剪（摩擦）试验。试验在天然状态下进行，岩体抗剪（断）强度试验成果见表 5.2，结构面抗剪（断）强度试验成果见表 5.3。

表 5.2　　　　　　　　**岩体抗剪（断）强度试验成果**

试验对象		试验编号	试验位置	最大法向应力 /MPa	抗剪断强度	
					$\varphi/(°)$	c/MPa
岩体	花岗岩 微新，Ⅱ类	1	XPD10（0+338～0+344）	6.63	1.53	2.29
		2	XPD11（0+102.1～0+108.9）	8.36	1.62	4.35
	微新，Ⅲ类	3	SPD01（0+30.7～0+36.3）	10.7	1.04	2.70
		4	XPD10（0+361.7～0+367.2）	6.51	1.71	1.86
		5	XPD11（0+203.2～0+210）	9.51	1.77	2.63
		6	XPD11（0+29.0～0+36.0）	7.91	1.79	2.04
	闪长岩 弱风化下段，Ⅲ类	7	XPD01（0+453.0～0+459.0）	4.87	1.45	1.20
		8	XPD01（0+395.0～0+401.0）	4.77	1.62	1.26
		9	XPD01（0+371.0～0+381.5）	4.86	1.21	2.19
		10	XPD01（0+365.0～0+337.0）	5.06	1.06	1.96
		11	XPD05（0+35.6～0+42.6）	4.59	1.58	3.73
	辉长岩 微新，Ⅲ类	12	SPD12（0+95～0+100）	5.12	1.06	1.05

表 5.3 结构面抗剪（断）强度试验成果

试验对象		试验编号	试验位置	最大法向应力/MPa	抗剪断强度	
					φ/(°)	c/MPa
结构面	岩块岩屑型 花岗岩	1	XPD1（0+95～0+100）	5.20	0.64	0.11
		2	SPD1（0+61.7～0+67.2）	5.41	0.56	0.42
		3	XPD10（0+318.0～0+322.0）	2.48	0.60	0.03
		4	XPD10（0+306.5～下支洞0+5.0）	4.05	0.67	0.02
		5	PD11（0+78.0～82.8）	4.96	0.52	0.84
	f_9 断层带	6	XPD01下支（0+56.0～0+61.0）	0.20	0.43	0.03
	糜棱岩夹岩块	7	XPD10（0+415.0～0+420.0）	1.43	0.56	0.04
	闪长岩	8	SPD9（0+95～0+100）	4.62	0.61	0.23
	岩屑夹泥型 花岗岩	9	XPD1	2.37	0.45	0.10
		10	PD11（0+176.8～0+181.0）	2.57	0.52	0
	f_0 断层带	11	XPD01（0+288.0～0+292.0）	0.96	0.36	0

（3）试验成果分析。某水电站共进行岩体抗剪断强度试验 12 组，主要包括花岗岩、闪长岩、辉长岩三种岩性；结构面强度试验 11 组，主要类型为岩块岩屑和岩屑夹泥型两种。

1）岩体强度试验：

a. Ⅱ级岩体。Ⅱ级岩体强度试验共完成 2 组，试验点编号为 1、2。岩性为花岗岩，微风化～新鲜，厚层状，坚硬紧密，完整～较完整，裂隙不发育，仅见短小节理。裂面一般新鲜，平直粗糙。剪切面起伏、粗糙、部分凹凸不平，一般起伏差 0～12cm，基本沿岩体剪断，局部为裂隙面，少量试体下剪；具较多剪切碎块、碎片、碎屑及粉末，可见擦痕。试验值为：

$$\varphi=1.53°～1.62° \qquad c=2.29～4.35\text{MPa}$$

b. 微新Ⅲ级岩体。微新Ⅲ级岩体强度试验共完成 5 组，试验点编号为 3、4、5、6、12，主要岩性为花岗岩和辉长岩，微风化～新鲜，中厚层状为主，较完整，裂隙较发育，并见短小节理，较紧密。裂隙面平直粗燥，新鲜或轻锈。其中 $\tau_{\text{SPD}}12-1$ 风化、锈染较严重，局部夹泥。剪切面起伏、粗糙，一般起伏差 0～15cm，基本沿岩体剪断，局部为裂隙面，少量试体下剪；具较多剪切碎块、碎片、碎屑及粉末，可见擦痕。试验值为：

花岗岩 $\varphi=1.04°～1.79° \qquad c=1.86～2.70\text{MPa}$

辉长岩 $\varphi=1.06° \qquad\qquad c=1.05\text{MPa}$

c. 弱下风化Ⅲ级岩体。弱风化下段Ⅲ级岩体强度试验共完成 5 组，试验点编号为 7、8、9、10、11，岩性为闪长岩，普遍弱卸荷，微～弱风化，块裂～镶嵌结构，薄～中厚层状，裂隙较发育。剪切面起伏不平、粗糙，一般起伏差 5～17cm，基本沿岩体剪断，局部为裂隙面，试体局部下剪；具较多剪切碎块、碎片、碎屑及粉末，可见擦痕。试验值为：

$$\varphi = 1.06° \sim 1.62° \qquad c = 1.20 \sim 3.73\text{MPa}$$

2）结构面强度试验。结构面强度试验共完成 11 组，主要类型包括岩块岩屑和岩屑夹泥型两种。其中，岩块岩屑型强度试验完成 8 组，岩屑夹泥型强度试验完成 3 组。

a. 岩块岩屑型。岩块岩屑型强度试验完成 8 组，试验点编号为 1、2、3、4、5、6、7、8，岩性主要有花岗岩、闪长岩及 f_9 断层带，弱风化、弱卸荷。剪切基本沿预留剪切面剪断，剪切面平直、粗糙（少量剪切面起伏、起伏差 $0 \sim 1\text{cm}$）、湿润，局部附黄色泥膜，厚约 $1 \sim 2\text{mm}$，可搓条，剪切面上附少量岩块、岩屑，轻锈～中锈。其中，f_9 断层带剪切面较湿润，面附泥，厚约 $0.5 \sim 2\text{cm}$，可搓团。试验值为：

$$\varphi = 0.43° \sim 0.67° \qquad c = 0.02 \sim 0.84\text{MPa}$$

b. 岩屑夹泥型。岩屑夹泥型强度试验完成 3 组，试验点编号为 9、10 及 f_0 断层带 11。岩性主要为花岗岩和 f_0 断层带，弱风化、弱卸荷。剪切基本沿预留剪切面剪断，剪切面平直、光滑、起伏差 $0 \sim 2\text{cm}$，普遍湿润，充填黄色夹泥或灰黑色断层泥，泥厚约 $1 \sim 2\text{cm}$，可搓团，泥中夹少量岩屑、细砾及岩块。试验值为：

$$\varphi = 0.36° \sim 0.52° \qquad c = 0 \sim 0.10\text{MPa}$$

（4）岩体强度（结构面）试验小结：

1）岩体（结构面）强度试验点的确定，是在坝址区岩体分级和结构面分类的基础上进行的，试验值较客观地反映了各级岩体和结构面的抗剪强度性质。

2）岩体（强度）结构面试验成果整理采用优定斜率法和最小二乘法，可作为坝区岩体和结构面抗剪强度参数取值的依据。

3）试验点较多的岩体、结构面的抗剪（断）强度规律性较好，试验整理值较合理，能为设计、施工提供可靠的抗剪强度参数。从表 5.2 和表 5.3 可以看出，岩体强度抗剪强度指标比岩体结构面抗剪强度指标要好得多。

【项目案例分析 2】

1. 工程概况

某电梯公寓（高 32 层）位于德阳市科委院内，北靠岷江路，东临泰山路，南临二物，交通方便。该场地地形平坦开阔，场地南 12m 内无建筑物，场地东侧、北侧距泰山路约13m，西侧距科委职工宿舍 8～12m。

该场地覆盖层由上而下主要有杂填土（Q_4^{ml}）、粉质黏土（Q_3^{al}）、含黏土圆砾（Q_3^{al}）、中砂（Q_3^{al}）、砾砂（Q_3^{al}）、圆砾（Q_3^{al}）、卵石（Q_3^{al}）、半胶结卵石（Q_{1+2}^{al}）、含黏土稍密卵石（Q_{1+2}^{al}）。

2. 波速测试成果

为了评价抗震设计所需的场地土类型、建筑物场地类别及卓越周期等参数，在场地进行单孔波速测试，测试钻孔 2 个，6 号孔深 27.5m，43 号孔深 29.3m。测试结果见表5.4、表 5.5。

表 5.4　　　　　　　　　　　　　　　　**6 号孔波速测试数据表**

深度 /m	弹性波走时		校正后时间		检层速度		分层速度	
	t_p /ms	t_s /ms	t'_p /ms	t'_s /ms	V_p /(m/s)	V_s /(m/s)	V_p /(m/s)	V_s /(m/s)
1	7.5	19.7	2.3	6.2	420	160	420	160
2	7.6	20.2	4.2	11.2	540	200		
3	8.5	22.6	6.0	16.0	560	210	560	210
4	9.7	25.9	7.8	20.7	560	210		
5	11.1	29.5	9.5	25.3	580	220		
6	12.1	32.3	10.8	28.8	760	280		
7	13.2	35.3	12.1	32.4	760	280	760	280
8	14.3	38.4	13.4	36.0	760	280		
9	15.7	41.8	14.9	39.7	700	270	640	250
10	17.1	45.6	16.4	43.7	640	250	800	320
11	18.3	48.5	17.7	46.8	800	320	640	240
12	19.8	52.6	19.2	51.0	640	240	740	280
13	21.1	56.0	20.6	54.6	740	280	740	280
14	22.3	59.2	21.8	57.9	800	300		
15	23.5	62.4	23.1	61.2	800	300		
16	24.7	65.6	24.3	64.4	820	310		
17	25.9	68.7	25.5	67.7	820	310	820	310
18	27.1	71.9	26.7	70.9	820	310		
19	28.3	74.8	27.9	73.9	840	320		
20	29.4	77.9	29.1	77.0	840	320		
21	30.4	80.2	30.1	79.4	1020	430	1020	430
22	31.3	82.1	31.0	81.3	1100	520	1100	520
23	32.1	83.8	31.8	83.1	1200	550		
24	32.9	85.6	32.7	84.9	1200	550		
25	33.7	87.4	33.5	86.8	1200	550	1220	558
26	34.5	89.1	34.3	88.6	1250	570		
27.5	35.7	91.8	35.5	91.2	1250	570		

注　剪切波激发板中心点距离孔 3.0m，纵波激发位置距孔口 3.0m。

表 5.5 43 号孔波速测试数据表

深度 /m	弹性波走时		校正后时间		检层速度		分层速度	
	t_p /ms	t_s /ms	t'_p /ms	t'_s /ms	V_p /(m/s)	V_s /(m/s)	V_p /(m/s)	V_s /(m/s)
1	5.3	13.9	2.3	6.2	420	160	420	160
2	5.9	15.9	4.2	11.2	540	200		
3	7.2	19.2	6.0	16.0	560	210		
4	8.7	23.2	7.8	20.7	560	210	567	213
5	10.2	27.2	9.5	25.3	580	220		
6	11.8	31.4	11.2	29.8	580	220		
7	13.5	35.7	12.9	34.4	580	220		
8	14.7	39.1	14.2	37.9	760	280	760	280
9	16.1	43.0	15.7	41.9	680	250	680	250
10	17.3	46.2	17.0	45.3	800	300	810	305
11	18.5	49.3	18.2	48.5	820	310		
12	19.6	52.0	19.4	51.3	860	360	860	360
13	20.7	54.5	20.5	53.8	880	390		
14	21.8	57.0	21.6	56.4	880	390	887	393
15	22.9	59.4	22.7	58.9	900	400		
16	24.1	62.2	23.9	61.7	860	360	860	360
17	25.2	64.6	25.0	64.2	900	400	900	400
18	26.3	67.4	26.2	67.0	860	360	860	360
19	27.5	70.6	27.4	70.2	820	310		
20	28.8	73.8	28.6	73.4	820	310	820	310
21	30.0	77.0	29.8	76.6	820	310		
22	30.9	79.0	30.8	78.7	1050	480	1050	480
23	31.8	80.9	31.7	80.6	1100	520	1100	520
24	32.6	82.7	32.5	82.5	1200	550		
25	33.5	84.5	33.4	84.3	1200	550		
26	34.3	86.3	34.2	86.0	1250	570	1250	573
27	35.1	88.0	35.0	87.8	1250	570		
28	35.8	89.7	35.7	89.5	1300	600		
29.3	36.8	91.8	36.7	91.6	1300	600		

注 剪切波激发板中心点距离孔 2.0m，纵波激发位置距孔口 2.0m。

3. 成果整理分析

(1) 读取各测点纵、横波的初至时间，并按照下式进行校正：

$$t' = t \times \frac{h}{\sqrt{h^2 + l^2}}$$

式中　t'——校正后时间，s；

　　　t——实测纵、横波走时，s；

　　　h——测点深度，m；

　　　l——震源中心距孔口的距离，m。

得到校正后的各测点走时，按下式计算：

$$V_{i+1} = \frac{h_{i+1} - h_i}{t'_{i+1} - t'_i}$$

即得第 i 测点与第 $i+1$ 测点间的检层速度。

(2) 动力学参数。场地各地层的动力学参数按下式计算：

$$G_d = \rho V_s^2$$

$$\mu_d = \frac{V_p^2 - 2V_s^2}{2(V_p^2 - V_s^2)}$$

$$E_d = 2G_d(1 + \mu_d)$$

式中　E_d——动弹性模量，MPa；

　　　G_d——动剪切模量，MPa；

　　　μ_d——动泊松比；

　　　$\rho = \dfrac{\gamma}{g}$——地层密度，g/cm³；

　　　γ——地层容重，kN/m³；

　　　V_p——地层纵波波速，m/s；

　　　V_s——地层横波波速，m/s。

(3) 场地地微动卓越周期。按下式计算场地的地微动卓越周期：

$$T = \sum_{i=1}^{n} \frac{4hi}{V_{si}}$$

式中　T——卓越周期；

　　　n——地层层数；

　　　h——第 i 层地层厚度，m；

　　　V_s——第 i 层地层横波波速，m/s。

计算结果，6 号孔的场地地微动卓越周期为 0.309s（计算至深度 20.0m），43 号孔的场地地微动卓越周期为 0.294s（计算至深度 20.0m）。

(4) 场地内各地层的波速及动力学参数见表 5.6。

表 5.6　　　　　　　　　　　　各地层的波速及动力学参数

岩土名称	γ /(kN/m³)	V_p /(m/s)	V_s /(m/s)	E_d /MPa	G_d /MPa	μ_d
杂填土	17	360	130	84	29	0.425
粉质黏土	18	560	210	230	81	0.418
中砂	18	600	230	275	97	0.414
砾砂	18	620	240	299	106	0.412
含黏土圆砾	20	760	280	455	160	0.421
圆砾	20	780	290	487	172	0.420
稍密卵石	21	820	310	583	206	0.417
中密卵石	22	880	390	941	341	0.378
半胶结卵石	23	1200	550	1940	710	0.367

注　容重为地区的经验值。

（5）波速比 K_v 和岩体完整性系数 K_v 的区别：

1）波速比 K_v 是指风化岩石与新鲜岩压缩波（纵波）速度之比，主要用于判断岩石的风化程度，见《岩土工程勘察规范》（GB 50021—2001）的附录 A.0.3。表 5.7 岩石按风化程度分类。

表 5.7　　　　　　　　　　　　岩石按风化程度分类

风化程度	野 外 特 征	风化程度参数指标	
		波速比 K_v	风化系数 K_f
未风化	岩质新鲜，偶见风化痕迹	0.9～0.1	0.9～0.1
微风化	结构基本未变，仅节理面有锈染或略有变色，有少量风化裂隙	0.8～0.9	0.8～0.9
中等风化	结构部分破坏，沿节理面有次生矿物隙发育，岩体被切割成岩块，用镐难挖，岩芯钻方可钻进	0.6～0.8	0.4～0.8
强风化	结构大部分破坏，矿物成分显著变化，风化裂隙很发育，岩体破碎，用镐可挖，干钻不易钻进	0.4～0.6	<0.4
全风化	结构基本破坏，但尚可辨认，有残余结构强度，可用镐挖，干钻可钻进	0.2～0.4	—
残积土	组织结构全部破坏，已风化成土状，锹镐易挖掘，干钻易钻进，具可塑性	<0.2	—

注　1. 波速比 K_v 是石指风化岩石与新鲜岩压缩波（纵波）速度之比。
　　2. 风化系数 K_f 为风化岩石与新鲜岩石饱和单轴抗压强度之比。
　　3. 岩石风化程度，除按表列野外特征和定量指标划分外，也可根据当地经验划分。
　　4. 花岗岩类岩石，可采用标准贯入试验划分，$N \geqslant 50$ 为强风化；$50 > N \geqslant 30$ 为全风化；$N < 30$ 为残积土。
　　5. 泥岩和半成岩，可不进行风化程度划分。

2）岩体完整性系数 K_v 是指岩体压缩波与岩块压缩波之比的平方，主要用于判断岩体的完整程度，见《岩土工程勘察规范》（GB 50021—2001）规范的 3.2.2 条，表 5.8 中为

岩体完整程度分类。

表 5.8　　　　　　　　　　　岩 体 完 整 程 度 分 类

完整程度	完整	较完整	较破碎	破碎	极破碎
完整性指数	>0.75	0.75～0.55	0.55～0.35	0.35～0.15	<0.15

【项目小结】

　　本项目主要介绍岩体现场的变形、强度、应力和声波的测试方法、仪器、步骤和成果的记录整理，最后通过具体的工程实例成果进一步理解成果在工程中的运用。

【能力测试】

　　1. 岩体常见变形试验有哪些？它们的区别是什么？

　　2. 刚性承压板和柔性承压板安装的区别？

　　3. 岩体结构面的直剪和岩体直剪的区别？

　　4. 岩体应力测试方法有哪些？适用范围及优缺点？

　　5. 试述岩体声波测试的应用。

　　6. 怎样通过刚性承压板法和柔性承压板法求变形参数？

　　7. 简述钻孔变形法的概念及适用范围。

　　8. 简述岩块声波测试。

参 考 文 献

[1]　GB 50021—2001 岩土工程勘察规范（2009 版）[S]. 北京：中国建筑工业出版社，2009.

[2]　GB/T 50123—2019 土工试验方法标准 [S]. 北京：中国计划出版社，2019.

[3]　GB/T 50266—2013 工程岩体试验方法标准 [S]. 北京：中国计划出版社，2013.

[4]　GB 50007—2011 建筑地基基础设计规范 [S]. 北京：中国建筑工业出版社，2011.

[5]　GB 50025—2018 湿陷性黄土地区建筑技术规范 [S]. 北京：中国建筑工业出版社，2018.

[6]　GBJ 112—2013 膨胀土地区建筑规范 [S]. 北京：中国计划出版社，2013.

[7]　TB 10018—2018 铁路工程地质原位测试规程 [S]. 北京：中国铁道出版社，2018.

[8]　GB 50011—2010 建筑抗震设计规范 [S]. 北京：中国建筑工业出版社，2010.

[9]　JGJ 94—2008 建筑桩基技术规范 [S]. 北京：中国建筑工业出版社，2008.

[10]　JTG 3430—2020 公路土工试验规程 [S]. 北京：人民交通出版社，2020.

[11]　DB 51/T5026—2001 成都地区建筑地基基础设计规范（2001 版）[S].

[12]　《工程地质手册》编委会. 工程地质手册 [M]. 5 版. 北京：中国建筑工业出版社，2017.

[13]　孟高头. 土体原位测试机理、方法及其工程应用 [M]. 北京：地质出版社，1997.

[14]　侍倩. 土工试验与测试技术 [M]. 北京：化学工业出版社，2005.

[15]　侍倩，曾亚武. 岩土力学实验 [M]. 武汉：武汉大学出版社，2006.

[16]　袁聚云. 土工试验原理 [M]. 上海：同济大学出版社，2003.

[17]　沈明荣，陈建峰. 岩体力学 [M]. 上海：同济大学出版社，2018.

[18]　刘福臣，杨绍平. 工程地质与土力学 [M]. 河南：黄河水利出版社，2017.